高等学校测绘土木类“十四五”“互联网+”精品教材

工程测量

ENGINEERING
SURVEY

主编 汤俊 吴学群

·长沙·

前 言

伴随测绘科学技术的飞速发展，测量领域新技术的应用越来越广泛，许多测绘的方法发生了改变。本书是作者在总结多年的测绘教学和实践经验的基础上，按照高等学校测绘类、地矿类和土木类教学大纲的要求而编著的。全书系统地阐述了现代测绘新知识和新技术，如 GNSS、无人机摄影测量、机载 LiDAR 和地面三维激光扫描等新技术；介绍了测量新设备，如全站仪、测量机器人、电子水准仪，旨在推动专业技术改造升级，拓宽学生对测绘类专业的认知。另外，本书更注重学生基本技能的培养，加入了基础例题讲解和习题训练；在工程测量传统内容的基础上，更加侧重新技术、新方法的介绍。本书可作为测绘类、地矿类和土木类本科教育以及相关专业教材，也可以作为工程施工技术人员的参考用书。

全书共分为 12 章，参加编写的人员有：昆明理工大学汤俊(第 1、2、3、5、7、8 章)，昆明理工大学吴学群(第 4、6、9、10 章)，昆明理工大学杜斌(第 11 章)，昆明理工大学肖卓辉(第 12 章)。全书由汤俊统稿。

由于编者水平所限，书中难免有疏漏之处，敬请广大读者、专家批评指正。

作者

2023 年 3 月

目　录

第1章　绪　论

学习目标

1. 了解测量学的分类、任务和作用。
2. 熟悉测量工作的基本原则和特点，测量的基本工作内容。
3. 掌握测量学的基本概念，地面点位置的表示方法。

1.1　测量学概述

1.1.1　测量学的定义及分类

测量学是研究地球形状、大小及确定地球表面空间点位，以及对空间点位信息进行采集、处理、储存、管理的科学。根据研究的具体对象及采用技术的不同，可将测量学分为以下几个主要分支学科。

大地测量学：研究整个地球的大小和形状，解决大范围的控制测量和地球重力场问题的学科。按照测量手段的不同，大地测量学又分为常规大地测量、卫星大地测量及物理大地测量等。

普通测量学：在不考虑地球曲率影响的情况下，研究地球自然表面局部区域的地形，确定地面点位的基础理论、基本技术方法与应用的学科。

摄影测量学：利用摄影或遥感技术获取被测物体的影像或数字信息，进行分析、处理，以确定物体的形状、大小和空间位置的理论和方法的学科。按获取影像方式的不同，摄影测量学又分水下、地面、航空摄影测量学和航天遥感等。

海洋测量学：以海洋和陆地水域为对象，研究港口、码头、航道、水下地形的测量以及海图绘制的理论、技术和方法的学科。

工程测量学：研究工程建设在规划设计、施工、竣工验收和运营管理等各阶段的测量理论、技术和方法的学科。

地图制图学：研究各种地图的制作理论、原理、工艺技术和应用的学科。其主要内容包括地图的编制、投影、整饰和印刷等。

本书主要介绍普通测量学的基本理论、方法和工程测量学中有关施工测量的基本内容以及现代测量技术的基本理论。

1.1.2 测量学的任务与作用

测量学的任务包括测量和测设两个方面。测量是指使用测量仪器设备和工具，按照一定的方法，通过距离、角度、高差等要素的测量和计算将地物和地貌的位置按一定比例尺，用规定的符号缩小绘制成地形图，供科学研究和工程建设规划设计使用。测设是指把图纸上规划设计好的建筑物、构筑物的位置，通过放样的方法在实地标定出来，以作为施工的依据。

测量技术是人类了解自然、改造自然的重要手段。在当今信息化社会中，测绘资料是重要的基础地理信息之一。测量技术及成果对于国民经济建设、国防建设和科学研究有着十分重要的作用。在国民经济建设发展的总体规划、城市建设与改造、国土整治、公路和铁路修建、农林和水利建设、资源调查、矿产勘探和开发、环境监测等工作中，都离不开测量工作。在国防建设中，测量技术对国防工程建设、战略部署和战役指挥、诸兵种协同作战、现代化技术装备和武器装备应用等都起着重要的作用。测量技术对于空间科学技术的研究、地壳形变研究、地震预报、地球动力学研究、卫星发射与回收等都是不可缺少的。由诸多测绘成果集成的地理信息系统现已成为现代行政管理和军事指挥的重要工具。

1.2 测量的基准线和基准面

为了确定地球表面上点的位置，必须建立一个统一的测量基准。而测量工作是在地球表面上进行的，因此测量基准的建立与地球的形状和大小有密切关系。

地球的自然表面高低起伏，形态十分复杂，有高山、丘陵、平原、盆地、湖泊、河流和海洋等。陆地上最高的珠穆朗玛峰海拔 8 848.86 m，海底最深的马里亚纳海沟深达 11 034 m，相差近 20 km。虽然地球表面高低起伏很不规则，但这些高差相对于地球半径 6 371 km 来说还是很小的，考虑到地球表面约 71%的面积是海洋，而陆地面积仅占约 29%，因此，在研究测量基准问题时，可以把地球看作是一个由海水面包围的球体。

如图 1.1(a)所示，由于地球的自转运动，地球上任一点都受到地球的万有引力及其自转的离心力作用，这两个力的合力称为重力，重力的方向称为铅垂线方向。铅垂线是测量工作的基准线。

假想静止不动的海水面延伸穿过陆地，包围整个地球，形成一个封闭的曲面，这个封闭曲面称为水准面，如图 1.1(b)所示。水准面是受地球重力影响而形成的，是一个处处与重力方向垂直的连续曲面，并且是一个重力场的等位面。由于海水受潮汐、风浪等影响，海水面时高时低，故水准面有无穷多个，其中与平均海水面相吻合的水准面称为大地水准面。大地水准面具有唯一性，是测量工作的基准面。

由于地球内部质量分布不均匀，重力方向产生不规则的变化，所以大地水准面也是一个有着微小起伏、不规则、很难用数学方程表示的复杂曲面。在这样的面上是无法进行测量数据的计算和处理的。为解决这一问题，通常选择一个与大地水准面非常接近的、能用数学方程表示的椭球面作为测量计算工作的基准面，如图 1.1(c)所示，这个椭球是由椭圆 NESW 绕

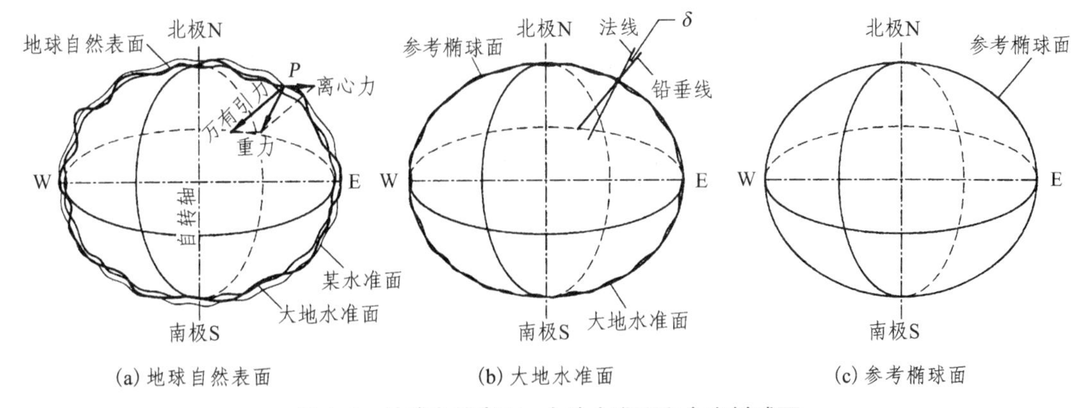

(a) 地球自然表面　(b) 大地水准面　(c) 参考椭球面

图 1.1　地球自然表面、大地水准面和参考椭球面

其短轴 NS 旋转而成的旋转椭球，称为参考椭球，其表面称为参考椭球面。

由地表任一点向参考椭球面所作的垂线称为法线，除大地原点以外，地表任一点的铅垂线和法线一般不重合，其夹角称为垂线偏差。

决定参考椭球面形状和大小的主要参数是椭圆的长半轴 a、短半轴 b 和扁率 f，其关系式为

$$f=\frac{a-b}{a} \tag{1.1}$$

目前，我国采用的"1980 年国家大地坐标系"，使用的是国际大地测量学与地球物理学联合会 IUGG 1975 椭球参数：$a=6\ 378.140$ km，$f=1/298.257$。由于地球椭球的扁率很小，因此当测区范围不大时，可近似地把地球椭球当作圆球，其半径为 6 371 km。

1.3　测量坐标系

测量工作的基本任务就是确定地面点的空间位置。因空间是三维的，故表示地面点的空间位置时需要三个量。在测量工作中，地面点的空间位置通常用地面点投影到基准面上的坐标和地面点沿投影方向到大地水准面的距离(称为高程)来表示，即将空间三维坐标系分解为确定地面点在椭球面或水平面上投影位置的坐标系(二维)和确定地面点到大地水准面的垂直距离的高程系(一维)。

1.3.1　坐标系

确定地面点位置的坐标系有地理坐标系和平面直角坐标系两类。

1. 地理坐标系

地理坐标系按其依据的基准线和基准面的不同，以及坐标求解方法的不同，又可分为天文地理坐标系和大地地理坐标系。

(1) 天文地理坐标系

天文地理坐标又称天文坐标，表示地面点在大地水准面上的位置，它的基准是铅垂线和

大地水准面，它用天文经度 λ 和天文纬度 φ 两个参数来表示地面点在球面上的位置。

如图 1.2(a)所示，过地面上任一点 P 的铅垂线与地球旋转轴 NS 所组成的平面称为该点的天文子午面，天文子午面与大地水准面的交线称为天文子午线，也称经线。过英国格林尼治天文台 G 的天文子午面为首子午面。P 点天文经度 λ 是过 P 点的天文子午面 NPKS 与首子午面 NGMS 的两面角，从首子午线向东或向西计算，取值范围是 0°~180°；在首子午线以东为东经，以西为西经。

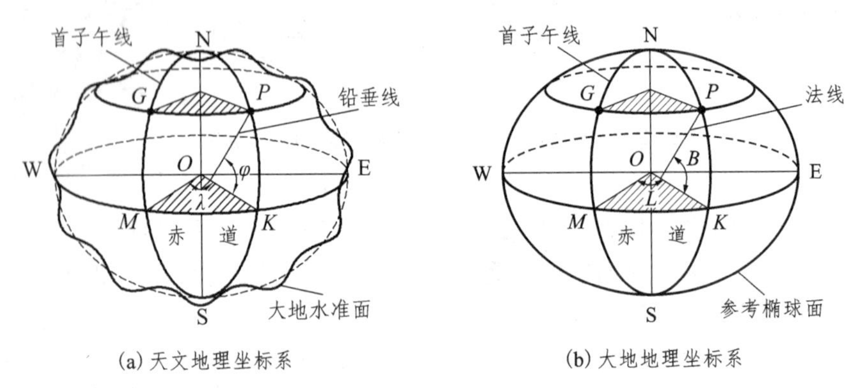

(a) 天文地理坐标系　　(b) 大地地理坐标系

图 1.2　天文地理坐标系和大地地理坐标系

过 P 点垂直于地球旋转轴的平面与地球表面的交线称为 P 点的纬线，过球心 O 的纬线称为赤道。P 点天文纬度 φ 是 P 的铅垂线与赤道平面的夹角，自赤道起向南或向北计算，取值范围为 0°~90°；在赤道以北为北纬，以南为南纬。

可以应用天文测量方法测定地面点的天文经度和天文纬度。例如北京中心地区的概略天文地理坐标为东经 116°24′，北纬 39°54′。

(2)大地地理坐标系

大地地理坐标又称大地坐标，表示地面点在参考椭球面上的位置，它的基准是法线和参考椭球面，它用大地经度 L 和大地纬度 B 表示。如图 1.2(b)所示，P 点大地经度 L 是过 P 点的大地子午面和首子午面所夹的两面角；P 点大地纬度 B 是过 P 点的法线与赤道面的夹角。

大地经度和纬度是根据起始大地点(又称大地原点，该点的大地经纬度与天文经纬度一致)的大地坐标，按大地测量所得的数据推算得到的。我国以陕西省泾阳县永乐镇大地原点为起算点，由此建立的大地坐标系，称为“1980 年国家大地坐标系”。

2. 平面直角坐标系

(1)高斯平面直角坐标系

地理坐标对局部测量工作来说是非常不方便的。例如，在赤道上 1″的经度差或纬度差，对应的地面距离约为 30 m。测量计算最好在平面上进行，但地球是一个不可展开的曲面，必须通过投影的方法将地球表面上的点位换算到平面上。投影有多种方法，我国采用的是高斯-克吕格正形投影，简称高斯投影。

高斯投影是将地球按经线划分成带(称为投影带)并分别投影，投影带是从首子午线起，每隔经度 6° 划分为一带(称为统一 6°带)，自西向东将整个地球划分为 60 个带，如

图1.3(a)所示。带号从首子午线开始，用阿拉伯数字表示。位于各带中央的子午线称为该带的中央子午线。第一个6°带的中央子午线的经度为3°，任意一带的中央子午线经度与投影带号的关系为

高斯投影

$$L_0 = 6N - 3 \tag{1.2}$$

式中：L_0 为中央子午线经度；N 为投影带的带号。

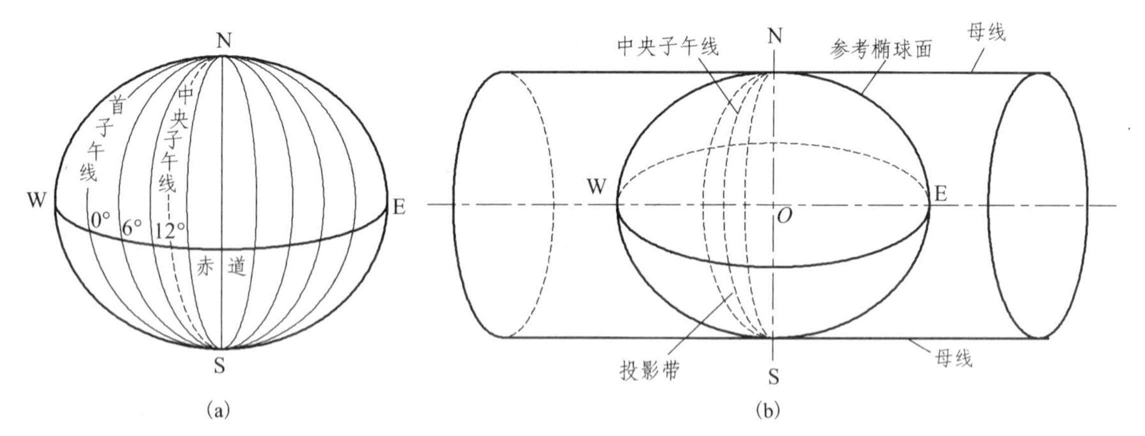

图1.3 高斯平面直角坐标系的投影

投影时，设想用一个空心椭圆柱横套在参考椭球外面[图1.3(b)]，使椭圆柱与某一中央子午线相切，将椭球面上的图形按保角投影(投影后角度大小不变)的原理投影到圆柱体面上，然后将圆柱体沿着过南北极的母线切开，展开成为平面，并在该平面上定义平面直角坐标系，如图1.4所示。

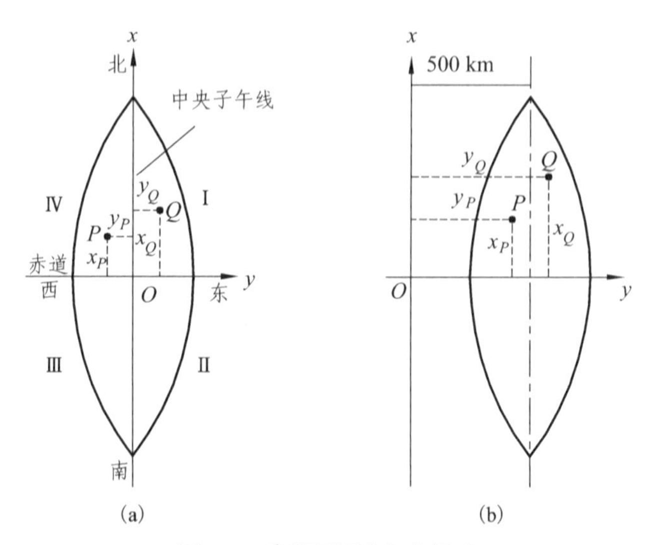

图1.4 高斯平面直角坐标系

投影后的中央子午线和赤道均为直线且保持垂直，以中央子午线为坐标纵轴(x 轴)，向

北为正；赤道为坐标横轴(y 轴)，向东为正；中央子午线与赤道的交点为坐标原点 O。如此组成的平面直角坐标系称为高斯平面直角坐标系。

高斯平面直角坐标系与数学中平面直角坐标系相比，不同点为：x 轴与 y 轴互换位置，南北方向为纵轴(x 轴)，东西方向为横轴(y 轴)；角度方向以纵坐标 x 的北端起顺时针度量；象限顺时针编号。相同点：数学上定义的三角函数在测量计算中可直接应用。

我国位于北半球，x 坐标均为正，y 坐标值有正有负，为避免出现负值和便于确定某点位于哪一个6°带内，规定将纵坐标轴向西平移500 km，并在 y 坐标前加上投影带的带号。如某点国家投影坐标为 x=3 395 451 m，y=18 417 739 m，则该点位于18投影带内，且其自然坐标为 x=3 395 451 m，y=−82 261 m。

高斯投影虽然保证了角度不变，但距离却发生了变化：离中央子午线近的变形小，离中央子午线越远变形越大。对于大比例尺地形图测绘和施工测量，变形过大是不允许的。减小投影带边缘位置距离变形的方法之一就是缩小投影带的带宽，例如可以选择统一3°带、1.5°带或任意带(以城市中心某点的子午线为中央子午线)进行投影，其中统一3°带中央子午线经度与投影带号的关系为

$$L_0'=3n \tag{1.3}$$

式中：n 为3°带号。

统一3°带与统一6°带的关系如图1.5所示。

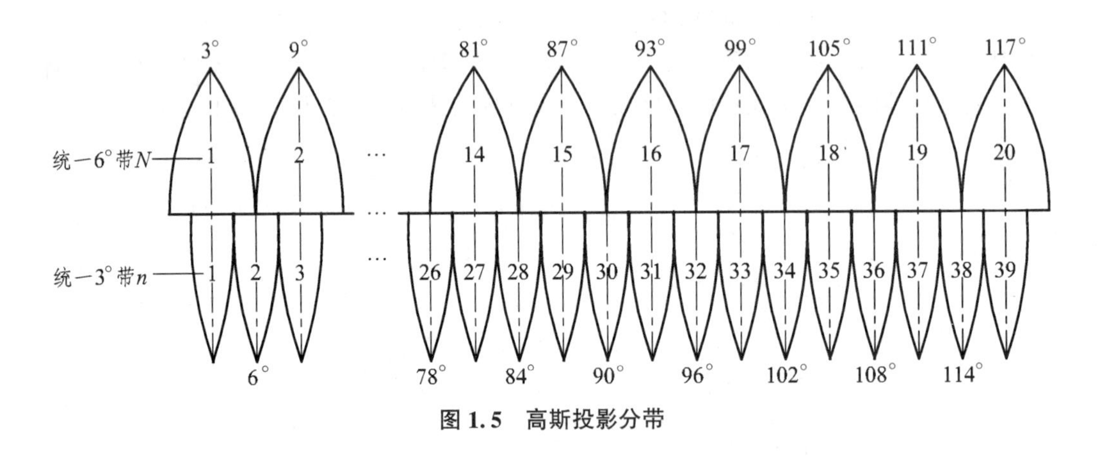

图1.5　高斯投影分带

我国领土所处的统一6°带投影与统一3°带投影的带号范围分别为13~23、25~45。可见，在我国领土范围内，统一6°带与统一3°带的投影带号是不重复的。

(2)假定平面直角坐标系

《城市测量规范》(CJJ/T 8—2011)规定，面积小于25 km^2 的城镇，可不经投影直接采用假定平面直角坐标系，在平面上直接进行计算。

如图1.6所示，将测区中心点 C 沿铅垂线投影到大地水准面上得 c 点，用过 c 点的切平面来代替大地水准面，在切平面上建立的测区平面直角坐标系称为假定平面直角坐标系或独立平面直角坐标系。坐标系的原点(坐标值可以假定也可选用已知坐标点)选在测区西南角以使测区内点的坐标均为正值，以过测区中心的子午线方向为纵轴(x 轴)，向北方为正；横

轴(y 轴)与 x 轴垂直，向东为正。

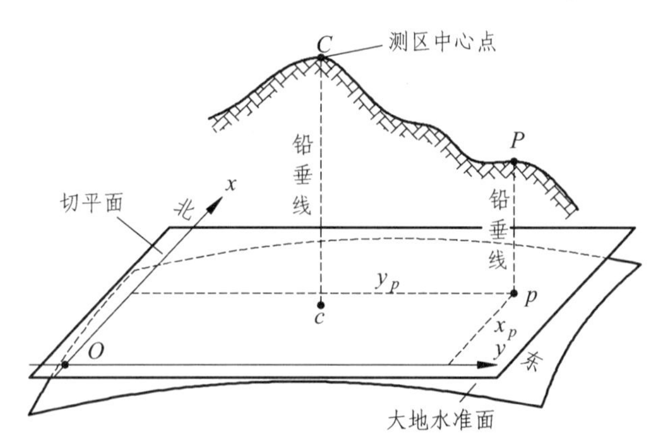

图 1.6　假定平面直角坐标系

1.3.2　高程系

地面点沿铅垂线到大地水准面的距离称为该点的绝对高程(简称高程)或海拔，通常用 H 表示，如 A、B 两点的高程表示为 H_A、H_B，如图 1.7 所示。

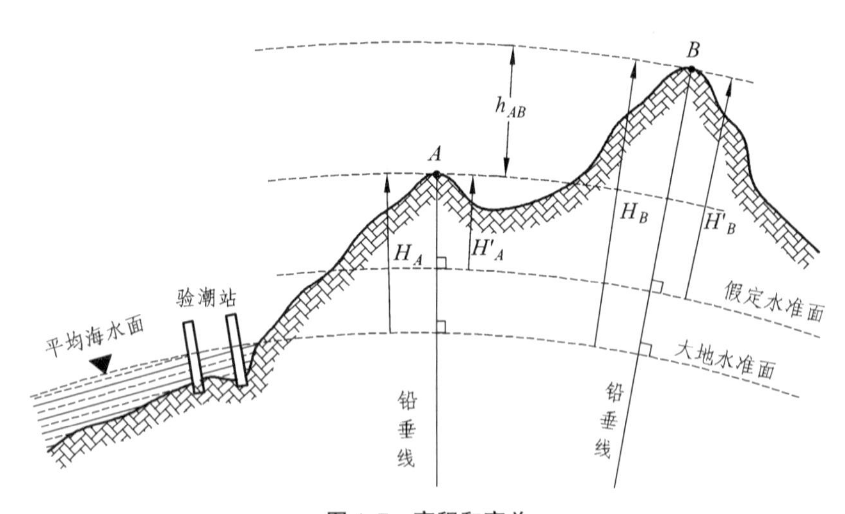

图 1.7　高程和高差

高程系是一维坐标系，它的基准是大地水准面，要获得地面点的高程，必须确定大地水准面的位置。由于海水面受潮汐、风浪等影响，它的高低时刻在变化。为确定大地水准面的位置，通常是在海边设立验潮站，对海平面位置进行长期观测，求得海平面的平均高度作为高程零点，把过该点的大地水准面作为高程基准面，即大地水准面上的高程恒为零。我国现在采用的高程基准是“1985 国家高程基准”(简称“85 高程基准”)，它是以青岛验潮站 1952—1979 年的验潮资料确定的黄海海水面的平均高度作为高程基准面，并在青岛市观象山建立了水准原点，引测出水准原点的高程为 72.260 m，全国各地的高程都以它为基准进行测算。

在局部地区引用绝对高程有困难时，可以任意假定一个水准面作为高程起算的基准面。地面点到假定水准面的铅垂距离称为假定高程或相对高程，通常用 H' 表示，如 A、B 两点的相对高程表示为 H'_A、H'_B。

两个地面点之间的高程之差称为高差，用 h 表示。两点之间的高差有方向性和正负，但与高程起算面无关。如 A、B 两点的高差为

$$h_{AB}=H_B-H_A=H'_B-H'_A \tag{1.4}$$

1.4 地球曲率对测量工作的影响

所有测量工作都是在地球表面上进行的。当测区范围较小时，可不考虑地球曲率的影响，将大地水准面近似当作水平面来看待，以简化测量和绘图工作。那么当测区范围多大时，用水平面代替大地水准面所产生的距离、角度和高程的测量误差才不会超过允许范围？

1.4.1 地球曲率对水平距离的影响

如图 1.8 所示，设地面 A 点为测区中心点，B 点为测区内任一点，两点沿铅垂线投影到大地水准面上得 a、b 两点，过 a 点作与大地水准面相切的水平面，B 点在水平面上的投影为 b'，则大地水准面的曲率对水平距离的影响为

$$\Delta D=D'-D=R\tan\theta-R\theta=R(\tan\theta-\theta) \tag{1.5}$$

式中：θ 为弧长 D 所对应的圆心角。

将 $\tan\theta$ 按泰勒级数展开，并略去高次项，得

$$\tan\theta=\theta+\frac{1}{3}\theta^3+\cdots\approx\theta+\frac{1}{3}\theta^3 \tag{1.6}$$

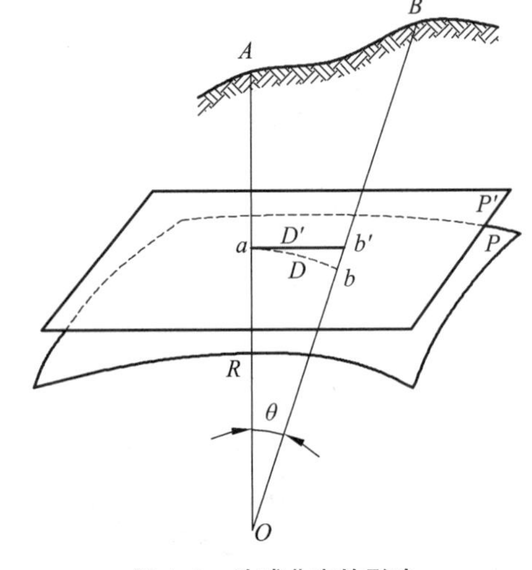

图 1.8 地球曲率的影响

将式(1.6)代入式(1.5)并考虑 $\theta=\dfrac{D}{R}$，得距离误差为

$$\Delta D=R\left[\left(\theta+\frac{1}{3}\theta^3\right)-\theta\right]=R\,\frac{\theta^3}{3}=\frac{D^3}{3R^2} \tag{1.7}$$

则距离相对误差为

$$\frac{\Delta D}{D}=\frac{D^2}{3R^2} \tag{1.8}$$

取地球半径 $R=6\,371$ km，并代入不同 D 值，可计算出水平面代替水准面的距离误差和相对误差，见表 1.1。

从表 1.1 可知，当测区半径为 10 km 时，以平面代替曲面所产生的距离相对误差为 1∶(120 万)。这样小的误差，即使在地面上进行精密测距也是允许的。所以在半径 10 km 范围内测距时，以水平面代替水准面所产生的距离误差可忽略不计。

表 1.1 水平面代替水准面对距离的影响

距离 D/km	距离误差 ΔD/cm	相对误差 $\Delta D/D$
10	0.8	1 : (120 万)
25	12.8	1 : (20 万)
50	102.7	1 : (4.9 万)
100	821.2	1 : (1.2 万)

1.4.2 地球曲率对水平角的影响

如图 1.9 所示，球面上多边形(虚线所示)内角之和比平面上相应多边形内角之和多一个球面角超 ε。其值可用多边形面积求得，即

$$\varepsilon = \frac{P}{R^2}\rho'' \tag{1.9}$$

式中：P 为球面多边形面积；R 为地球半径；ρ''为 206 265″。

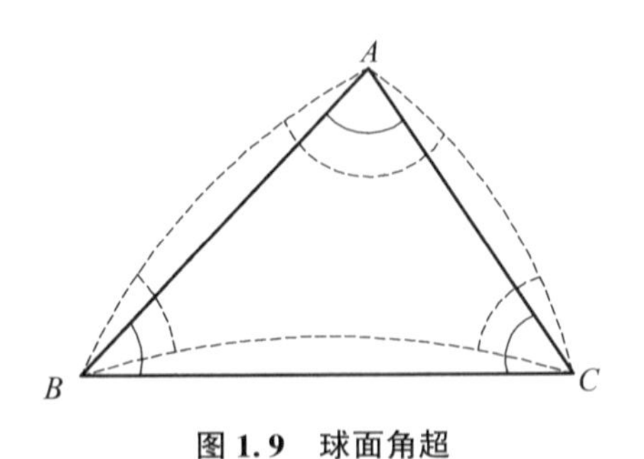

图 1.9 球面角超

以球面上不同面积代入式(1.9)，求出球面角超，列入表 1.2。

表 1.2 水平面代替水准面对角度的影响

P/km^2	10	20	50	100	300	500
ε/(″)	0.05	0.10	0.25	0.51	1.52	2.54

计算结果表明，当测区面积为 100 km^2 时，用水平面代替水准面对角度的影响仅为 0.51″，在普通测量工作中可以忽略不计。

1.4.3 地球曲率对高程的影响

由图 1.8 可见，以 $b'b$ 为水平面代替水准面对高程产生的误差，即地球曲率对高程的影响，设 $b'b=\Delta h$，则

$$\Delta h=\overline{Bb}-\overline{Bb'}=\overline{Ob'}-\overline{Ob}=R\sec\theta-R=R(\sec\theta-1) \tag{1.10}$$

将 $\sec\theta$ 按泰勒级数展开，并略去高次项，得

$$\sec\theta=1+\frac{1}{2}\theta^2+\frac{5}{24}\theta^4+\cdots\approx1+\frac{1}{2}\theta^2 \tag{1.11}$$

将式(1.11)代入式(1.10)得

$$\Delta h=R\left(1+\frac{1}{2}\theta^2-1\right)=\frac{1}{2}R\theta^2=\frac{D^2}{2R} \tag{1.12}$$

以不同距离 D 代入式(1.12)，可以得到高程误差，见表1.3。

表1.3　水平面代替水准面的高程误差

D/km	0.1	0.2	0.3	0.4	0.5	1	2	5	10
Δh/mm	0.8	3	7	13	20	80	310	1 960	7 850

从表1.3中可知，用水平面代替水准面时，200 m的距离对高程就有3 mm误差，这是不允许的。从中也看出，地球曲率对高程影响很大。故在高程测量中，即使距离很短，也应考虑地球曲率的影响。

1.5　测量工作概述

1.5.1　测量工作的实质

测量学将地球表面的物体分为地物和地貌两类。地物是指地面上人工建成的或自然形成的具有明显轮廓线的固定物体，如房屋、道路、河流、湖泊等。地貌是指地面高低起伏的形态，如高山、平原、丘陵等。地物和地貌统称为地形。

凡是图上既表示出道路、河流、居民地等地物的平面位置，又表示出地面高低起伏形态，并经过综合取舍，按比例缩小后用图式规定的符号和一定的表示方法描绘的正形投影图都称为地形图。所谓正形投影，也叫等角投影，就是将地面点沿铅垂线投影到投影面上，同时使投影前后图形的角度保持不变。

测量工作的实质就是确定点的空间位置。普通地形测量的测量工作就是选择一些能表现地物和地貌特征的点进行测量，这些能表现地物和地貌特征的点称为特征点，又称碎部点。一定数量的特征点的组合，就可以表示出地物和地貌的位置形状与大小。地物一般用符号表示，地貌用等高线表示。

由此可见，测量工作的实质就是确定地物、地貌特征点的位置。

1.5.2　测量的基本工作

如前所述，地面点的位置可以用点的平面坐标和高程来表示。但在实际测量工作中是不能直接测量地面点的平面坐标和高程的，而是通过待测地面点与平面坐标、高程已知点之间

的几何关系间接地计算得到待测地面点的坐标和高程。如图 1.10 所示，A 是已知坐标和高程的点，B、C 为待定点。若已测得 AB 与已知方向(坐标纵轴 x)的水平角 α(方位角)、水平角 β、水平距离 D_{AB} 和 D_{BC}，则可根据它们的几何关系依次计算出 B、C 点的坐标；观测 A、B、C 点间的高差 h_{AB}、h_{BC}，则可根据 A 点的高程依次计算出 B、C 点的高程。

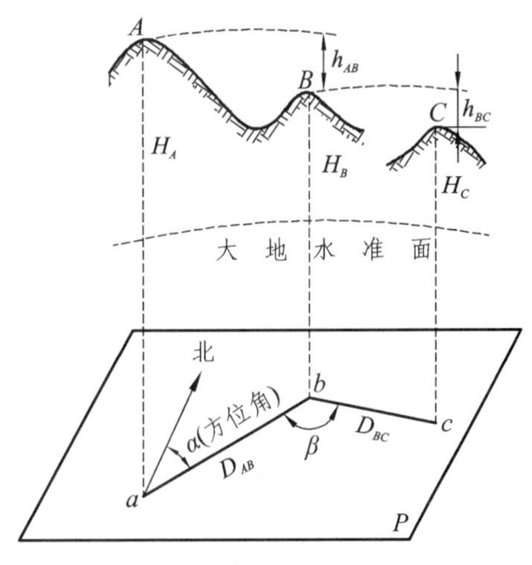

图 1.10 基本测量工作

由此可见，在具有已知数据或假定起算数据的基础上，水平距离、水平角和高差是确定地面点位置的基本要素。角度测量、距离测量和高程测量就是测量的基本工作，复杂的测量任务可以分解为这三项基本测量工作来完成。

1.5.3 测量工作的基本程序

由于测量工作受到仪器设备、外界环境和测量者技术能力等条件的限制，不可避免地会存在误差，为了避免测量误差的积累，保证测量成果具有一定的精度，必须限制误差的传播。测量工作必须按照一定的程序来进行。

以地形图测绘为例，要测定地面点的位置，其程序通常分为两步：

第一步：控制测量。控制测量即首先在测区内选择若干具有控制意义的点(称为控制点)并组成控制网，如图 1.11 中的 A、B、C、D、E、F 点，用较精确的仪器和方法测定各控制点的坐标和高程，则各控制点的平面位置即可确定。为了保证全国各地区测绘的地形图能有统一的坐标系，并减少控制测量误差积累，国家建立了覆盖全国的控制网。在测绘地形图时，布设的控制网应与国家控制网联测，以使测区的坐标系和高程系与国家坐标系和高程系统一。

图 1.11 某地区地物和地貌透视图

第二步：碎部测量。控制测量完成后，就可以在此基础上进行细部测绘，即以控制点为依据测定其周围碎部点的坐标和高程。如图 1. 11 所示，在控制点 A 上安置仪器，选择另一控制点 B(或 F)进行定向，观测碎部点与控制点 A 之间的水平距离、高差以及与已知方向 AB (或 AF)的水平角，利用几何关系即可测定河流、小桥、民房等山前局部地形；其余地形可利用其他控制点测定。

上述作业程序，不仅适用于测量工作，也适用于测设工作，即先在实地进行控制测量，得到一定数量控制点的坐标和高程，然后以这些控制点为依据，进行碎部点的平面位置测设和高程测设。设图 1. 12 是已测绘出的地形图，根据需要，设计人员已经在图纸上设计出了 P、Q、R 三幢建筑物，用极坐标法将它们的位置标定到实地的方法是：先通过控制测量得到 A、F 等控制点的坐标和高程，由 A、F 点及 P、Q、R 三幢建筑物轴线点的坐标计算出水平角 β_1、β_2……和水平距离 S_1、S_2……；然后在控制点 A 上安置仪器，F 点作为定向点(或照准 F 点进行定向)，用仪器分别定出水平角 β_1、β_2……所指的方向，并沿方向量出水平距离 S_1、S_2……，即可在实地上定出点 1、2……，它们就是设计建筑物的实地平面位置；再根据各轴线点与 A 点的高差，即可测设出设计建筑物的高程。

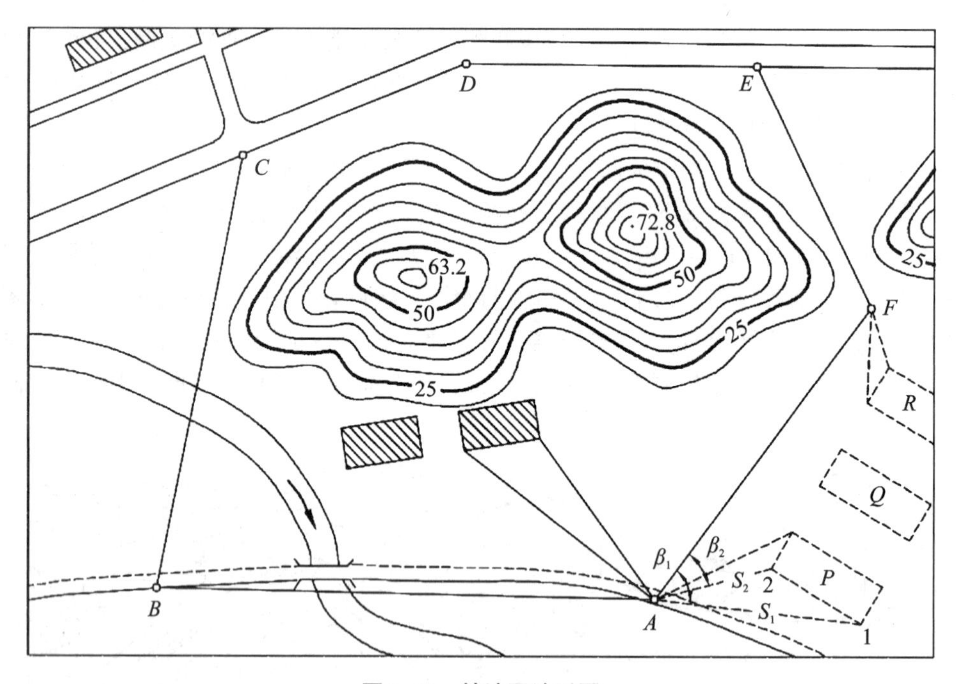

图 1.12　某地区地形图

1.5.4　测量工作的原则

由上述测量程序可以看出，测量工作必须遵循的原则是“从整体到局部，先控制后碎部”。任何测量工作都应先在国家控制网的基础上进行总体布置，然后再分阶段、分区、分期实施，即按照由高级向低级，逐级控制的原则，分级布设平面和高程控制网，确定控制点平面坐标和高程，在此基础上再进行细部测绘和施工测量。只有这样，才能保证整体测区范围，乃至全国范围的测绘成果具有统一的坐标系统和高程系统。由此可以减少误差累积，保证测图精度，而且可以分幅测绘，加快进度。

但是，由测量工作程序可知，当测定的控制点发生错误时，以其为基础所测定的碎部点位置也就有错误；碎部测量中有错误时，以此资料绘制的地形图也就有错误。因此，对测量工作的每一个过程、每一项成果都必须严格进行检核，在保证前期工作无误的条件下，方可进行后续工作。只有这样，才能防止发生错漏，保证测量成果的正确性。所以，在测量工作中树立“逐步检核”的概念也是非常重要的，前一步工作成果未经检核就不能开展下一步测量工作。

1.6 测量学在工程实践中的应用

测量学在工程建设中有着广泛的应用。在工程建设过程中，工程项目一般分为规划与勘测设计、施工、运营管理三个阶段，测量工作贯穿于工程项目建设的整个过程。

1. 测绘资料是工程规划设计、竣工验收的依据

工程建设项目的规划设计方案，应力求经济、合理、实用、美观。这就要求在规划设计中，充分利用地形、合理使用土地，正确处理建设项目与环境的关系。因此，在进行工程勘察、规划和设计前，必须把工程建设区域内的地物、地貌测绘成地形图，为工程勘察、规划和设计提供依据。例如，根据测绘的地形图选择建筑物的布局、形式、位置和尺寸；在地形图上进行设计方案比较、土方量估算、施工场地布置与平整；利用河流两岸的地形图及河床地形图等进行桥梁设计；利用地籍图等进行工程建设用地的规划、管理和界定；对于道路、管线和特殊建(构)筑物的设计，还须测绘带状地形图和沿某方向表示地面起伏变化的断面图等。

另外，工程竣工后还须测绘竣工图，将工程施工中的变更，原有建(构)筑物、各类管线及交通的变化反映到竣工图上，作为工程验收、运营管理和维修的依据。

2. 施工测量是工程项目施工建设的依据

施工测量就是在工程建设的施工阶段，根据设计图纸提供的平面坐标和高程数据，按照设计精度要求，通过测量手段将建(构)筑物的特征点、线、面等标定到实地工作面上，以指导施工。施工测量贯穿于整个施工阶段，从场地平整、建(构)筑物定位、基础施工到构件安装及设备安装等，都需要进行施工测量，以保证施工符合设计要求。例如，基础工程开挖前，须先将图纸上设计好的建(构)筑物的轴线标定到地面上，并放样出开挖边线和设计标高线才能进行开挖；主体工程施工前，应先将墙、柱等的位置标定出来才能进行墙体砌筑和柱的施工；装饰工程的墙(地)面砖施工时，应先将纵、横分缝线和水平标高线弹出来，才能进行铺装。每道工序施工完成后，还要及时对施工各部位的尺寸、位置和标高进行测量检核，作为检查、验收依据。隧道开挖前，必须根据设计数据在实地标出开挖位置，隧道施工通常是从隧道两端相向开挖，这就需要根据测量成果指示开挖方向，以保证其正确贯通。

3. 变形测量是判定工程安全性和验证工程设计合理性的依据

在大型工程项目的施工过程中和竣工之后，为了确保工程项目在各种荷载或外力作用下

施工、运营的安全性和稳定性，或验证其设计理论和检查施工质量，需要对其进行位移和变形监测，这种监测称为变形测量。它是通过对工程建设项目的动态监测，获得精确的观测数据，并对监测数据进行综合分析，判断工程项目的安全性和稳定性，以便采取必要的技术措施。

总之，测量工作贯穿整个工程建设，离开了测绘资料，就难以进行科学合理的规划和设计；离开了施工测量，就不能安全、优质地施工；离开了变形测量，就不能及时判断工程建设项目的安全性和稳定性。因此，工程技术人员必须掌握测量的基本知识和技能。

本章小结

测量工作的基准是大地水准面和铅垂线。无论是测量还是测设，其本质就是确定地面点的空间位置。

在测量工作中，地面点的位置通常用点的坐标和高程表示。确定地面点位置常用的坐标系有地理坐标系和高斯平面直角坐标系。我国的高程系是以黄海海水面的平均高度作为高程零点，通过该点的大地水准面为高程基准面。

当测区半径在 10 km 以内进行距离测量和测区面积在 100 km^2 内进行角度测量时，可用水平面代替水准面，且不需要考虑地球曲率的影响。但地球曲率对高程影响很大，在高程测量中，即使距离很短，也应顾及地球曲率的影响。

测量的基本工作是距离测量、角度测量、高程测量。测量工作必须遵循“从整体到局部，先控制后碎部”的原则。

习　题

1. 测量学的概念及基本任务是什么？
2. 什么是水准面？什么是大地水准面？它在测量工作中的作用是什么？
3. 如何表示地面点的位置？
4. 测量学中的平面直角坐标系与数学中的平面直角坐标系有何不同？
5. 我国某点所在 6°带的高斯坐标值为 $x=306\,712.48$ m、$y=19\,331\,229.75$ m，则该点所处的带号及其自然坐标值是多少？
6. 用水平面代替水准面，对距离、水平角和高程有何影响？
7. 绝对高程与相对高程有何不同？什么是高差？
8. 测量工作的原则及其作用是什么？

第2章　测绘新技术

学习目标

1. 了解GNSS测量相关应用。
2. 了解无人机摄影测量技术的相关应用。
3. 了解地面三维激光扫描技术在测绘领域的相关应用。

2.1　GNSS测量

2.1.1　概述

GNSS测量原理

全球导航卫星系统(global navigation satellite system, GNSS)又称全球卫星导航系统，是能在全球范围内提供导航服务的卫星导航系统的通称。GNSS是利用人造地球卫星发射的无线电信号进行导航的综合系统，通常包括导航卫星星座(空间段)、系统运行管理设施(地面段)和用户接收设备(用户段)。北斗卫星导航系统(BeiDou navigation satellite system, BDS)是由中国研制建设和管理的卫星导航系统，为用户提供实时的三维位置、速度和时间信息，包括公开、授权和短报文通信等服务。

北斗卫星导航系统(以下简称北斗系统)是中国着眼于国家安全和经济社会发展需要，自主建设运行的全球卫星导航系统，是为全球用户提供全天候、全天时、高精度的定位、导航和授时服务的国家重要时空基础设施。

发展历程：20世纪后期，中国开始探索适合国情的卫星导航系统发展道路，逐步形成了三步走发展战略——2000年年底，建成北斗一号系统，向中国提供服务；2012年年底，建成北斗二号系统，向亚太地区提供服务；2020年，建成北斗三号系统，向全球提供服务。

发展目标：建设世界一流的卫星导航系统，满足国家安全与经济社会发展需求，为全球用户提供连续、稳定、可靠的服务；发展北斗产业，服务经济社会发展和民生改善；深化国际合作，共享卫星导航发展成果，提高全球卫星导航系统的综合应用效益。

建设原则：中国坚持“自主、开放、兼容、渐进”的原则建设和发展北斗系统。自主，坚持自主建设、发展和运行北斗系统，具备向全球用户独立提供卫星导航服务的能力。开放，免费提供公开的卫星导航服务，鼓励开展全方位、多层次、高水平的国际合作与交流。兼容，提倡与其他卫星导航系统开展兼容与互操作，鼓励国际合作与交流，致力于为用户提供更好的服务。渐进，分步骤推进北斗系统建设发展，持续提升北斗系统服务性能，不断推动卫星导航产业全面、协调和可持续发展。

北斗系统具有以下特点：

①北斗系统空间段采用三种轨道卫星组成的混合星座，与其他卫星导航系统相比高轨卫星更多，抗遮挡能力强，尤其在低纬度地区性能优势更为明显。

②北斗系统提供多个频点的导航信号，能够通过多频信号组合使用等方式提高服务精度。

③北斗系统创新融合了导航与通信能力，具备定位导航授时、星基增强、地基增强、精密单点定位、短报文通信和国际搜救等多种服务能力。

2.1.2 GNSS 定位基本术语

GNSS 定位的基本原理是由已知的多个卫星的位置和观测得到的卫星到接收机的距离(卫地距)通过定位解算获得接收机的空间位置坐标。其中，卫星位置通常由卫星星历计算得到，卫地距则通过处理观测值得到。

采用 GNSS 进行定位测量时，有多种可选的定位方法和定位模式，针对不同的应用和精度要求，可以选择不同的方法。

1. 单点定位

根据卫星星历给出的卫星在观测瞬间的位置和卫星钟差，由单台 GNSS 接收机接收 GNSS 卫星观测值测定卫星至接收机的距离，通过距离交会方法测定该接收机在地球坐标系中的空间位置坐标的定位方法，称为单点定位，也称绝对定位。

单点定位分为标准单点定位和精密单点定位两类。两种单点定位方法都可以获得定位点的绝对坐标，但点位精度不同，处理方法和时效也不同。

标准单点定位也称传统单点定位(简称单点定位)，是一种实时的单点定位方法，广泛应用于个人导航定位(如手机导航定位)。标准单点定位利用广播星历(由卫星实时播发，接收机实时接收)确定卫星位置和卫星钟差，由测距码测定卫星至接收机距离(伪距观测值)。由于广播星历和伪距观测值精度有限，标准单点定位通常为几米至十米级定位精度，通常用于导航及精度要求不高的定位领域。在增强系统(如北斗三号星基增强系统)的辅助下，标准单点定位可达 1~2 m 定位精度甚至更高，可用于相应等级的定位测量。

精密单点定位则利用事后解算的高精度精密星历与卫星钟差，采用载波相位观测值和严密的数学模型进行定位，定位精度(一般可达厘米级甚至毫米级定位精度)远高于标准单点定位，通常用于高精度测量，精密星历一般不能实时获得，因此精密单点定位结果的获得有一定的时延，通常不能及时得到高精度定位结果。

2. 相对定位

确定同步观测的多台 GNSS 接收机之间相对位置(点间坐标差)的定位方法，称为相对定位。两点之间的相对位置常用一条基线向量(两点间坐标差值组成的向量)表示，相对定位也常称为基线测量。

由于 GNSS 测量误差具有与时间、空间存在相关性的特点，进行相对定位同步观测的多台接收机的定位误差间存在一定的相关性，多种误差相同或大体相同，如两台接收机同时收到的测距信号在大气中传播产生的大气折射误差(延迟)大体相当，在相对定位过程中这些误差的影响可得以消除或大幅削弱，因此可得到高精度的相对定位结果。相对定位是最主要的高精度定位方式，其定位精度可达毫米级甚至更高，被广泛应用于各种控制测量中。

3. 静态定位

在定位过程中待定点接收机在定位参考坐标系中的坐标没有明显变化，接收机保持相对静止，进行定位解算处理时，接收机待定坐标在整个定位过程中保持不变，这种定位方式称为静态定位。

4. 动态定位

在定位过程中待定点接收机在定位参考坐标系中的坐标有明显变化，定位过程中接收机每个瞬间(历元)的坐标都是一组不同的参数，则称这种定位方式为动态定位。

5. 静态相对定位

采用静态定位方法确定接收机之间的相对位置的高精度定位方法，称为静态相对定位，通常使用载波相位观测值。静态相对定位是高精度定位测量的主要方式之一，常用于 GNSS 控制网测量，在 GNSS 测量实习中，主要实习内容即为静态(或快速静态)相对定位。

6. 动态相对定位

动态相对定位采用相对定位方法确定动态 GNSS 接收机的空间瞬时位置并由此生成接收机的运动轨迹，常用于测定移动平台的运动轨迹和运动参数。

7. 实时动态载波相位差分技术

实时动态载波相位差分技术(RTK)是实时处理两个测站载波相位观测值的差分方法，是动态相对定位的一种实施方式，定位过程中将架设在已知点上的基准站采集的载波相位观测值(或者差分定位误差改正信息)通过数据链发送给用户接收机进行实时差分定位解算，是一种实时高精度动态定位方法，通常可获得厘米级定位精度。在本实习中可用 RTK 方法测量精度要求不高的图根控制点和碎部点坐标。

RTK 定位测量过程中，至少有两台 GNSS 接收机进行同步观测。相对定位的两台 GNSS 接收机中通常有一台处于静止状态，称为基准站或参考站，另一台接收机处于运动状态，称为移动站，基准站发送差分信号，移动站接收差分信号并实时解算接收机位置坐标。

2.1.3　GNSS 网的观测与数据处理

1. 控制网构建

控制点选定后，依据测量规范，考虑控制点数量、使用的 GNSS 接收机数量、方便实施观测等因素，设计 GNSS 控制网的网形并计算平均重复设站数(平均观测时段)。测量规范中对各等级 GNSS 控制网的构建都有相关规定，如《卫星定位城市测量技术标准》(CJJ/T 73—2019)中对各等级 GNSS 网作业的基本要求应符合表 2.1 中的规定。

表 2.1　GNSS 网的主要技术要求

项目	观测方法	二等	三等	四等	一级	二级
卫星高度角/(°)	静态	≥15	≥15	≥15	≥15	≥15
有效观测同类卫星数/颗	静态	≥4	≥4	≥4	≥4	≥4
平均重复设站数/个	静态	≥2.0	≥2.0	≥1.6	≥1.6	≥1.6
时间长度/min	静态	≥90	≥60	≥45	≥45	≥45
数据采样间隔/s	静态	10~30	10~30	10~30	10~30	10~30
PDOP 值	静态	<6	<6	<6	<6	<6

GNSS 控制网设计完成后，须进一步进行观测设计，设计每个测站的观测时段(从测站开始接收卫星信号起至停止接收卫星信号间的连续工作的时间段)。根据同步观测环制订观测计划和仪器调度计划，制订计划过程中应充分考虑迁站过程中的通达性和迁站时间，合理安排各台仪器的迁站路线，制订每个时段每个测站的仪器调度计划。

每个时段的观测时间可按表 2.1 的规定执行，表 2.1 规定了使用静态观测法观测的时间长度和数据采样间隔，如二级 GNSS 网观测时间长度不少于 45 min，数据采样间隔为 10~30 s。如采用快速静态观测法，也可参照表 2.2 的 E 级控制网相关规定执行。

表 2.2　GNSS 网的主要技术要求(快速静态观测法)

项目			级别					
			AA	A	B	C	D	E
采样间隔/s	静态		30	30	30	10~30	10~30	10~30
	快速静态		—	—	—	5~15	5~15	5~15
时段中任一卫星有效时间/min	静态		≥15	≥15	≥15	≥15	≥15	≥15
	快速静态	双频+P 码	—	—	—	≥1	≥1	≥1
		双频全波长	—	—	—	≥3	≥3	≥3
		单频或双频全波长	—	—	—	≥5	≥5	≥5

2. RTK 测量

RTK 技术可以在很短的时间内获得厘米级的定位精度，广泛应用于图根控制测量、施工放样、工程测量及地形测量等领域。在大比例尺成图中，RTK 技术通常可用于图根控制点测量和碎部测量。如 1 : 500 比例尺成图中，图根控制点中误差一般为±5 cm，地形特征点中误差一般小于±20 cm，这些等级的测量都可使用 GNSS 的 RTK 测量。在相对较为空旷、GNSS 信号好的地方，使用 RTK 测量的效率较之全站仪测量更高一些，成果精度也更高。RTK 也有一些缺点，主要表现为需要基准站支持，误差随移动站到基准站间距离的增加而变大。另外，卫星信号是RTK测量的关键，在信号被遮挡或因为其他原因信号不佳时，定位结果精度无法满足要求。RTK工作原理如图2.1所示。

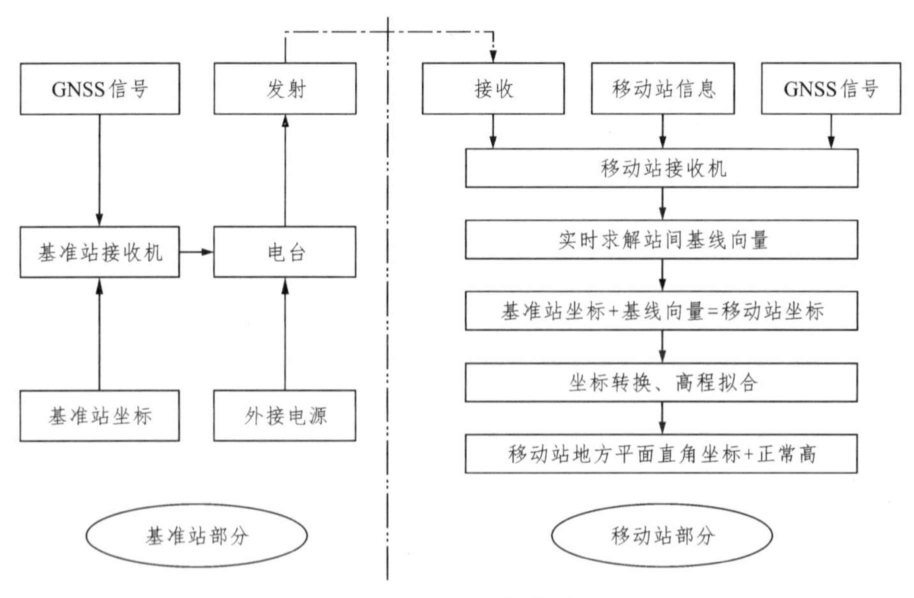

图2.1 RTK工作原理图

利用RTK测量时，如不是采用网络RTK技术，则至少需配备两台GNSS接收机，一台固定安放在基准站上，另外一台作为移动站进行点位测量。在两台接收机之间还需要数据通信链，实时将基准站上的观测数据发送给移动站。需要RTK软件对移动站接收到的数据(卫星信号和基准站的信号)进行实时处理，其主要完成双差模糊度的求解、基线向量的解算、坐标的转换。

RTK的作业步骤一般包括如下六步：

①选择合适的位置架设基准站。如果使用外挂电台，将电台和主机、电台电源、电台和发射天线连接好，并对基准站进行参数设置。RTK测量时会受到基准站、移动站观测卫星信号质量的影响，同时也受到两者之间无线电信号传播质量的影响。移动站由作业时观测点位确定，所以基准站的选择非常重要，一般要求视野开阔，对空通视良好，周围200 m范围内不能有强电磁波干扰，高度角15°以上不能有成片障碍物。

②对移动站进行对应参数的设置。

③利用RTK软件建立作业工程。

④坐标系转换，利用测区内已知点，将GNSS接收机之间测量的坐标转换到工程作业需要的坐标系统中。

⑤进行点位测量、放样等作业。

⑥成果的输出，将测量或放样的点位坐标导出。

如需使用网络RTK(如千寻位置服务)，首先要求使用的接收机应能支持网络RTK，其次应开通网络RTK服务，在这些条件下，直接使用GNSS接收机的网络RTK功能进行测量。

2.1.4 GNSS 的广泛应用

1. GNSS 在矿山测量中的应用

①矿山测绘基准建设。GNSS 技术在矿山测量中的应用使传统矿山测量基准需要向现代矿山测量基准转换，以服务于新时代的数字矿山建设、矿山地理信息系统建设、土地复垦及矿山环境监测。

②矿山卫星定位连续运行基准站系统应用。将 GNSS、测绘、计算机及通信等技术结合在一起，通过长期连续监测并解算测量目标的三维坐标，为测量目标提供实时精确的定位。卫星定位连续运行基准站系统为促进矿山测量作业的快速发展奠定了技术基础，满足了现代矿山测量的需求。

③矿山开采沉陷监测应用。利用 GNSS 自动化变形监测系统在矿区建立 GNSS 变形监测网，对采空区进行实时自动化监测，可以有效克服传统人工监测的弊端，通过监测数据实时显示方式第一时间预报变形情况。同时，能根据整个矿区变形趋势，对矿区变形进行预警，为监控室工作人员进行决策提供依据，更大程度上保障采空区附近人民群众的生命财产安全。

2. GNSS 在地质测量中的应用

①地质测绘。通过对地质测绘中测量工作主要内容的分析，可以发现，除少量的绘图作业外，主要工作是将设计坐标放样于实地，获取目标对象的点位坐标。上述两项工作又回归到点位的测设上。传统的地质测绘工作主要是依靠经纬仪、水准仪、全站仪等进行的，工作强度大、数据精度低。GNSS RTK 技术的成熟给地质测绘带来了机遇，能够在提高定位测设精度的同时，提高地质测绘的工作效率。

②矿产勘查测量。在矿产勘查测量中，GNSS 的应用主要是在矿区控制测量中的应用，在矿区地形测量中的应用，在矿区工程点和勘探线放样中的应用。

③滑坡监测。应用 GNSS 技术监测滑坡体的水平与垂直位移，通常包括监测网布设、数据采集、数据处理与分析三个作业阶段。布设滑坡监测网通常采用自定义的滑坡监测坐标系，在设计坐标时可以采用某一点坐标作为位置基准或者精确测定某一条边的长度作为尺度基准。为了使监测网达到较高精度(如平差后的定位精度优于±2 mm)，不但要求各基准点和监测点有良好的天空观测环境，并且要保证足够的观测时间，通常采用 15 s 采样率，需要 1~3 h 的观测时间。在观测设备上，选用配备扼流圈的双频 GNSS 接收机。

3. GNSS 在其他行业的应用

①GNSS 农业测绘应用。利用 GNSS 技术，配合遥感技术和地理信息系统，能够做到监测农作物产量分布、土壤分布和性质分布，做到合理实施、播种和喷洒农药，节约费用，降低成本，达到增加产量提高效益的目的。利用 GNSS 技术可以精确施肥、精准喷药、精确耕作。

②GNSS 海洋测绘应用。GNSS 差分技术应用于海上定位，对于近海海域，可在岸上或岛屿上设立基准站，采用差分技术或动态相对定位技术进行高精度海上定位。利用差分 GNSS 技术还可以进行海洋物探定位和海洋石油钻井平台的定位。通过海面固定标志、GNSS 信号接收器及水声应答定位器相互间的信息传输实现海底控制点与卫星同步观测，进而确定控制

点的具体位置。GNSS 在水下地形测绘中的应用，表现为可以快速、高精度地测定水声仪器的位置，对于较大比例尺测图，可以利用差分 GNSS 技术进行相对定位。

③GNSS 交通运输应用。GNSS 具有全球性和高精度的特点，从而在航空、航天、航海等许多民用领域得到了广泛的应用，并大大提高了交通运输的安全性和效率。目前，GNSS 接收机已成为各种航行体的主要导航设备。GNSS 在航运、水运和陆运方面都有广泛的应用。

④GNSS 灾害救援应用。GNSS 灾害救援是利用装载 GNSS 接收机的地震台站、海上浮标、气象设备、形变监测终端等构建海—陆—空一体化灾害监测网，采集温度、湿度、风速、风向等信息，叠加 GNSS 三维位置定位信息，并通过北斗短报文、无线电、移动通信、卫星通信等方式传送至灾害监测预警平台，监测预警平台结合采集的传感器信息和位置信息对相关区域范围内发生的台风、地震、海啸、泥石流等自然灾害进行实时监测分析，并通过北斗短报文、通信、广播、电视、网络等多种方式及时地向政府、行业主管部门及公众等进行信息发布和预警，从而减少灾害损失。

⑤GNSS 大气监测应用。采用 GNSS 反演大气圈对流层水汽含量及电离层离子浓度，可在数千里的范围内提供大气参数及其位置信息，为天气预报、各种环境与灾害问题的解决提供决策支持。

⑥GNSS-R 技术应用。GNSS-R 是一种介于被动遥感与主动遥感之间的新型遥感探测技术，可以看作是一个非合作人工辐射源、收发分置多发单收的多基地 L 波段雷达系统，从而兼有主动遥感和被动遥感两者的优点。该技术在陆地遥感、海洋测绘和波高测量中得到广泛应用。

⑦GNSS 地壳运动应用。甚长基线干涉测量、卫星激光测距和 GNSS 等空间大地测量技术能以毫米级的精度测定地面点的位置和测站之间的基线长度，已成为现今全球地壳运动监测的主要手段。特别是 GNSS 技术，由于其观测信息丰富、全球覆盖、便于密集布网等特点，为监测地壳运动提供了高时空分辨率的观测结果。

⑧GNSS 精密授时应用。由 GNSS 观测数据可以求得接收机钟误差，继而可以由导航电文给出的 GNSS 时与协调世界时的关系，推算出相应的协调世界时。利用 GNSS 信息中的标准时间和定时信号，能实现标准时间尺度的建立、高准确度的时间(频率)统一与同步，以及高准确度的时间频率对比。

⑨GNSS 文化遗址测绘应用。GNSS 贯穿遗址考古调查过程中的导航、遗址位置和边界的勘测、遗址调查中探孔位置放样、物探测线和测点的放线和定位、航空航天遥感影像的精密校正、地球物理探测的位置测量、遗址数字地形模型的建立、遗址发掘过程中的细部测量、遗址安全监控与预警等。

2.2　无人机摄影测量技术

2.2.1　概述

无人机摄影测量

随着我国经济的飞速发展，对大比例尺、高分辨率的航空遥感影像的需求也与日俱增，同时对空间信息的现势性、精度、周期和成本等各方面的要求也越来越高，而传统的航天和航空摄影测量越来越显现出其局限性。例如现有的卫星遥感技术虽然能够获取大区域的空间地理信息，但受回归周期、轨道高度、气象等因素影响，遥感数据分辨率和时相难以保证。而航空摄影测量主要采用的是大中型固定翼飞机，由于空域管制、气候等因素的影响较大，缺乏机动快速能力，同时使用成本较高，对测区面积小、成图周期短的测绘工程和应急测绘项目很不适应。

但无人机与数码相机技术的发展打破了这一局限，无人机与航空摄影测量相结合使得无人机摄影测量技术成为航空摄影测量系统的有效补充。无人机摄影测量技术以获取高分辨率数字影像为应用目标，以无人驾驶飞机为飞行平台，以高分辨率数码相机为传感器，通过3S技术在系统中集成应用，最终获取小面积、真彩色、大比例尺、现势性强的航测遥感数据。无人机摄影测量技术主要用于基础地理数据的快速获取和处理，为制作正射影像、地面三维模型和进行基于影像的区域测绘提供最简捷、最可靠、最直观的应用数据。

作为卫星遥感与普通航空摄影不可缺少的补充，无人机摄影测量为危险区域图像的实时获取、环境监测及应急指挥需求等提供了一种新的技术途径，具有广阔的发展与应用前景。其主要具有以下特点：

①低成本。

②影像获取快捷方便。

③机动性、灵活性和安全性。

④低空作业，获取高分辨率影像。

⑤精度高，测图精度可达1∶500。

⑥周期短，时效性强。

2.2.2 无人机摄影测量总体流程

当摄影测量项目立项后，第一时间应全方位收集资料，了解项目背景和建标目的与要求，并确定初步技术方案。根据方案明确作业空域和使用飞行载体，展开空域申请工作等。无人机摄影测量总体流程如图2.2所示。

1. 任务提出、空域申请

在进行无人机航空摄影前，用户应该根据具体的作业任务提前做好规划，实地踏勘，撰写航摄计划。航摄计划中的技术部分应该包括：了解测区概况，确定测区范围，选用合理的摄像机，确定摄影比例尺和航高，确定拍摄日期及无人机起降的具体位置等。为了确保无人机低空飞行安全，提高空域资源利用率，在进行航摄前，负责人员须按照相关规定向航空管理部门申请测区空域的飞行许可。如果没有获得批准，需要重新拟定飞行计划，做好充分的准备，再次向空域管理部门提出申请。

2. 作业飞行

依据无人机具体的飞行任务和低空数字航空摄影规范的相关规定，首先对航摄技术参数进行设置，以保证无人机按规定的轨迹飞行，具体包括以下几个方面：设置航高，设置航片重叠度，设置航线参数。

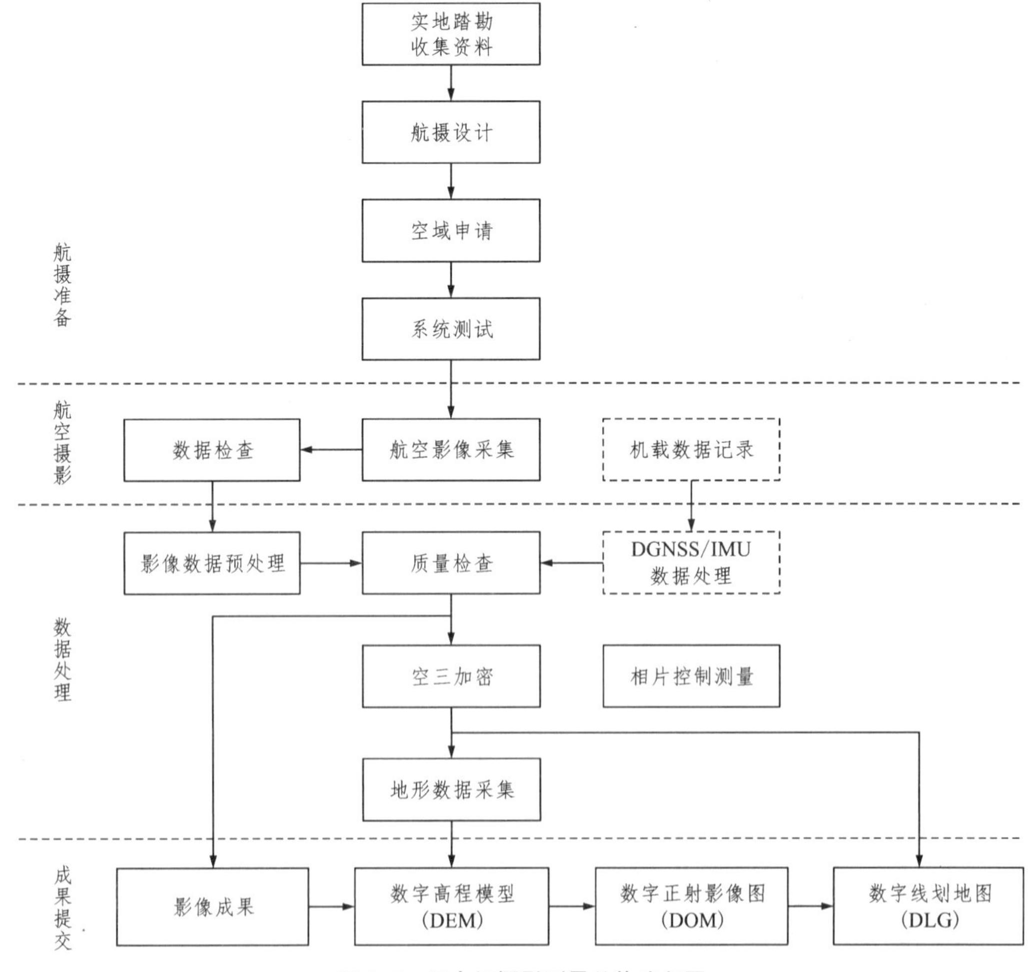

图 2.2　无人机摄影测量总体流程图

3. 数据检查

无人机在空中进行飞行作业时，受飞行环境和天气情况的影响，航线会发生偏移，导致影像采集质量变差，最终影响测绘产品的精度。因此，无人机飞行任务结束后，应利用机载 POS 系统得到的位置和姿态数据，以及获取的影像数据检查飞行的影像质量，分析其精度是否满足相应规范要求。

4. 影像预处理

数据检查合格并且结束航摄任务之后，要对原始影像进行处理。首先，对航片进行编号，编号以航线为单位，由 12 位数字组成，从左到右第 1~4 位是摄区代号，第 5~6 位是分区号，第 8~9 位是航线号，第 10~12 位是航片流水号。通常情况下，编号随着飞行方向依次增加，而且同一条航线内编号不能重复。把根据飞行航线编好号的原始影像进行分类，分为垂直影像和倾斜影像，并且按照影像数据通用格式建立目录分类存储。其次，在对原始影像进行定量分析处理之前应该进行畸变差改正。最后，对影像进行归一化匀光匀色处理，使影像数据在亮度、饱和度和色相方面保持良好的统一，保证影像在镶嵌处理后的增强处理中能够

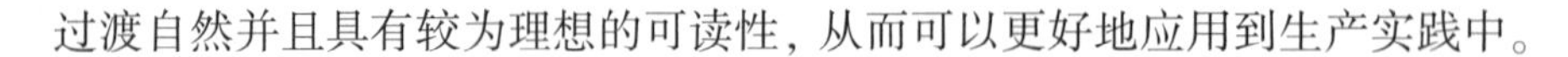

过渡自然并且具有较为理想的可读性，从而可以更好地应用到生产实践中。

5.4D 产品生产

对影像数据预处理后，可借助相机参数、像片控制测量成果等资料进行空三加密，待空三加密精度满足规范要求后，有两条路径生产 4D 产品。一条是利用全数字摄影测量工作站采集和编辑地形特征点、特征线和高程数据，构建不规则三角网(TIN)模型和质检，生产数字高程模型(DEM)数据，然后利用 DEM 数据对匀光后的影像进行正射纠正，构绘拼接线完成影像拼接，按成果分幅和挂图要求完成裁图，得到数字正射影像图(DOM)。另一条是直接利用全数字摄影测量工作站进行立体采集，获得初始数字线划地图(DLG)，然后经过野外调绘工作，利用实时 RTK 测量定位，并利用全站仪对新增地物、立体模型中的不清楚地物及高程注记点等进行全野外实测，从而有效补充和完善 DLG 数据。

2.2.3 无人机测绘技术的应用

1. 在应急测绘保障中的应用

无人机摄影测量技术是现代化测绘装备体系的重要组成部分，是应急测绘保障服务的重要设施，也是国家、省级、市级应急救援体系的有机组成部分。无人机摄影测量技术将摄影测量技术和无人机技术紧密结合，以无人驾驶飞行器为飞行平台，搭载高分辨率数字遥感传感器，获取低空高分辨率遥感数据，是一种新型的低空高分辨率遥感影像数据快速获取系统。无人机摄影测量技术在应急测绘领域的应用，主要集中在无人机遥感技术的具体实践和应用上。无人机应急测绘已呈现如下一些特点：

①应急测绘保障任务的行业性。

②系统技术趋于智能化和高集成。

③任务执行趋于高效性。

④载荷多样化平台集群化。

⑤有效补充了影像获取手段。

2. 在数字城市建设中的应用

无人机空间信息采集完整的工作平台可分为四个部分：飞行器系统部分、测控及信息传输系统部分、信息获取与处理部分、保障系统部分。无人机低空航拍摄影广泛应用于国家基础地图测绘、数字城市勘探与测绘、海防监视巡查、国土资源调查、土地地籍管理、城市规划、突发事件实时监测、灾害预测与评估、城市交通、网线铺设、环境治理、生态保护等领域，且有广阔的应用前景，对国民经济的发展具有十分重要的现实意义。

为使城市发展能够适应经济高速发展的需要，城市规划的作用日益明显，对城市规划地图数字化的要求越来越高，对地图的更新周期要求越来越短。航拍航测不仅能为城市制作大比例尺地图提供有效数据，而且为及时更新这些数据提供极大便利。我国的航拍航测大部分依靠有人机，这种手段在效率、成本及快速性上都不能满足要求，而无人机正适合这种快速应用。无人机使用方便灵活，成本低廉，维护方便，尤其适合小面积航空影像的获取，可为需要测量的部门提供高分辨率的影像数据，可测到 1：500 的高精度地形图。无人机拍摄覆盖面广，一次起落可覆盖 20~80 km^2，大大提高了勘测工作的效率。无人机还可在空中实现 GNSS 定高、定距拍摄，提高成图效率，能在交通不便、地貌复杂，人迹很难到达的区域执行拍摄任务。与传统全野外测量相比，无人机低空遥感技术可大大减少野外工作量，而且超视距自动驾驶，图像实时传输，全面提高了国土资源动态监测的能力。无人机在空间数据采集方面应用优势明显，已成为数字城市建设中应用前景最为广阔的一种测绘手段。现阶段，我国的无人机测绘总体上仍处于起步阶段，应用的范围还较为狭窄，随着数字城市建设对数字测绘信息的需求越来越大，无人机测绘将会发挥巨大的作用。

3. 在国土资源领域的应用

大比例尺地形图规模化生产。随着无人机技术的广泛应用，客户的需求水平也越来越高，无人机大比例尺航测成图的质量在无人机技术应用中尤为关键，对如何提高产品质量的研究，大大促进了无人机测绘技术的应用。传统的大比例尺地形图测绘多采用内外业一体化的数字化测图方法，即首先采用静态 GNSS 测量技术布设首级控制网，然后采用 GNSS RTK 与全站仪相结合的方法进行碎部测量。近年来，无人机低空摄影测量技术的发展和成熟，提供了新的大比例尺地形测量的方法。

执法监察。通过无人机遥感监测系统的监测成果，及时发现和依法查处被监测区域的国土资源违法行为。对重点地区和热点地区要实现滚动式循环监测，实现国土资源动态巡查监管，违法行为早发现、早制止和早查处。

灾害应急处置。应用无人机遥感服务可对地质环境和地质灾害进行及时、循环监测，第一时间采集地质灾害发生的范围、程度和源头等信息，为地质部门制订灾害应急措施提供快速、准确的数据支持。

4. 在矿山监测中的应用

数字矿山建设。数字矿山建设是矿山信息化管理的重要手段，它的建设需要基础地理信息数据，包括遥感影像、地形图和 DEM 数据等。随着矿山建设的快速发展，需要及时地更新基础地理数据。

矿产资源监测。由于矿产资源具有稀缺性和不可再生的特点，所以出现了乱采、乱挖的现象，特别是对于那些无证开采的矿山，靠人力监管已经无能为力，需要高科技的手段才能进行有效管理。利用无人机技术可以实现空中监视，无须到达目标区即可取证，可以有效地实现监管，有力地打击违法开采资源的活动。

矿区地质灾害监测。利用无人机低空遥感技术监测矿区地表沉陷扰动范围，对地表沉陷控制及生态保护与重建具有重要意义，可以利用无人机影像图对地裂缝、地面沉降及滑坡体进行解译。

矿区灾害应急救援指挥。无人机在灾害救援领域具有广阔的应用前景。

5. 在电力工程中的应用

如何提高电力线路检测的精度和效率，是困扰电力行业的重大难题。随着无线通信技术、航空遥感测绘技术、GNSS 导航定位技术及自动控制技术的发展，利用无人机的航空遥感测绘可以很好地完成电力巡查和建设规划的任务。电力无人机具体应用于基础建设规划、线路巡查、应急响应、地形测量等领域。

测绘地形图。无人机用于工程规模较小的新建线路航飞，用于工程路径局部改线的航飞，用于运行维护中的局部线路数据更新维护的航飞。

规划输电线路。在对各种类型的输电线路进行规划的时候，对规划的区域要进行详细的信息采集和测绘工作，最好的方式就是采用无人机测绘系统。

无人机巡检。无人机作业可以大大提高输电维护和检修的速度、效率，使许多工作能在完全带电的环境下迅速完成，无人机还能使作业范围迅速扩大，且不为污泥和雪地所困扰。因此，无人机巡线无疑是一种安全、快速、高效、前景广阔的巡线方式。

2.3 机载 LiDAR 技术

2.3.1 概述

机载LiDAR应用

激光雷达(light detection and ranging, LiDAR)是通过激光头发射大量的激光束，获取高密度的 LiDAR 点云数据。无人机 LiDAR 测量技术是以无人机为飞行平台的主动式对地观测，配备有激光测距仪、数码相机、惯性导航系统(INS)、高精度全球导航卫星系统(GNSS)等载荷器具，既能做到自动化、专业化、快速化采集大量的地表空间数据，还可以实时处理、建模、查询和分析。相对于传统的航测，其具有控制和测量依赖性小、受天气影响小、能直接获取三维空间地理信息等独特优势。

近几年，随着无人机的快速发展和精密性传感器的不断涌现，我国一些空间信息公司通过核心硬件集成与自主研发结合的方式，逐步推出自己的无人机 LiDAR 测量系统，例如海达数云 ARS-1000 无人机激光雷达系统[图 2.3(a)]、DJI Matrice 600 Pro 无人机激光雷达系统[图 2.3(b)]、飞马 D-LiDAR2000 无人机激光雷达系统、吉鸥 GL-52 无人机激光雷达系统等。这些无人机 LiDAR 测量系统大多应用于交通规划、设计工程和施工监理等领域，为实际工程应用提供了成熟且有力的技术支撑。

(a) 海达数云ARS-1000无人机激光雷达系统

(b) DJI Matrice 600 Pro无人机激光雷达系统

图 2.3 无人机 LiDAR 测量系统

2.3.2　无人机 LiDAR 测量系统

1. 无人机 LiDAR 测量系统组成

无人机 LiDAR 测量系统是一种多遥感器集成的对地观测遥感数据获取系统。它高度集成激光测距仪、数码相机、惯性导航系统(INS)、高精度全球导航卫星系统(GNSS)、配套计算机及软件，是获取地理三维信息的高新设备和技术手段之一。无人机 LiDAR 测量系统组成如图 2.4 所示。

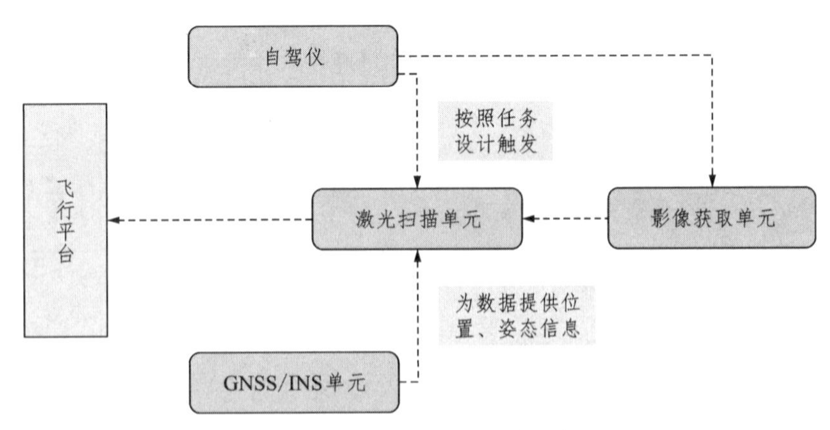

图 2.4　无人机 LiDAR 测量系统组成示意图

无人机 LiDAR 测量系统的主要部件及其作用主要如表 2.3 所示。

表 2.3　无人机 LiDAR 测量系统的主要部件及其作用

部件	作用
全球导航卫星系统(GNSS)	用于测定飞机移动状态瞬间的 GNSS 天线相位中心的大地坐标
惯性导航系统(INS)	用于获取遥感平台瞬间的 3 个姿态数据
激光测距仪	用于获取地表密集的三维点云数据
数码相机	用于获取数字影像，辅助地物要素识别与提取，辅助点云分类与分类精度评价
实时监测及数据记录设备	用于协调各个传感器的飞行状态、记录点云回波数据、扫描角度与时间、导航电文数据等
数据处理软件	用于解算 GNSS 和 INS 的位置和姿态信息、解算 LiDAR 点云三维坐标等

2. 无人机 LiDAR 对地定位原理

无人机 LiDAR 测距单元主要包括 3 个电子设备，分别是激光发射器、接收器及记录单元。由激光发射器在空中向地面高频发射激光束，由接收器接收反射回来的激光脉冲，由记录单元记录时间差。

无人机 LiDAR 激光点云系统包含的坐标系统如表 2.4 所示。

表 2.4　激光点云系统各坐标系说明

坐标系统	原点 O	X 轴	Y 轴	Z 轴
瞬时激光束坐标系	激光发射参考点	指向飞行方向	$O-xyz$ 构成右手坐标系	指向瞬时激光束方向
激光扫描参考坐标系	激光发射参考点	指向飞行方向	$O-xyz$ 构成右手坐标系	朝向激光扫描系统零点方向
激光载体坐标系	飞机的几何中心	指向机身纵轴朝前	垂直于 X 轴，指向飞机右机翼	垂直向下，$O-xyz$ 构成右手坐标系
INS 载体坐标系	INS 传感器中心	指向机身纵轴朝前	垂直于 X 轴，指向飞机右机翼	垂直向下，$O-xyz$ 构成右手坐标系
当地水平参考坐标系	位于某一天线的相位中心	指向真北	指向东，$O-xyz$ 构成右手坐标系	沿椭球法线向量反向指向地心
当地垂直参考坐标系	位于某一天线的相位中心	指向真北	指向东，$O-xyz$ 构成右手坐标系	平行于大地水准面的法线，方向向下
WGS 坐标系	地球质心	指向国际地球参考系首子午面	指向东，$O-xyz$ 构成右手坐标系	指向国际地球参考系 IERS 极的方向 IRP

激光点云坐标的计算过程，本质上是实现激光点一系列坐标转换的过程，如图 2.5 所示。

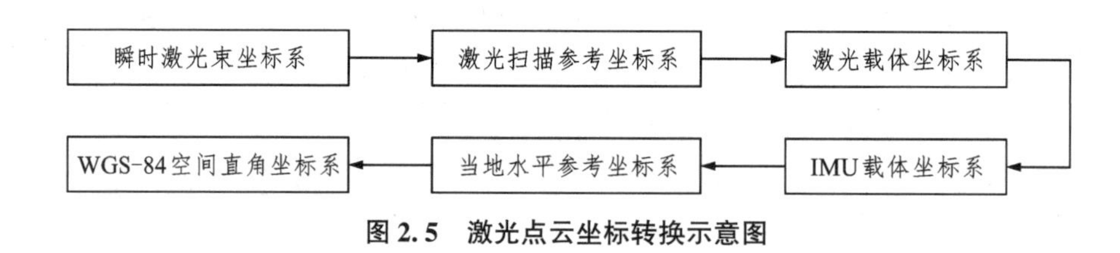

图 2.5　激光点云坐标转换示意图

3. 无人机 LiDAR 测量系统数据构成

无人机 LiDAR 测量系统是一个比较复杂的多遥感集成系统平台，以激光为测量介质，有效集成了 GNSS、INS、图像传感器，每个遥感器件获取的数据源不同，主要包括点云三维坐标、回波次数、反射强度以及图像信息。

①点云三维坐标。LiDAR 测量属于主动式对地观测，可根据采集的距离、角度、位置等观测数据解算出点云三维坐标。

②回波次数。多脉冲式机载 LiDAR 记录的回波信息包括一次回波和多次回波。多次回波是指同一脉冲激光束碰到被探测物体发生多次反射，直至能量耗尽。大多数机载激光扫描系统能够记录 2~5 次回波，少部分系统能完整记录全部回波。回波信息均有三维坐标记录且记录地物顶部、底部及之间的任何位置。这对获取地物的高度、数字高程模型、数字表面模型至关重要。

③反射强度信息。机载激光还有着一个较为重要的属性可以深度利用，即激光的回波强度，激光遇见不同的物质反射回的强度大小和能量损耗不同，在一定程度上反映了地物的物理特性。在公路行业，可以利用点云强度特征识别车道线，提取靶标点等。

④图像信息。影像传感器是通过数码相机对地面进行摄影，从而获取地面的影像数据，进而生产 DOM 或各种地形图，以弥补点云缺乏纹理和色彩信息的缺陷。

点云数据的特点：

①数据密度高。无人机 LiDAR 测量技术获取的高密度点云，可还原真实的地表三维模型，为公路勘测提供丰富的高程属性。

②离散型。激光扫描仪对地扫描的对象是所有物体，呈离散型，不规则分布于空间。其发出的脉冲激光遇到空中的杂物（如飞鸟）、行驶的汽车、光亮金属等目标，会产生一些杂乱的激光点，称为粗差点。在后期的数据处理中需要将其剔除。

③易被水体吸收。在激光束照射到水体区域时，大部分被水体吸收，少部分由于镜面反射被反射回去，但回波信号无法返回至接收器并记录。

④具有较强穿透性。机载激光扫描仪发射的激光脉冲穿透能力强，能穿透部分植被树林获取植被底下真实地面信息，突破传统航空摄影测量局限。

⑤数据量庞大。现有的机载激光雷达系统采集的点云数据密度为每平方米 1~100 个点，在实际公路勘测项目中，获取的区域长度为数十甚至上百千米，如此海量的数据处理，对电脑性能提出了更高要求，对软件及其建模的算法相应也提出了更高的要求。

2.4　地面三维激光扫描技术

2.4.1　概述

地面三维激光扫描应用

三维激光扫描（three-dimensional laser scanning）技术是近二三十年才发展起来的一种新的测量技术。它是利用激光测距的原理，通过记录被测物体表面大量的密集的点的三维坐标信息和反射率信息，将各种大型的、复杂的、不规则、标准或非标准等实体或实景的三维数据完整地采集到电脑中，进而快速复建出被测目标的三维模型及线、面、体等各种图件数据。另外，结合其他逆向工程软件和各领域的专业应用软件，它所采集的点云数据还可进行各种后处理应用。由于三维激光扫描能够完整、准确、精细地刻画目标物体，因此三维激光扫描技术又被称作“高清晰测量”。

利用激光进行距离测量已有近四十年的历史，而自动控制技术的发展使得三维激光扫描最终成为现实，从而也实现了从传统的测距仪、全站仪的单点测量进化到目前三维激光扫描技术的线测量或者说面测量的阶段。三维激光扫描系统技术的应用包含两个方面的重点内容，一个是如何获取高精度的点云数据；另一个是如何对获取的点云数据进行后期的处理和分析，以提取所需要的信息。三维激光扫描技术可以全天候对目标物进行扫描，每秒扫描的点数多达百万，采用的是无接触扫描模式，无须在目标物上安装各种反射装置，通过对扫描的点云进行预处理，可以实现模型重构、土方测算及变形分析等各种应用。基于此，该技术已经在测绘领域得到了广泛的应用，由于该技术获取的是大量高密度的点云，因此该技术打破了传统测量数据的获取模式。通过该技术对目标物进行扫描，不仅可以获取目标物的点位信息，还可以获取目标物的距离、方位角、天顶角及反射率。目前生产厂商所生产的地面三维激光扫描仪，扫描距离都介于几米到几百米之间，50 m 处的单点精度为 1.5~15 mm。

目前，三维激光扫描技术主要应用领域包括文物古迹保护、建筑、规划、土木工程、工厂改造、室内设计、建筑监测、交通事故处理、法律证据收集、灾害评估、船舶设计、数字城市、军事分析等。

2.4.2 数据处理流程

点云作为基础数据，记录了目标对象的坐标信息、反射率信息和纹理信息。而对点云的处理，主要分为色彩的处理、点状和线状特征的提取及体特征的提取。

点云是客观世界的真实记录，色彩还原是基础的步骤。原始的点云数据一般都是单色或者假彩色。单色是给点云赋予了单一的色彩，而假彩色则是根据一定的规则，比如点云中点的反射率的强弱(返回激光与出射激光之间的能量比值)或是点的高度，有规律地赋予每个点彩色信息。对于建筑文化遗产保护而言，一般需要还原为真彩色的点云数据。通常，采用高分辨率的数码相机记录下真实的色彩和纹理，通过软件，进行纹理映射，将点云还原成真彩色。

对于点状和线状特征的提取，一般在现有的点云处理软件都可以实现。点状特征比较容易提取，可直接在点云中捕捉。线状特征可直接通过捕捉关键点生成，也可通过软件中的一些算法实现。比如利用基于 CAD 的插件，可在 CAD 中打开点云数据，进行切片处理，得到的点云切片可通过软件自带的拟合功能，将直线、圆、弧段等线状特征通过计算自动拟合生成。

对于体特征的提取，如果对象是规则的几何体，可通过点、线、平面、柱体、台体、球体等或它们的组合加以实现。而对于非规则对象，特别是现代建筑等对象，其表面是复杂曲面，无法通过规则的几何体进行表面建模，就需要专门的软件进行体特征的提取。其方法是通过一定的算法，构建对象表面的三角格网，从而形成对象的表面模型，再通过专门的虚拟现实软件，可以将对象进行数字化的展现。

作为基础数据，点云的质量直接影响后期处理的成果的精度。点云的精度一般包含了单点测量精度、角度精度、模型表面精度，这三者与数据获取的硬件设备紧密相关，而模型表面精度很大程度上取决于软件的算法。

通过描点统计，4 个测站的点云数据重叠率大于 83.2%，靶球的拼接中误差为 1.5mm，满足要求。点云拼接前后对比见图 2.6。

点云抽稀处理是通过设置点云间距，减少点云数据量(离散点云删除前后对比见图 2.7)，以提高计算机运行效率。

(a) 点云拼接前

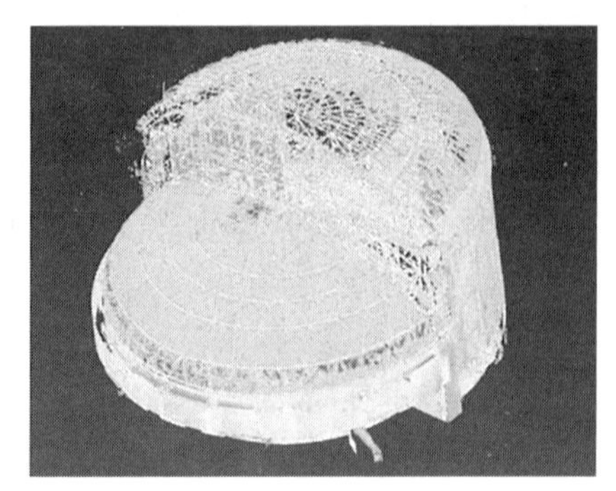
(b) 点云拼接后

图 2.6　点云拼接前后对比分析

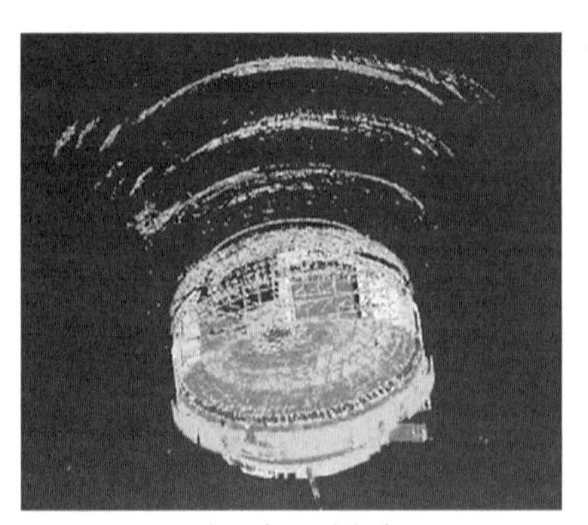
(a) 离散点云删除前

(b) 离散点云删除后

图 2.7　离散点云删除前后对比分析

2.4.3　在测绘领域的应用

1. 地形图测绘与地籍测绘

传统的地形图测绘是利用全站仪、GNSS 接收机等仪器进行野外采点。三维激光扫描技术最基本的应用之一就是地形图绘制。与传统的手段相比，它具有高效率、细节丰富、成果形式多样、智能化、兼容性强等优点。

2. 土方和体积测量

三维激光扫描速度与精度的优点使它可以测量和监测土方填充的体积，如果基准面已知，通过测量新的地形表面，减去它的基准面，就可得到需要填充的土方量，在采矿或采石时，通过三维激光扫描仪可以获得矿的体积，而这种技术相对于传统的测量技术，速度更快、精度更高。

3. 监理测量

三维激光扫描技术的出现让监理测量看到了曙光，它的高效率和全面的特性使其能有效解决监理测量中的瓶颈问题。三维激光扫描是真实场景复制，资料具有客观可靠性，可作为施工单位整改的依据。这些特点正是三维激光扫描技术应用到监理测量领域的基础。

4. 变形监测

三维激光扫描技术在越来越多现代监测中扮演着重要角色，大型建筑物监测包括桥梁、大坝、隧道、边坡、矿井、海洋石油平台、油气管道等大型结构的长期健康监测和灾后的变化监测。三维激光扫描技术在完整获取大面积的监测目标数据时有着巨大优势：数据获取的速度快，实时性强；数据获取全面，精度高；全天候作业，不受光线的影响，主动性强；数据表达清楚明了，表达简单。

5. 工程测量

三维激光扫描技术在工程测量中的具体应用包括隧道工程测量、道路工程测量、竣工测量、输电线路测量、船体外形测量。

本章小结

本章简单介绍了测绘新技术，包括 GNSS 测量、无人机摄影测量技术、机载 LiDAR 技术以及地面三维激光扫描技术。

习　题

1. 什么是 GNSS？它的优点有哪些？
2. 简述无人机摄影测量在测绘领域的应用。
3. 简述地面三维激光扫描技术在测绘领域的应用。

第 3 章　水准测量

学习目标

1. 了解自动安平水准仪、电子水准仪的构造、使用方法、检验校正方法。
2. 熟悉水准测量误差的消除方法。
3. 掌握水准测量的原理，仪器操作和数据处理的方法。

高程测量是测量的基本工作之一，根据所使用的仪器的不同，高程测量方法包括水准测量、三角高程测量、气压高程测量和 GNSS 高程测量等。水准测量是测定高程的主要方法。

3.1　水准测量原理

水准测量

水准测量是通过水准仪和水准尺测出两点间的高差，再由已知点高程推算得到待定点的高程。

水准测量的原理如图 3.1 所示，为了确定 A、B 两点间的高差和 B 点的高程，在两个点上分别竖立水准尺，在两点中间架设水准仪，利用水准仪提供的水平视线，读取两点上水准尺的读数，从而测得两点间的高差，再由已知点的高程推算出未知点的高程。

图 3.1 中，A 点的高程 H_A 已知，求待定点 B 的高程 H_B，若水准仪望远镜的水平视线在 A 点水准尺上的读数为 a，在 B 点水准尺上的读数为 b，则 A、B 两点的高差为

$$h_{AB}=a-b \tag{3.1}$$

式中：h_{AB} 为 A 到 B 的高差，若写成 h_{BA} 则为 B 到 A 的高差，即 $h_{AB}=-h_{BA}$。若水准测量是从 A 点向 B 点进行，则 A 点称为后视点，其水准尺读数为后视读数；B 点称为前视点，其水准尺读数为前视读数。两点间的高差也可以写为

$$h_{AB}=\text{后视读数}-\text{前视读数}$$

如果后视读数大于前视读数，则高差为正，表示 B 点比 A 点高；如果后视读数小于前视读数，则高差为负，表示 B 点比 A 点低。

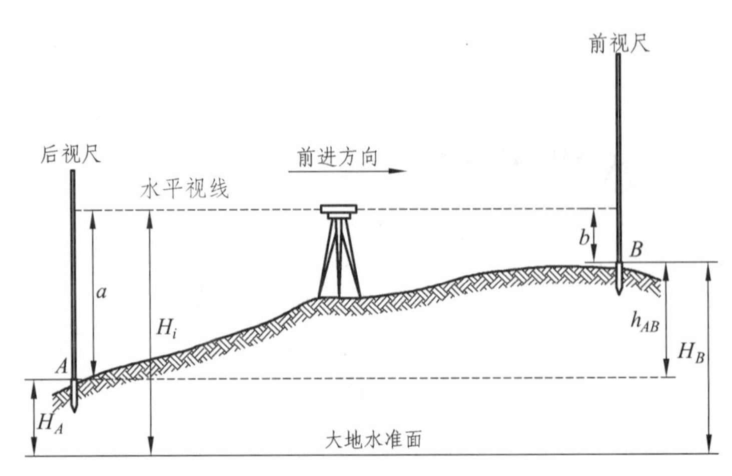

图 3.1　水准测量原理

已知 A 点的高程 H_A，A、B 两点的高差为 h_{AB}，则 B 点的高程 H_B 可按下式计算：

$$H_B = H_A + h_{AB} \tag{3.2}$$

当待定点个数较多时，也可以利用视线高法进行观测和求解，即首先求出视线高程 H_i（也称为仪器高程），即

$$H_i = H_A + a = H_B + b \tag{3.3}$$

所以待定点的高程可由下式求得：

$$\begin{cases} H_B = H_i - b \\ H_C = H_i - c \end{cases} \tag{3.4}$$

运用视线高法可以方便地在同一测站上测出若干个前视点的高程，故这种方法常用于工程的施工测量。

3.2　水准测量的仪器、工具及操作方法

水准测量设备主要包括水准仪、水准尺和尺垫。水准仪是水准测量的主要仪器，按精度分为 DS_{05}、DS_1、DS_3、DS_{10} 几种等级。“D”和“S”是“大地测量”和“水准仪”的汉语拼音的第一个字母，其下标的数值为仪器的精度，以 mm 计，如 DS_{05} 代表每千米往返测高差中数的中误差为 0.5 mm，以此类推。DS_{05}、DS_1 型水准仪一般称为精密水准仪，DS_3、DS_{10} 型水准仪一般称为工程水准仪或普通水准仪。

3.2.1　DS_3 型微倾水准仪的构造及使用

DS_3 型微倾水准仪由基座、望远镜和水准器三部分组成，如图 3.2 所示。

1. 基座

基座的作用是支撑仪器及用于仪器整平，其主要由轴座、脚螺旋、底板和三角底板构成。

使用时将仪器的竖轴插入轴座内旋转，脚螺旋用于调整圆水准器气泡居中，底板通过连接螺旋与下部三脚架连接。

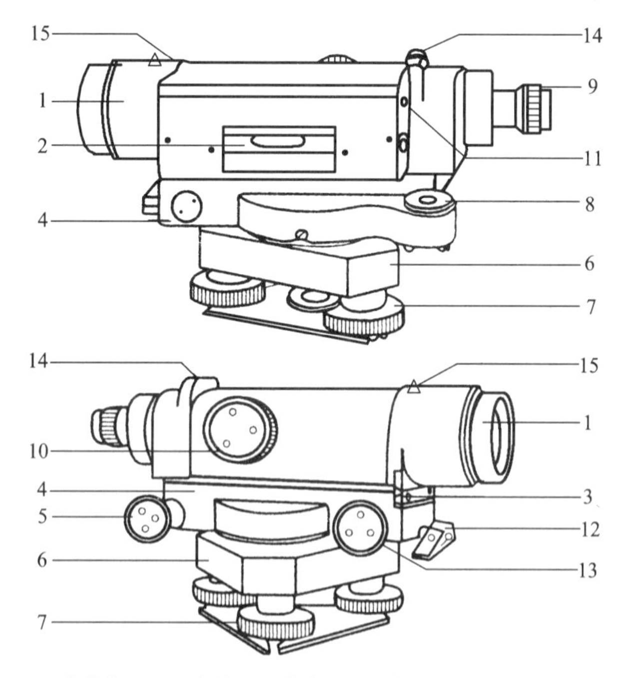

1—望远镜物镜；2—水准管；3—簧片；4—支架；5—微倾螺旋；6—基座；
7—脚螺旋；8—圆水准器；9—望远镜目镜；10—物镜调焦螺旋；11—气泡观察镜；
12—制动螺旋；13—微动螺旋；14—缺口；15—准星。

图 3.2　DS_3 型微倾水准仪

2. 望远镜

望远镜(图 3.3)主要由物镜、目镜、调焦透镜和十字丝分划板等组成。

物镜和目镜多采用复合透镜组。物镜的作用是和调焦透镜一起将远处的目标在十字丝分划板上形成缩小而明亮的实像；目镜的作用是将物镜所成的实像与十字丝一起放大成虚像。

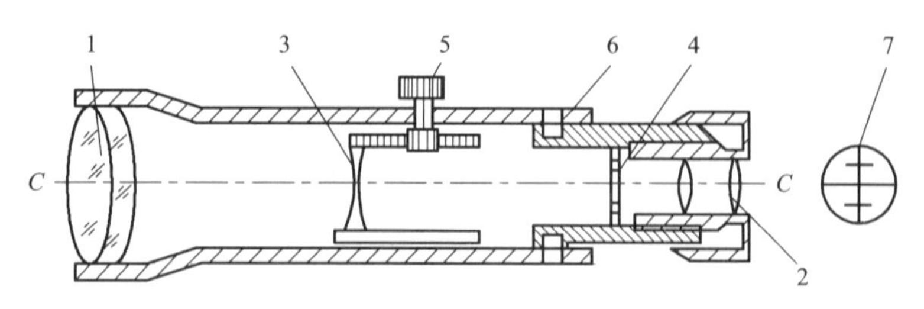

1—物镜；2—目镜；3—调焦透镜；4—十字丝分划板；
5—物镜调焦螺旋；6—目镜调焦螺旋；7—十字丝放大像。

图 3.3　测量望远镜

分划板上互相垂直的两条长丝称为十字丝。其中，纵丝又称竖丝，横丝又称中丝，上、下两条对称的短丝称为上、下视距丝，用于测量距离。操作时利用十字丝中丝和竖丝的交点瞄准水准尺，然后分别读取上、中、下三丝的读数。十字丝交叉点与物镜光心的连线，称为望远镜的视准轴。

3. 水准器

水准器是操作人员判断水准仪安置是否正确的重要部件。水准仪通常装有圆水准器和管水准器，分别用来指示仪器竖轴是否竖直和视准轴是否水平。

(1) 圆水准器

如图 3.4 所示，圆水准器顶面的内壁是球面，其中有圆形分划圈，圆圈的中心为水准器的零点。通过零点的球面法线称为圆水准器轴，当圆水准器气泡居中时，该轴线处于竖直位置。水准仪竖轴应与该轴线平行。当气泡不居中时，气泡中心偏移零点 2 mm，轴线所倾斜的角值称为圆水准器分划值，一般为 8′~10′。圆水准器主要用于仪器的粗略整平。

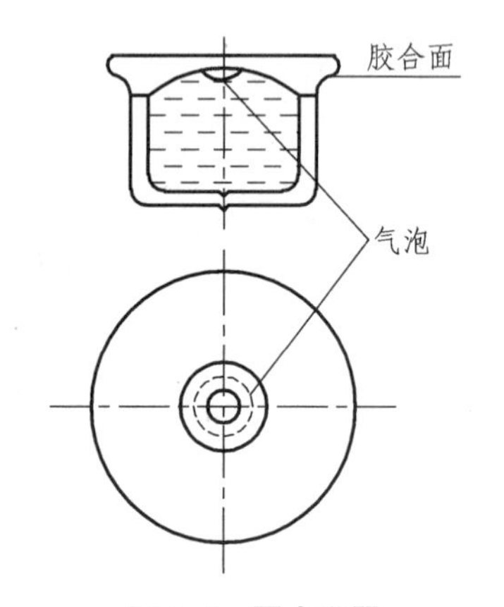

图 3.4　圆水准器

(2) 管水准器

管水准器又称水准管，是把纵向内壁磨成圆弧形的玻璃管，管内装酒精和乙醚的混合液，加热融封冷却后留有一个近于真空的气泡(图 3.5)。圆弧的最高点称为水准管零点。

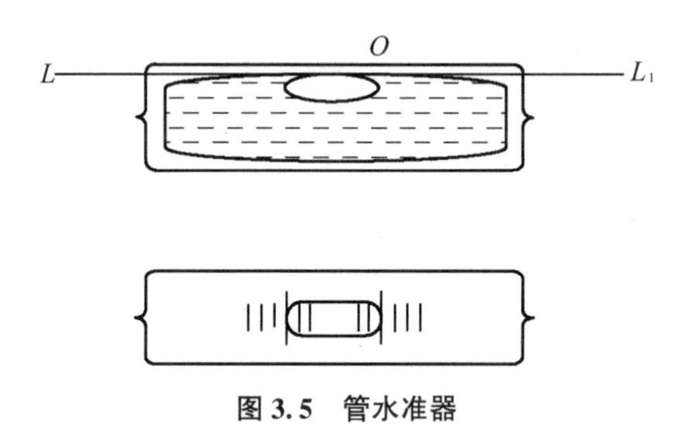

图 3.5　管水准器

水准管上一般刻有间隔 2 mm 的分划线，分划线以零点为对称点。通过零点作水准管圆弧的纵切线，该线称为水准管轴(图 3.5 中 LL_1)。当水准管的气泡中点与水准管零点重合时，称为气泡居中，这时水准管轴处于水平位置，否则水准管轴处于倾斜位置。水准管圆弧 2 mm 所对的圆心角 τ，称为水准管分划值，即

$$\tau = \frac{2}{R} \cdot \rho'' \tag{3.5}$$

式中：ρ''为弧度相应的秒值，$\rho''=206\,265''$；R 为水准管圆弧半径，mm。

水准管的圆弧半径越大，分划值越小，灵敏度(即整平仪器的精度)也越高。常用的测量仪器的水准管分划值为 10″、20″，分别计作 10″/2 mm、20″/2 mm。

为提高水准管气泡居中精度，DS_3 型水准仪在水准管的上方安装一组符合棱镜，通过符合棱镜的折光作用，使气泡两端的像反映在望远镜旁的符合气泡观察窗中。若两端半边气泡的像吻合，表示气泡居中；若呈错开状态，则表示气泡不居中。这时，应转动目镜下方右侧的微倾螺旋，使气泡的像吻合。

3.2.2　水准尺和尺垫

水准尺是水准测量时使用的标尺，常用干燥的优质木料、玻璃钢、铝合金等材料制成。根据它们的构造，又可分为直尺、折尺和塔尺，如图 3.6 所示。直尺和塔尺又分为单面水准尺和双面水准尺。

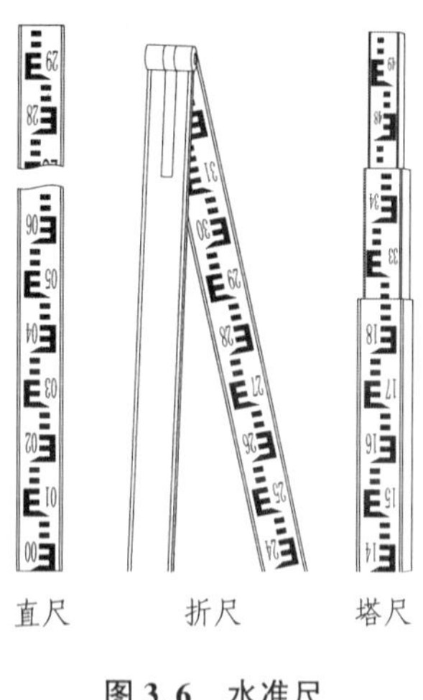

图 3.6　水准尺

塔尺仅用于等外水准测量，其长度有 2 m、3 m 和 5 m 三种，分两节或三节套接而成。塔尺可以伸缩，尺底为零点，尺上黑白格相间，每格宽度为 1 cm(有的为 0.5 cm)，米刻画线和分米刻画线处皆注有数字。数字有正字和倒字两种。

双面水准尺多用于三、四等水准测量。其长度有 2 m、3 m 两种，两根尺为一对。尺的两面均有刻画，一面为红白相间，称为红面尺；另一面为黑白相间，称为黑面尺，两面的刻画均为 1 cm，并在分米处注字。两根尺的黑面底部均为零；而红面底部，一根尺为 4.687 m，另一根为 4.787 m。

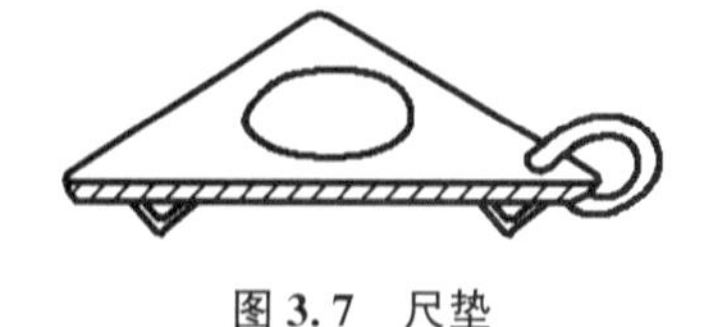

图 3.7　尺垫

尺垫是用生铁铸成，一般为三角形，中央有一凸起的半球体，下部有 3 个支脚，如图 3.7 所示。水准测量时，将支脚牢固地踩入地下，然后将水准尺立于半球顶上，用以保持尺底高度不变。尺垫仅在转点处竖立水准尺时使用。

3.2.3　水准仪的使用

1. 安置仪器

选择合适的地点放置仪器的三脚架，并根据观测者的身高调整架腿长度，目估使架头大致水平，将三脚架安置稳固，然后打开仪器箱取出水准仪，置于三脚架头上用连接螺旋将仪器牢固地固连在三脚架头。

2. 粗略整平

转动脚螺旋，使圆水准器气泡居中，称为粗平。粗平使仪器竖轴大致铅直，从而视准轴粗略水平。如图 3.8(a)所示，气泡未居中而位于圆水准器上的圆圈外某处，则可以按照以下步骤进行操作。

第一步：按图上箭头所指的方向用两手相对转动脚螺旋①和②，使气泡移动到过脚螺旋③且与脚螺旋①和②连线垂直的直线上[图 3.8(b)]。

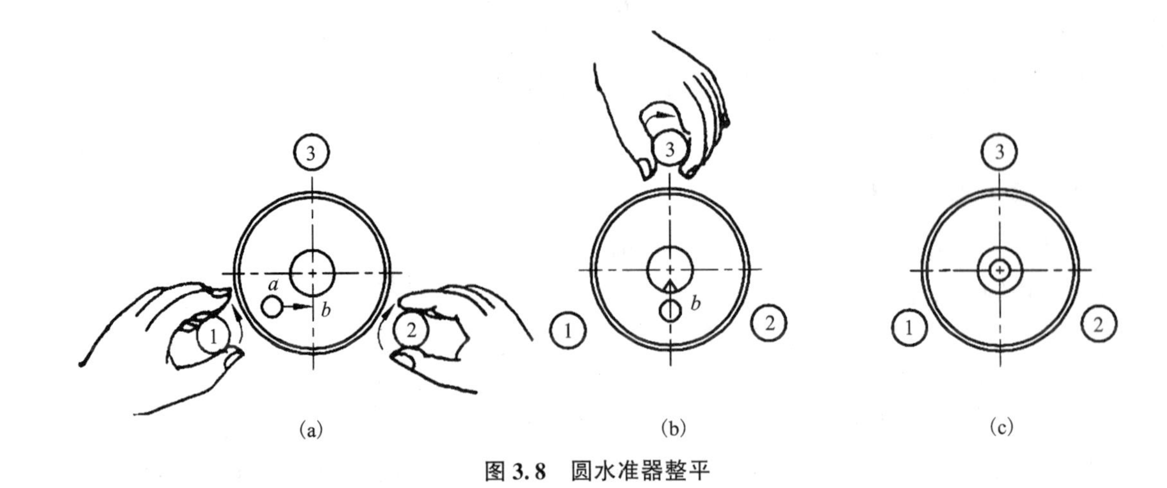

图 3.8　圆水准器整平

第二步：转动脚螺旋③，即可使气泡居中[图 3.8(c)]。

在整平的过程中，气泡的移动方向与左手大拇指运动的方向一致。

以上过程可能需要反复进行。

3. 瞄准水准尺

首先进行目镜对光，即把望远镜对着明亮的背景，转动目镜对光螺旋，使十字丝清晰；然后松开制动螺旋，转动望远镜，用望远镜筒上的照门和准星瞄准水准尺，拧紧制动螺旋；再从望远镜中观察，转动物镜调焦螺旋，使目标清晰，再转动微动螺旋，使竖丝对准水准尺。当眼睛在目镜端上下微微移动时，若发现十字丝与目标影像有相对运动，称这种现象为视差。产生视差的原因是目标成像的平面和十字丝平面不重合。由于视差的存在会影响读数的正确性，必须将其加以消除。消除的方法是重新仔细地进行物镜对光，直到眼睛上下移动，读数不变为止。此时，从目镜端见到的十字丝与目标的像都十分清晰(图 3.9)。

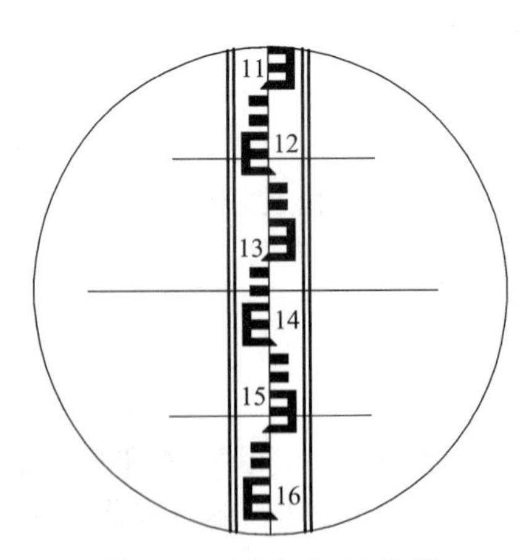

图 3.9　瞄准水准尺与读数

4. 精确整平

精平是转动微倾螺旋，使水准管气泡居中(符合)，从而使望远镜的视准轴处于水平位置。通过位于目镜左方的符合气泡观察窗观察水准管气泡，同时转动微倾螺旋，使气泡两端的像吻合(图3.10)，即表示水准仪的视准轴已精确水平。

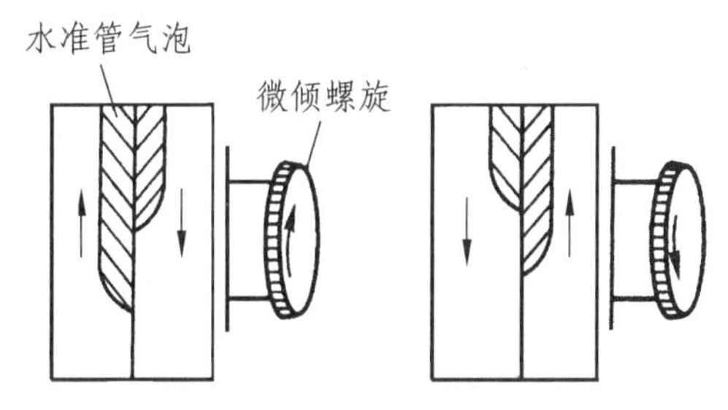

图3.10 符合气泡

5. 读数

使水准仪精平后，应立即用十字丝的中丝在水准尺上读数，从小往大读取尺上读数，先估读毫米数，然后报出全部读数。如图3.9所示，中丝读数为1.465 m。

3.2.4 自动安平水准仪的构造及使用

自动安平水准仪是一种不用符合水准器和微倾螺旋，而只需用圆水准器进行粗略整平，然后借助安平补偿器自动地把视准轴置平，读出视线水平时的读数的仪器。因此，自动安平水准仪不仅能缩短观测时间，简化操作，而且对于施工场地地面的微小震动、松软土地的仪器下沉以及风吹时的视线微小倾斜等不利状况，能自动安平仪器，有利于提高观测速度。图3.11为国产DZS3-1型自动安平水准仪结构。

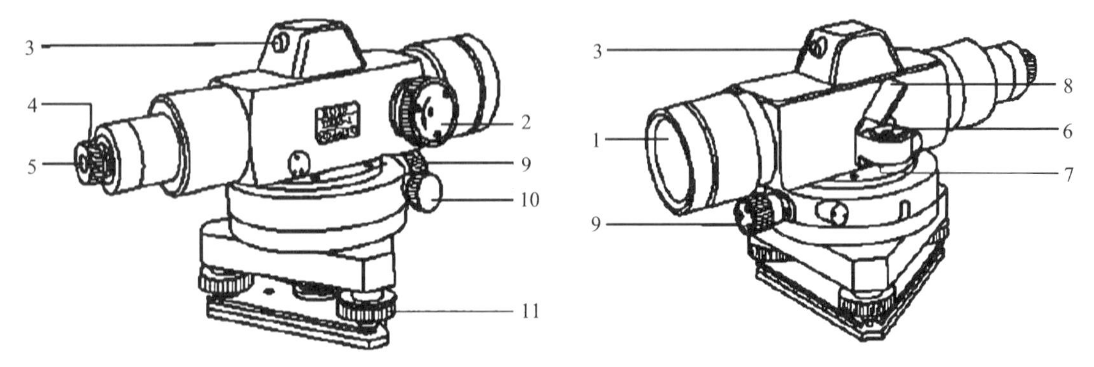

1—物镜；2—物镜调焦螺旋；3—粗瞄器；4—目镜调焦螺旋；5—目镜；6—圆水准器；7—圆水准器校正螺丝；8—圆水准器反光镜；9—制动螺旋；10—微动螺旋；11—脚螺旋。

图3.11 DZS3-1型自动安平水准仪

1. 自动安平原理

自动安平水准仪自动安平原理如图3.12所示，当视准轴水平时，水准尺上的读数为 a，即 a 点的水平视线经望远镜光路到达十字丝中心。当视准轴倾斜了一个小角度 α 时，如图3.12(b)所示，则按视准轴读数为 a'。为了使根据十字丝中丝的读数仍为视准轴水平时的读数 a，在望远镜的光路中加一补偿器，使通过物镜光心的水平视线经过补偿器的光学元件并偏转一个 β 角后，仍能成像于十字丝中心。由于 α、β 都是很小的角度，如果下式成立，即能达到补偿的目的：

$$f \cdot \alpha = s \cdot \beta \tag{3.6}$$

式中：f 为物镜焦距；s 为补偿器至十字丝的距离。

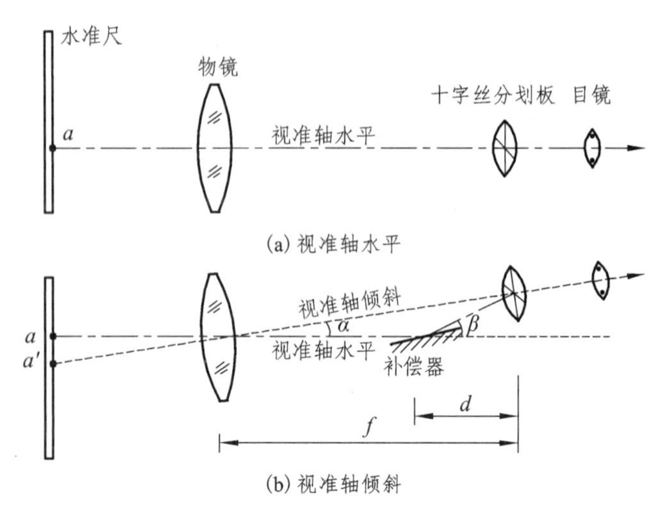

图 3.12　自动安平水准仪基本原理图

自动安平补偿器的种类很多，但一般都是采用吊挂光学零件的方法，借助重力的作用达到视线自动补偿的目的。其构造是：将屋脊棱镜固定在望远镜筒内，在屋脊棱镜的下方，用金属丝吊挂着一个梯形棱镜，该棱镜在重力作用下，能与望远镜作相对偏转，如图 3.13 所示。为了使吊挂的棱镜尽快地停止摆动，还设置了阻尼器。

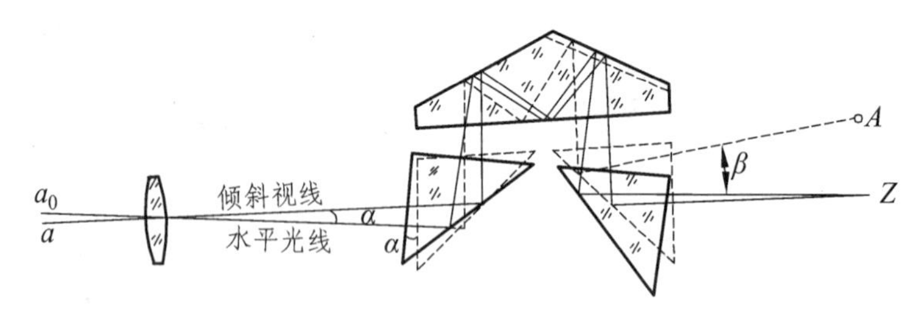

图 3.13　补偿器结构

2. 自动安平水准仪的使用

使用自动安平水准仪观测时，自动安平水准仪的圆水准器灵敏度一般为 8″/2 mm～10″/2 mm，而补偿器的作用范围为±15′。因此，安置自动安平水准仪时，首先只要用脚螺旋使圆水准器气泡居中(仪器粗平)，补偿器即能起自动安平的作用；然后用望远镜瞄准水准尺，由十字丝中丝在水准尺上读得的数，即视线水平时的读数，不需要精平这一项操作。但有时由于仪器运输或操作不当的原因，补偿器未能起作用，因此，这类仪器一般设有补偿器检查按钮。按检查按钮时，如果发现成像有不规则的跳动或不动，则说明补偿摆已被搁住，应检查原因，使其恢复正常。

3.2.5　电子水准仪的构造及使用

电子水准仪(图 3.14)又称数字水准仪，它是在自动安平水准仪的基础上发展起来的。

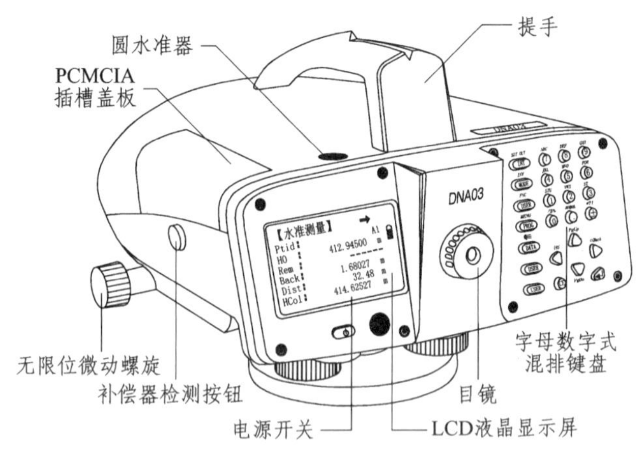

图 3.14　电子水准仪

1. 电子水准仪的原理

电子水准仪是在仪器的望远镜光路中增加分光镜和光电探测器(CCD 阵列)等部件的仪器，图 3.15 为采用相关法的徕卡 NA3003 数字水准仪的机械光学结构图。当用望远镜照准标尺并调焦后，标尺上的条形码影像入射到分光镜上，分光镜将其分为可见光和红外光两部分，可见光影像成像在分划板上，供目视观测。红外光影像成像在 CCD(charge-coupled device，电荷耦合器件)线阵光电探测器上(探测器长约 6.5 mm，由 256 个口径为 25 μm 的光敏二极管组成，一个光敏二极管就是线阵的一个像素)，探测器将接收到的光图像先转换成模拟信号，再转换为数字信号传送给仪器的处理器，通过与机内事先存储好的标尺条形码本源数字信息进行相关比较，当两信号处于最佳相关位置时，即可获得水准尺上的水平视线读数和视距读数，最后将处理结果进行存储并送往屏幕显示。

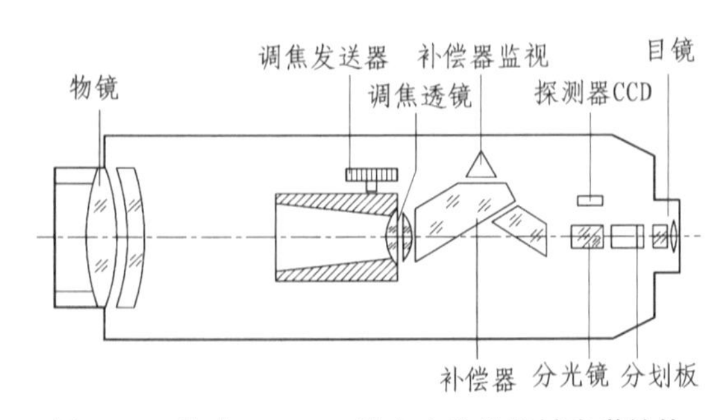

图 3.15　徕卡 NA3003 数字水准仪机械光学结构

电子水准仪的特点：

①读数客观。用自动电子读数代替人工读数，不存在读错、记错等问题，读数客观。

②精度高。多条码(等效为多分划)测量，可减小标尺分划误差；自动多次测量，可削弱外界环境变化的影响。

③速度快、效率高。电子水准仪实现了数据自动记录、检核、处理和存储，测量数据便于输入计算机，从而实现了水准测量内、外业一体化。

④电子水准仪一般是设置有补偿器的自动安平水准仪，当采用普通水准尺时，电子水准仪又可当作普通自动安平水准仪使用。

2. 条码水准尺

与电子水准仪配套的条码水准尺一般为铟瓦带尺、玻璃钢或铝合金制成的单面或双面尺，形式有直尺和折叠尺两种，规格有 1 m、2 m、3 m、4 m、5 m 几种。尺子的分划一面为二进制伪随机码分划线(配徕卡仪器)或规则分划线(配蔡司仪器)，其外形类似于一般商品外包装上印制的条纹码。各厂家标尺编码的条码图案不相同，也不能互换使用。图 3.16 为与徕卡电子水准仪配套的条码水准尺，它用于数字水准测量。双面尺的另一面为长度单位的分划线，用于普通水准测量。

图 3.16　条码水准尺

3. 电子水准仪的使用

目前，电子水准仪采用自动电子读数的原理有相关法(如徕卡 NA3002/3003)、相位法(如拓普康 DL-100C/102C)和几何法(如蔡司 DiNi10/20)三种。使用电子水准仪时，仍需目视照准标尺和调焦。人工完成照准和调焦之后，标尺条码一方面被成像在望远镜分板上，供目视观测；另一方面，通过望远镜的分光镜，标尺条码又被成像在光电传感器上，供电子读数。因此，如果使用传统水准标尺，电子水准仪又可以像普通自动安平水准仪一样使用，不过这时的测量精度低于电子测量的精度。

3.3　水准测量的施测及成果处理

3.3.1　水准点

为了统一全国的高程系统和满足各种测量的需要，测绘部门在全国各地埋设并用水准测量的方法测定了很多高程点，这些点称为水准点(bench mark，BM)。水准点有永久性和临时性两种。国家等级水准点如图 3.17 所示，一般用石料或钢筋混凝土制成，深埋到地面冻结线以下。在标石的顶面设有用不锈钢或其他不易锈蚀的材料制成的半球状标志。有些水准点也可设置在坚固稳定的永久性建筑物的墙脚上，如图 3.18 所示，称为墙上水准点。

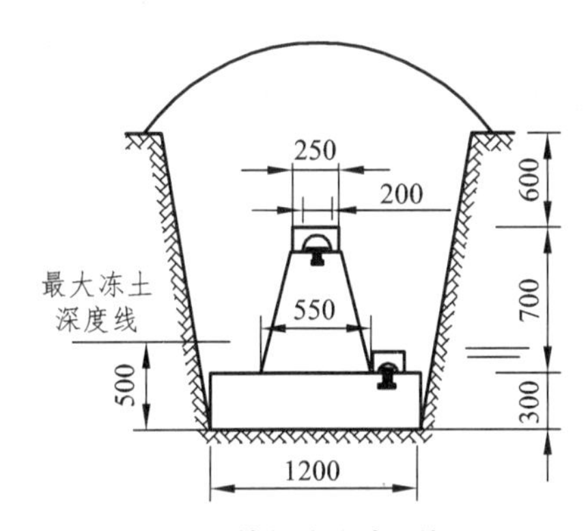

图 3.17　国家等级水准点(单位：cm)

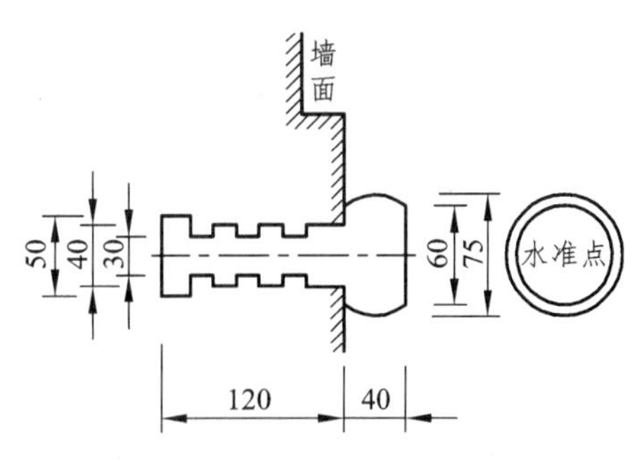

图 3.18　墙上水准点(单位：cm)

工程上的永久性水准点一般用混凝土或钢筋混凝土制成，顶部嵌入半球状金属标志，如图 3.19(a)所示。临时水准点可用地面上突出的、坚硬的岩石或将大木桩打入地面，桩顶钉以半球形铁钉，如图 3.19(b)所示。埋设水准点后，应绘出能标记水准点位置的草图，在图上要注明水准点编号和高程，称为“点之记”，以便日后寻找和使用该水准点。水准点编号前通常加“BM”作为水准点的代号。

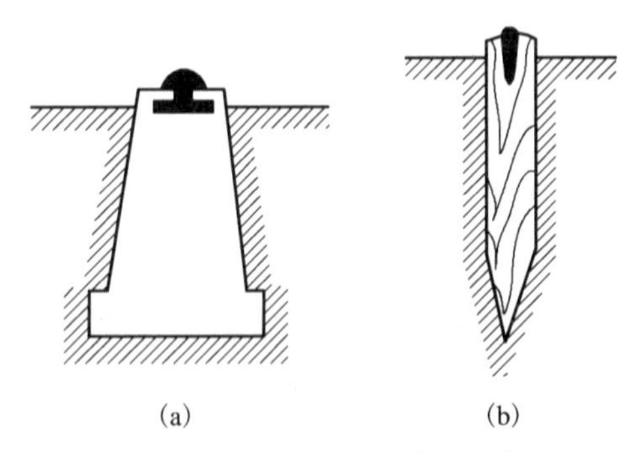

图 3.19　混凝土、木桩水准点

3.3.2　连续水准测量

当欲测的高程点距已知水准点较远或高差较大时，不可能安置一次仪器即测得两点间的距离或高差，此时，可在水准路线中加设若干个临时的立尺点，即转点(又称中间点，是水准测量过程中传递高程的过渡点)，依次连续安置水准仪测定相邻各点间的高差，最后取各个高差的代数和，即可得到起、终两点间的高差，从而计算出待求点高程。

如图 3.20 所示，在 A、B 两个水准点之间，依次设置若干个转点 TP_1，TP_2，TP_3，…，TP_{n-1}，用水准仪依次测出相邻两点的高程，并计算其高程：

$$
\begin{gathered}
h_1=a_1-b_1 \\
h_2=a_2-b_2 \\
\vdots \\
h_n=a_n-b_n
\end{gathered}
$$

A、B 两点高差计算的一般公式为

$$h_{AB} = \sum_{i=1}^{n} h_i = \sum_{i=1}^{n} a_i - \sum_{i=1}^{n} b_i \tag{3.7}$$

式中：n 为安置水准仪的测站数。

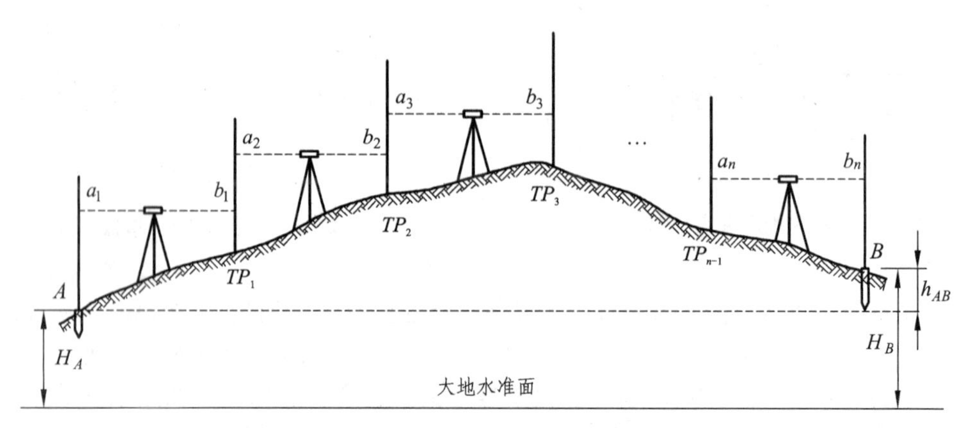

图 3.20　连续水准测量

每安置一次仪器称为一个测站。在实际作业中可算出多个测站的高差，然后取它们的总和得到 h_{AB}，再用式(3.7)检核计算是否错误。

为了保证高程传递的准确性，转点应选在土质稳固的地方，在相邻测站的观测过程中，必须使转点稳定不动。

3.3.3　水准路线

水准路线是由已知水准点和待定点组成的一条路线，根据测区已知高程的水准点分布情况和实际需要，水准路线一般布置成单一水准路线和水准网。单一水准路线的形式有三种，即闭合水准路线、附合水准路线和支水准路线。

(1)闭合水准路线

如图 3.21(a)所示，闭合水准路线是从已知水准点 BM.A 出发，经过各高程待定点 1、2、3、4，最后测回到原水准点 BM.A。

(2)附合水准路线

如图 3.21(b)所示，附合水准路线是从已知水准点 BM.A 出发，经过各高程待定点 1、2、3 之后，最后附合到另一已知水准点 BM.B 上。

(3)支水准路线

如图 3.21(c)所示，支水准路线是由已知水准点 BM.A 出发，经过高程待定点 1、2 之后，不闭合，也不附合到另一已知水准点上。

水准网由若干条单一水准路线相互连接构成。单一路线相互连接的交点称为节点。在水准网中，如果只有 1 个已知水准点，则称其为独立水准网[图 3.22(a)]；如果已知高程的水准点的数目多于 1 个，则称其为附合水准网[图 3.22(b)]。

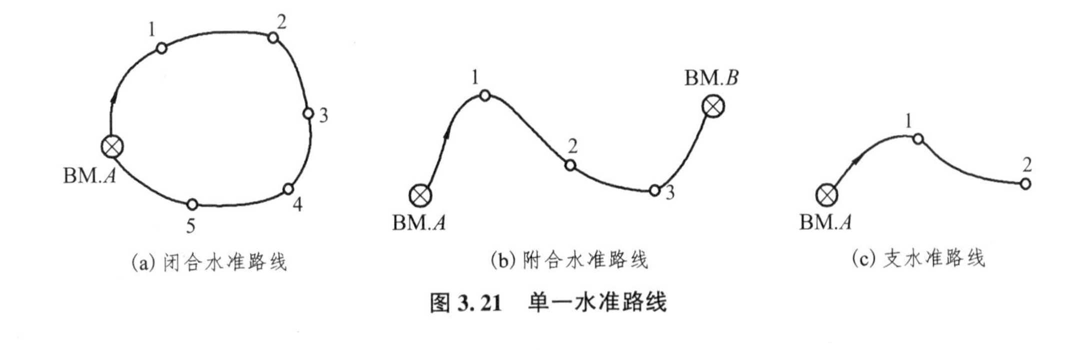

(a) 闭合水准路线　　(b) 附合水准路线　　(c) 支水准路线

图 3.21　单一水准路线

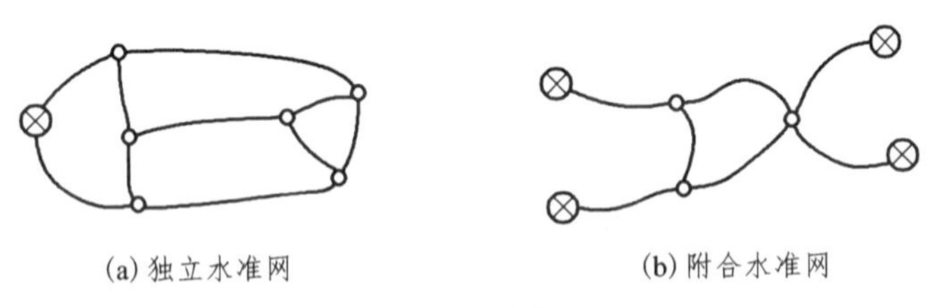
(a) 独立水准网　　(b) 附合水准网

图 3.22　水准网

3.3.4　普通水准测量方法

国家三、四等以下的水准测量为普通水准测量，广泛用于一般工程测量、数字测图等领域。

1. 水准测量一个测段的作业程序

如图 3.23 所示，已知水准点 BM. A 点的高程为 19. 135 m，欲测定距水准点 BM. A 较远的 BM. B 点高程，按实际情况，由 BM. A 点出发共需设 5 个测站，连续安置水准仪测出各站两点之间的高差。具体施测程序如下：

将水准尺立于已知点 BM. A 上作为后视，水准仪安置于施测路线附近合适位置①处；在施测路线的前进方向上，视地形情况，在与水准仪距离约等于水准仪与后视点 BM. A 距离处设转点 TP_1 安放尺垫并立尺；观测者经过“粗平—瞄准—精平—读数”的操作程序，后视已知水准点 BM. A 上的水准尺，读数为 1. 890 m，前视 TP_1 转点上的水准尺，读数为 1. 145 m。记录者将观测数据记录在表 3. 1 相应水准尺读数的“后视”与“前视”栏内，并计算出该站高差为+0. 745 m，记在表 3. 1 高差“+”号栏中。此为第一测站的全部工作。

第一测站结束后，将水准仪搬迁至测站②，转点 TP_1 上的尺垫保持不动，将 BM. A 点上的后视水准尺移至合适的转点 TP_2 上作为前尺，进行第二站的测量。观测者先读取后视转点 TP_1 上水准尺的读数，为 2. 515 m，再读取前视点 TP_2 上水准尺的读数，为 1. 413 m，计算出②站高差为+1. 102 m；读数与高差均记录在表 2. 1 相应栏内。

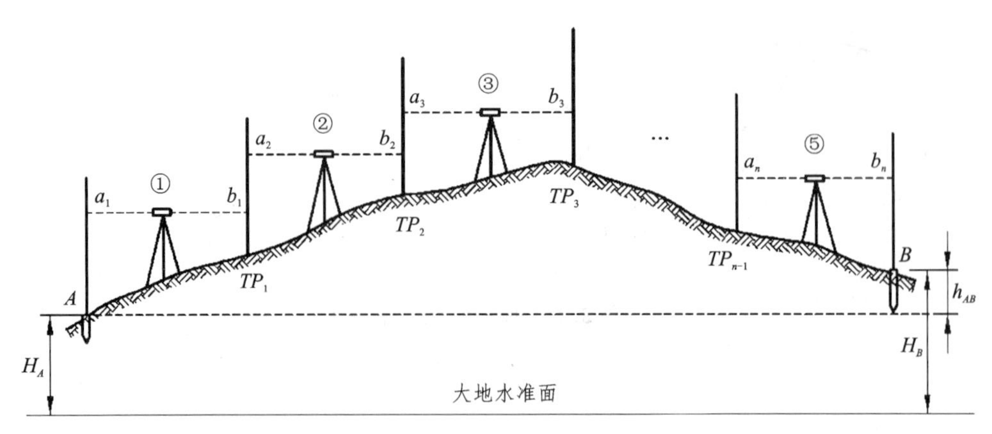

图 3.23　普通水准测量略图

表 3.1　水准测量手簿

日　期＿＿＿＿＿＿　仪器型号＿＿＿＿＿＿
观测者＿＿＿＿＿＿
天　气＿＿＿＿＿＿　地　　点＿＿＿＿＿＿
记录者＿＿＿＿＿＿

测站	点号	水准尺读数/m		高差/m		高程/m	备注
		后视	前视	+	−		
1	BM. A	1.890		0.745		19.135	高程已知
	TP_1		1.145			19.880	
2	TP_1	2.515		1.102			
	TP_2		1.413			20.982	
3	TP_2	2.001		0.850			
	TP_3		1.151			21.832	
4	TP_3	1.012			0.601		
	TP_4		1.613			21.231	
5	TP_4	1.318			0.906		
	BM. B		2.224			20.325	
计算检核	$\sum$	8.736	7.546	2.697	1.507		
	$\sum a-\sum b=+1.190$			$\sum h=+1.190$		$H_B-H_A=+1.190$	

按此顺序依次测定各点间的高差，直至测到 BM. B 点为止。

在表 3.1 的记录、计算、校核中，$(\sum a-\sum b)$：$\sum h$ 可作为计算中的校核数据，检查计算是否正确，但不能检核观测和记录是否有错误。在进行连续水准测量时，若其中任何一个后视或前视读数有错误，都会影响高差的正确性。对于每一测站而言，为了校核每次水准尺读数有无差错，可采用改变仪器高的方法或双面尺法进行测站检核。

2. 测站检核

在进行连续水准测量时，若其中测错任何一个高差，所得的终点高程就不正确。因此，为保证观测精度，对每一测站所得的高差，都必须进行测站检核。测站检核通常采用改变仪器高法或双面尺法两种方法。

①改变仪器高法：就是在同一个测站上用两次不同的仪器高度，测得两次高差进行检核，即测得第一次高差后，改变仪器高度(应大于 10 cm)，再测一次高差。两次所测高差之差不超过容许值(等外水准容许值为±6 mm)，则认为符合要求，取其平均值作为最后结果，否则必须重测。

②双面尺法：就是将立在前视点和后视点上的水准尺分别用黑面和红面各进行一次读数，测得两次高差，进行检核。若同一水准尺红面与黑面读数(加常数后)之差不超过±3 mm，且两次高差之差不超过±5 mm，则取其平均值作为该测站的观测高差；否则，需要检查原因，重新观测。

3. 水准测量注意事项

①作业之前，要对水准仪和水准尺进行检验。

②在作业中，为抵消水准尺磨损而造成的标尺零点差，要求每一水准测段的测站数目应为偶数。

③尽量保持各测站的前、后视距大致相等。

④通过调整每站前、后视距离，尽可能保持整条水准路线中的前、后视距之和相等。

⑤水准测量观测应在通视良好、望远镜成像清晰及稳定的情况下进行，若成像不好，应酌情缩短视线长度。

3.3.5 水准测量成果整理

水准测量的外业观测结束后，首先应全面检查外业测量记录，如发现有计算错误或超出限差之处，应及时改正或重测；如经检核无误，满足了规定等级的精度要求，就可以进行成果整理工作。成果整理工作包括高差闭合差的计算和检核、高差闭合差的调整、计算改正后的高差以及计算各待定点的高程。

1. 高差闭合差计算和检核

(1)闭合水准路线

闭合水准路线从 BM. *A* 点起实施水准测量，经过点 1、2、3 后，再重新闭合到 BM. *A* 点上。显然，理论上闭合水准路线的高差总和应等于零，但实际上总会有误差，致使高差闭合差即观测高差和理论高差的差值不等于零，则高差闭合差为

$$f_{\mathrm{h}} = \sum h_{测} \tag{3.8}$$

(2)附合水准路线

附合水准路线从水准点 BM. *A* 出发，沿各个待定高程的点进行水准测量，最后附合到另一水准点 BM. *B*。因此，在理论上附合水准路线中各待定高程点间高差的代数和，应等于始、

终两个已知水准点的高程之差，即

$$\sum h_{理}=H_{终}-H_{始} \tag{3.9}$$

如果不相等，两者之差称为高差闭合差，计算公式如下：

$$f_{\mathrm{h}}=\sum h_{测}-(H_{终}-H_{始}) \tag{3.10}$$

(3)支水准路线

支水准路线由已知水准点 BM. A 出发，沿各待定点进行水准测量，既不闭合也不附合到其他水准点上。因此，支水准路线要进行往返观测，往测高差与返测高差值的绝对值应相等而符号相反，所以，把它作为支水准路线测量正确性与否的检验条件。如往返高差之和不等于零，则高差闭合差为

$$f_{\mathrm{h}}=h_{往}+h_{返} \tag{3.11}$$

(4)允许高差闭合差

各种路线形式的水准测量，其高差闭合差均不应超过规定容许值，否则即认为水准测量结果不符合要求。高差闭合差容许值的大小，与测量等级有关。测量规范中，对不同等级的水准测量作了高差闭合差容许值的规定。等外水准测量的高差闭合差容许值规定为

$$f_{\mathrm{h}允}=\pm 40\sqrt{L}\ (\mathrm{mm})\ (平地),\ f_{\mathrm{h}允}=\pm 12\sqrt{N}\ (\mathrm{mm})\ (山地) \tag{3.12}$$

式中：L 为水准路线长度，km；N 为水准路线总的测站数。

若 $f_{\mathrm{h}} \leqslant f_{\mathrm{h}允}$，则可进行高差闭合差的调整。

2. 高差闭合差调整

高差闭合差调整的原则：将闭合差反号，按各测段的测站数或路线长度进行分配，计算出相应的高差改正数，加入各测段的观测高差之中，并计算出各测段的改正高差。

①按路线长度进行高差闭合差调整，即

$$v_i=-\frac{f_{\mathrm{h}}}{\sum L}\cdot L_i \tag{3.13}$$

式中：$\sum L$ 为水准路线总长度；L_i 为第 i 测段水准路线的长度；v_i 为第 i 测段的高差改正数。

②按测站数进行高差闭合差调整，即

$$v_i=-\frac{f_{\mathrm{h}}}{\sum h}n_i \tag{3.14}$$

式中：$\sum h$ 为水准路线的总测站数；n_i 为第 i 测段的测站数；v_i 为第 i 测段的高差改正数。

3. 计算改正后的高差

求出各段高差改正数后，应按 $\sum v_i=-f_{\mathrm{h}}$ 进行检核，再按下式计算各测段改正后的高差：

$$h_{i改}=h_{i测}+v_i \tag{3.15}$$

改正后的高差之和应等于高差观测值与改正数的代数和。

4. 计算待定点的高程

根据已知点的高程和各测段的改正高差即可推算出各未知点的高程，即

$$H_{后}=H_{前}+h_{改} \tag{3.16}$$

5. 水准测量成果整理实例

(1)闭合水准路线的内业成果整理

如图3.24所示，BM_1—A—B—C—D—BM_1闭合水准路线中，BM_1为已知点，水准测量前进方向为$BM_1 \to A \to B \to C \to D \to BM_1$，路线外围的数字为测得的两点间的高差，路线内数字为该段路线的长度，试计算待定点A、B、C、D的高程。

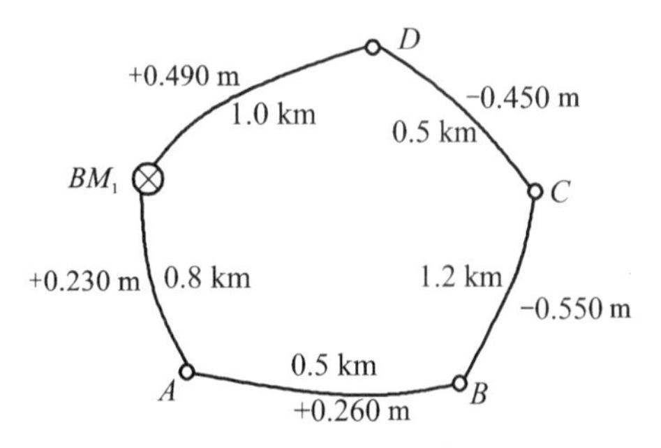

图3.24　闭合水准路线略图

闭合水准测量成果计算如表3.2所示。

表3.2　闭合水准测量成果计算

点号	距离/km	观测高差/m	改正数/mm	改正后高差/m	高程/m
BM_1					12.000
	0.8	+0.230	+4	+0.234	
A					12.234
	0.5	+0.260	+3	+0.263	
B					12.497
	1.2	−0.550	+6	−0.544	
C					11.953
	0.5	−0.450	+2	−0.448	
D					11.505
	1.0	+0.490	+5	+0.495	
BM_1					12.000
Σ	4.0	−0.020	+20	0	

由表3.2计算得：

高差闭合差$f_h = \sum h_{测} = -20$ mm。

容许值$f_{h_{容}} = \pm 40\sqrt{L} = \pm 40\sqrt{4} = \pm 80$ mm。

每千米高差改正数$= -\dfrac{f_h}{\sum L} = -\dfrac{-0.02}{4} = 5$ mm/km。

(2)附合水准路线的内业成果整理

图3.25为按图根水准测量要求施测某附合水准路线观测成果略图。BM.A和BM.B为已知高程的水准点，图中箭头表示水准测量前进方向，路线上方的数字为测得的两点间的高差，路线下方数字为该段路线的长度，试计算待定点1、2、3的高程。

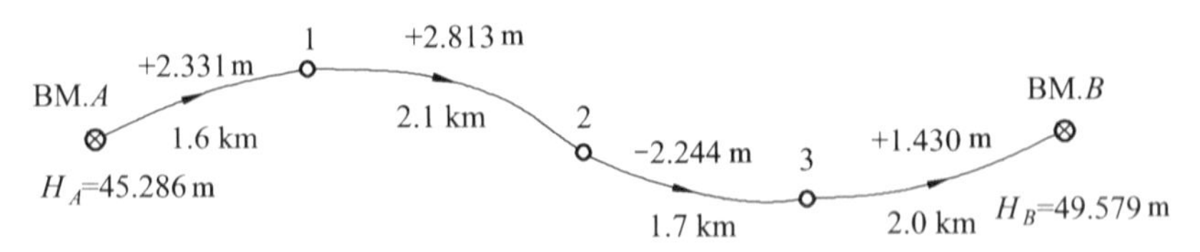

图3.25　附合水准路线略图

附合水准测量成果计算如表3.3所示。

表 3.3　附合水准测量成果计算

测段编号	点号	距离/km	观测高差/m	改正数/m	改正后高差/m	高程/m	备注
	BM. *A*					45.286	高程已知
1		1.6	+2.331	−0.008	+2.323		
	1					47.609	
2		2.1	+2.813	−0.011	+2.802		
	2					50.411	
3		1.7	−2.244	−0.008	−2.252		
	3					48.159	
4		2.0	+1.430	−0.010	+1.420		
	BM. *B*					49.579	高程已知
Σ		7.4	+4.330	−0.037	+4.293		

由表 3.3 计算得：

高差闭合差 $f_h=\sum h_{测}-(H_{终}-H_{始})=+4.330-(49.579-45.286)=0.037$ m。

容许值 $f_{h容}=\pm 40\sqrt{L}=\pm 40\sqrt{7.4}=\pm 108.8$ mm。

每千米高差改正数 $=-\dfrac{f_h}{\sum L}=-\dfrac{0.037}{7.4}=-5$ mm/km。

3.4　水准仪的检验和校正

仪器的长期使用以及在搬运过程中可能出现的震动和碰撞等原因，会使仪器各轴线的关系发生变化。光学水准仪检验的目的就是要查明仪器各轴线是否满足应有的几何条件，只有这样水准仪才能提供水平视线，正确测定高差。所以，在水准测量作业前，必须对水准仪进行检验，如其不满足要求且超出规定范围，则应进行仪器校正。

水准仪的种类不同、精度不同，水准仪的检校要求也不尽相同。本节仅介绍光学水准仪的主要检验项目。

水准仪的轴线如图 3.26 所示，水准仪的主要轴线有：视准轴 CC_1，水准管轴 LL_1，圆水准器轴 $L'L'_1$，仪器旋转轴（竖轴）VV_1。各轴线应满足下列条件：

①圆水准器轴应平行于仪器的竖轴（$L'L'_1 /\!/ VV_1$）；

②十字丝的中丝（横丝）应垂直于仪器的纵轴；

③水准管轴应平行于视准轴（$LL_1 /\!/ CC_1$）。

其中，第三个条件为主要条件。

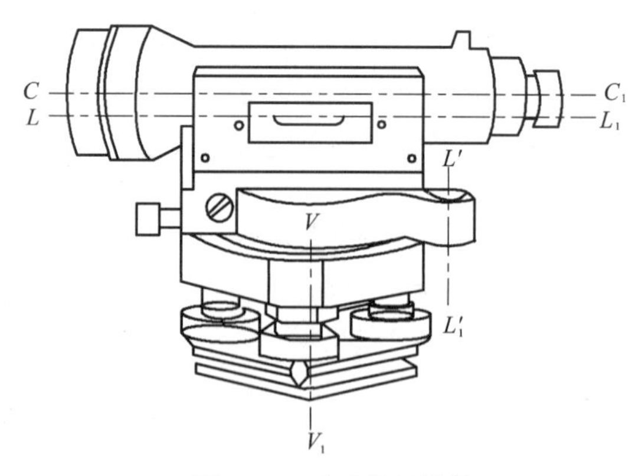

图 3.26　水准仪的轴线

3.4.1　圆水准器的检验和校正

检校的目的是保证圆水准器轴平行于纵轴。

1. 检验

首先，使用脚螺旋使圆水准器气泡居中[图 3.27(a)]，然后将仪器绕纵轴旋转 180°，如果气泡偏于一边[图 3.27(b)]，说明 $L'L_1'$不平行于 VV_1，需要校正。

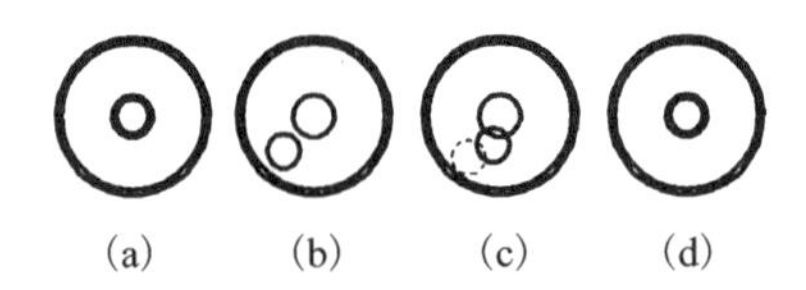

图 3.27　圆水准器的检验与校正

2. 校正

如果圆水准器轴不平行于竖轴，则设两者的交角为 α。转动脚螺旋，使圆水准器气泡居中，则圆水准器轴位于铅垂方向，而竖轴倾斜了一个角度 α[图 3.28(a)]。当仪器绕竖轴旋转 180°后，圆水准器已转到竖轴的另一边，而圆水准器轴与竖轴的夹角 α 未变，故此时圆水准器轴相对于铅垂线就倾斜了 2α 的角度[图 3.28(b)]，气泡偏离中心的距离相应为 2α 的倾角。因为仪器的竖轴相对于铅垂线仅倾斜了一个 α 角，因此，校正时先转动脚螺旋，使气泡向中心移动偏距的一半，竖轴即处于铅垂位置[图 3.28(c)]；然后再用校正针拨动圆水准器底下的 3 个校正螺丝，使气泡居中[图 3.28(d)]，使圆水准器轴也处于铅垂位置，从而达到使圆水准器轴平行于竖轴的目的[图 3.28(d)]。校正一般需要反复进行，直至仪器旋转到任何位置圆水准器气泡都居中。

在圆水准器底下，除了有 3 个校正螺丝以外，中间还有一个固定螺丝(图 3.29)。在拨动各个校正螺丝以前，应先稍转松固定螺丝，然后再拨动校正螺丝，校正完毕，须把固定螺丝再旋紧。

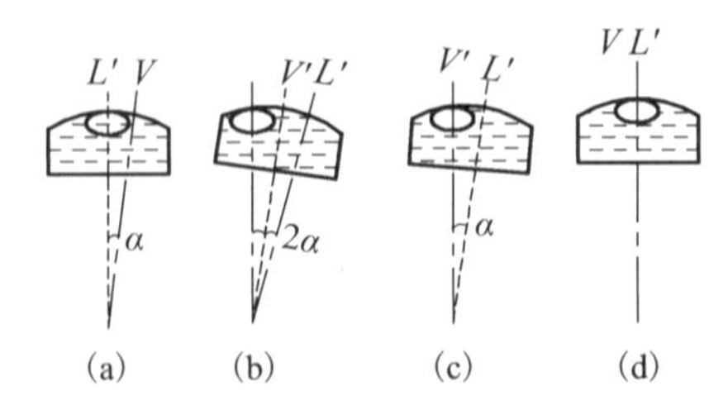

图 3.28　圆水准器检校原理

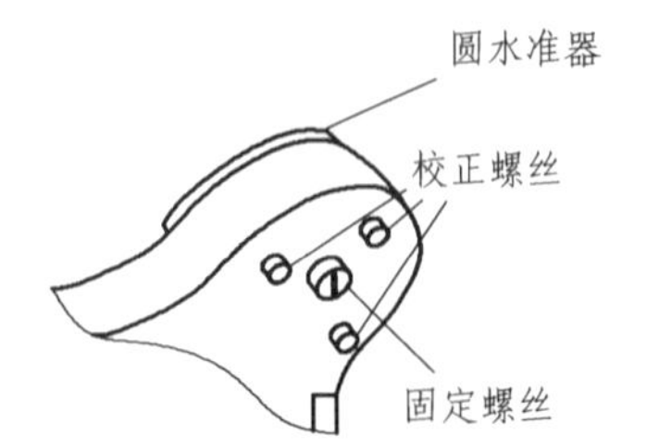

图 3.29　圆水准器的校正螺丝

3.4.2　十字丝的检验和校正

检校的目的是保证十字丝中丝垂直于仪器竖轴。

1. 检验

水准仪整平后，用十字丝中丝瞄准一个明显点 M，如图 3.30(a)所示，然后固定制动螺旋，转动微动螺旋，如果 M 点沿中丝移动，如图 3.30(b)所示，则说明中丝垂直于竖轴；如果 M 点在望远镜中左右移动时离开中丝[图 3.30(c)和(d)]，表示纵轴铅垂时中丝不平，需要校正。

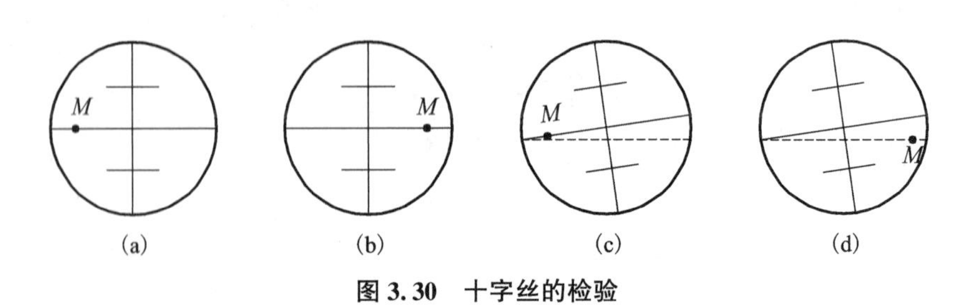

图 3.30　十字丝的检验

2. 校正

校正方法因十字丝分划板装置的形式不同而异，多数仪器可旋下靠目镜处的十字丝环外罩(图 3.31)，用螺丝刀松开十字丝组的 4 个固定螺丝(图 3.32)，按中丝倾斜的反方向转动十字丝组，再进行检验。如果 M 点始终在中丝上移动，则表示中丝已水平，此时拧紧十字丝组固定螺丝即可。

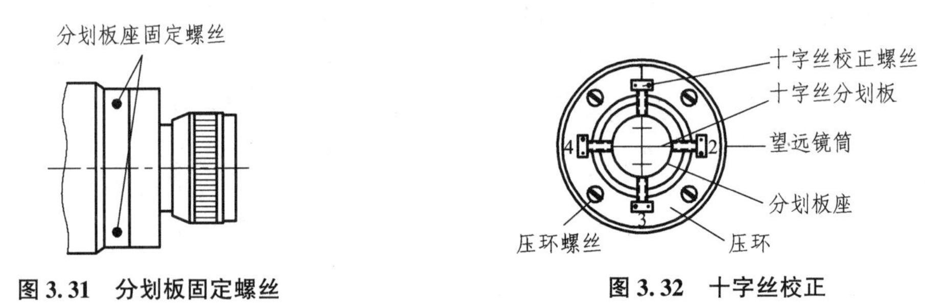

图 3.31　分划板固定螺丝　　**图 3.32　十字丝校正**

3.4.3　水准管轴平行于视准轴的检验和校正

检校的目的是保证望远镜视准轴平行于水准管轴。当水准管轴与望远镜视准轴互相平行时，它们在竖直面上的投影是平行的；若两轴不平行，它们的投影也不平行，其夹角称为 i 角，形成的误差即为 i 角误差。另外，两轴若在空间不平行，则在水平面的投影也不平行，其夹角 ε 称为交叉误差，因其对普通水准测量的影响很小，一般可忽略不计。

1. 检验

检验时，在平坦地面上选定相距 60~80 m 的 A、B 两点(打木桩或安放尺垫)，竖立水准尺，如图 3.33 所示。先将水准仪安置于 A、B 的中点 C，精平仪器后分别读取 A、B 点上水准尺的读数 a_1、b_1；改变水准仪高度 10 cm 以上，再重读两尺的读数 a_1'、b_1'。若存在 i 角，水准管气泡居中时，读数也存在偏差 x，水准尺离水准仪越远，引起的读数偏差 x 越大。当水准仪至水准尺前、后视距 S_1、S_2 相等时，即使存在 i 角误差，但因在两根水准尺上读数偏差 x 相等，高差也不受影响。因此，两次的高差之差如果不大于 5 mm，则可取其平均数作为 A、B 两点间不受 i 角影响的正确高差，即

$$h_1=\frac{1}{2}[(a_1-b_1)+(a_1'-b_1')] \tag{3.17}$$

将水准仪搬到与 B 点相距约 2 m 处，精平仪器后分别读取 A、B 点水准尺读数 a_2、b_2，测得高差 $h_2=a_2-b_2$。如果 $h_1=h_2$，说明水准管轴平行于视准轴；否则，按下列公式计算 A 尺上的应有读数以及 i 角：

$$a_2'=h_1+b_2,\ i=\frac{|a_2-a_2'|}{D_{AB}}\cdot\rho'' \tag{3.18}$$

式中：D 为 A、B 两点间的距离。

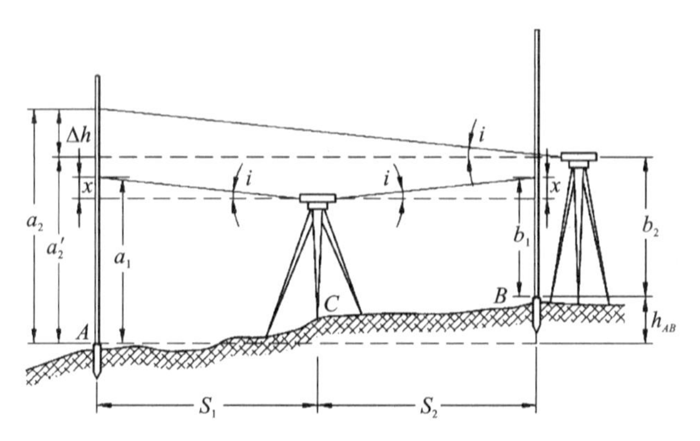

图 3.33　水准管轴平行于视准轴的检验

规范规定，用于三、四等水准测量的仪器 i 角不得大于 20″，否则需要进行水准管轴平行于视准轴的校正。

2. 校正

仪器的校正应紧接着检验工作进行，不要搬动仪器，转动微倾螺旋使中丝在 A 尺上的读数从 a_2 移到 a_2'。此时，视准轴已水平，但水准管气泡已不居中，用校正针拨动水准管位于目镜一端的左右两个校正螺丝，再拨动上下两个校正螺丝，如图 3.34 所示，使水准管两端的影像符合(居中)，即水准管轴处于水平位置，满足 $LL_1//CC_1$ 的条件。校正完毕后再旋紧 4 个螺丝。

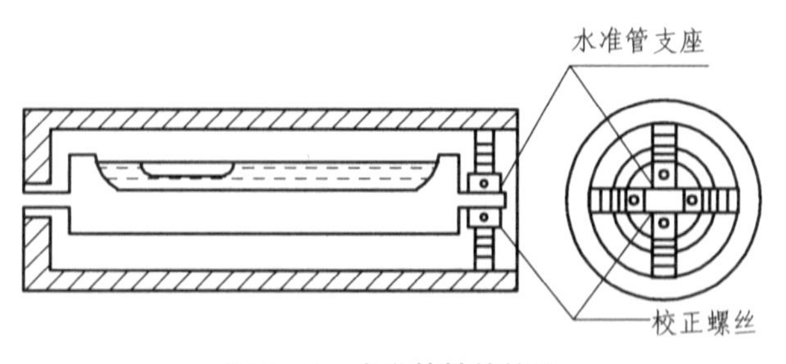

图 3.34　水准管轴的校正

此项检验校正也须反复进行，直至达到要求为止。两轴不平行所引起的误差对水准测量成果影响很大，因此校正时要认真、仔细。

3.5 水准测量误差的主要来源及减弱措施

水准测量误差来源包括仪器误差、观测误差和外界条件的影响三个方面。在水准测量作业中应根据产生误差的原因，采取措施，尽量减少或消除其影响。

3.5.1 仪器误差

1. 视准轴与水准管轴不平行的误差

水准仪在使用前，虽然经过检验校正，但实际上很难做到视准轴与水准管轴严格平行。视准轴与水准管轴在竖直面上投影的夹角（i 角）会给水准测量的观测结果带来误差，如图 3.35 所示。设 A、B 分别为同一测站的后视点和前视点，S_A、S_B 分别为后视和前视的距离，x_A、x_B 为由视准轴和水准管轴不平行而引起的读数误差。如果不考虑地球曲率和大气折光的影响，则 B 点对 A 点的高差为

$$h_{AB}=(a-x_A)-(b-x_B)=(a-b)-(x_A-x_B)$$

因为

$$x=S\tan i$$

故

$$h_{AB}=(a-b)-(S_A-S_B)\tan i=(a-b)-(S_A-S_B)\frac{i}{\rho''}$$

对于一测段则有

$$\sum h=\sum(a-b)-\frac{i}{\rho''}\sum(S_A-S_B)$$

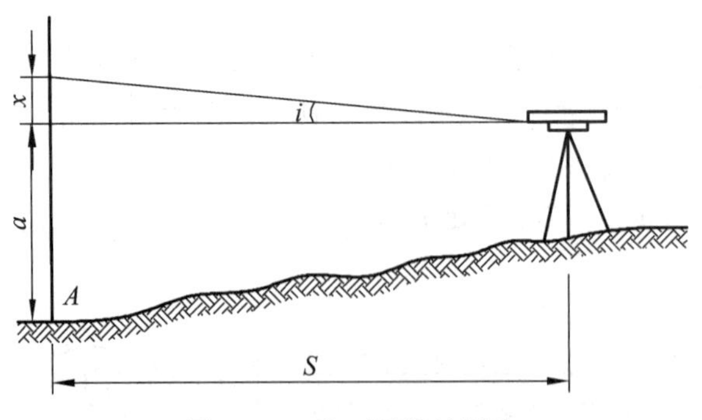

图 3.35 i 角对读数的影响

为了使一个测站的 $x_A=x_B$，应使 $S_A=S_B$。但实际上，要使前、后视距正好相等是比较困难的，也是不必要的。所以，根据不同等级的精度要求，对每一测站的后、前视距之差及每

一测段的后、前视距的累计差规定一个限值。这样，就可把残余 i 角对所测高差的影响限值在可忽略的范围内。但残余 i 角也不是固定的，即使在同一测站，前、后视的 i 角也会由于光照的不同而不同。因此，为避免这种误差，在太阳下进行观测时必须用伞遮住仪器，且在读取前、后视读数时，尽量避免调焦。

2. 水准尺误差

水准尺上水准器误差、水准尺刻画不准确、尺底磨损、尺长变化和弯曲等因素，都会影响水准测量的精度。因此，对于高精度的水准测量，水准尺须经过检验才能使用，必要时还应予以更换。对于水准尺的零点差，可在一个测段中将测站数设定为偶数，使前、后视的次数相等来予以消除。

3.5.2　观测误差

1. 精平误差

水准测量前必须精平，精平程度反映了视准轴水平程度。设水准管分划值为 τ''，居中误差一般为 $\pm 0.15\tau''$；采用符合式水准器时，气泡居中精度可提高 1 倍，这时的居中误差为

$$m_\tau = \pm \frac{0.15\tau}{2 \cdot \rho''} \cdot D \tag{3.19}$$

式中：D 为水准仪到水准尺的距离。

若 $\tau = 20''/2\ \mathrm{mm}$，视线长度为 100 m，符合水准气泡居中误差可达 0.73 mm，这种误差在前、后视读数中不相同，且数字可观，不容忽视，因此水准测量时一定要严格居中。在使用仪器时，若是晴天必须打伞保护仪器，更要注意保护水准管避免太阳光的照射；必须注意使符合气泡居中，且视线不能太长；后视完毕转向前视，应注意重新转动微倾螺旋令气泡居中才能读数，但不能转动脚螺旋，否则将改变仪器高而产生其他误差。

2. 读数误差

在水准尺上估读毫米数的误差，与人眼的分辨能力、望远镜的放大倍率以及视线长度有关，读数误差通常按下式计算：

$$m_V = \frac{60''}{V} \cdot \frac{D}{\rho''} \tag{3.20}$$

式中：V 为望远镜的放大倍率；$60''$ 为人眼的极限分辨能力；D 为水准仪到水准尺的距离。

若望远镜放大率为 28 倍，视距为 100 m，读数误差可达 1.04 mm，望远镜放大倍率较小或视线过长，读数误差将增大。因此，在测量作业中，必须按规定使用相应望远镜放大倍率的仪器和不超过视线的极限长度，以保证估读精度。

3. 视差误差

当存在视差时，十字丝平面与水准尺影像不重合，若眼睛观察的位置不同，则读出的读数不同，因而会产生读数误差。因此，观测时要反复几次，仔细调焦，严格消除视差，直到十字丝和水准尺成像均清晰、眼睛上下晃动时读数不变为止。

4. 水准尺倾斜误差

水准尺倾斜使读数增大，且视线离开地面越高，误差越大。设水准尺倾斜将使尺上读数增大 Δl，l 为正确读数，l'为倾斜读数，$\Delta l=l'-l$，如水准尺倾斜 δ 角，则

$$\Delta l=\frac{l'}{2}\cdot\left(\frac{\delta}{\rho}\right)^2$$

如水准尺倾斜 3°30′，在水准尺上 1 m 处读数时，将会产生 2 mm 的误差；若读数大于 1 m，误差将超过 2 mm。若读数或倾斜角增大，误差也增大。为了减少这种误差的影响，扶尺必须认真，使尺既竖直又稳。由于一测站高差为后、前视读数之差，故在高差较大的测段，误差也较大。

3.5.3 外界条件的影响

1. 水准仪下沉误差

由于仪器下沉，视线会降低；或由于土壤的弹性作用，在观测人员走动时，会引起仪器上升，使视线升高，这都会产生读数误差。在一测站观测中，后视完毕转向前视时，若仪器下沉 x_1，则前视读数 b_1 小于 x_1，即测得的高差 $h_1=a_1-b_1$，误差加大了 Δ_1。设在一测站上进行两次测量，第二次先前视后后视，若从前视转向后视过程中仪器又下沉 x_2，则第二次测得的高差 $h_2=a_2-b_2$，误差减小了 Δ_2。如果仪器随时间均匀下沉，则 $\Delta_1\approx\Delta_2$，取两次所测高差的平均值，这项误差就可得到有效的消减。因此，如果采用“后、前、前、后”的观测程序，可减弱其影响。

2. 尺垫下沉误差

尺垫下沉对读数的影响表现为两个方面：一种情况同仪器下沉类似，其影响规律和应采取的措施同上；另一种情况是转站时，如果在转点发生尺垫下沉，将使下一站后视读数增大，这将引起高差减小。消除办法：在观测时，选择坚固、平坦的地点设置转点，将尺垫踩实，加快观测速度，减少尺垫下沉的影响；采用往返观测的方法，取成果数值的中数，这项误差也可以得到消减。

3. 地球曲率及大气折光影响

如图 3.36 所示，用水平视线代替大地水准面在尺上读数产生的误差为 Δh，此处用 C 代替 Δh，则

$$C=\frac{D^2}{2R} \tag{3.21}$$

式中：D 为仪器到水准尺的距离；R 为地球的平均半径，$R=6\ 371$ km。

实际上，由于大气折光的影响，视线并非水平的，而是一条曲线(图 3.36)，曲线的曲率半径约为地球半径的 7 倍，其折光量的大小对水准尺读数产生的影响为

$$r=\frac{D^2}{2\times7R} \tag{3.22}$$

大气折光与地球曲率影响之和为

$$f=C-r=\frac{D^2}{2R}-\frac{D^2}{14R}=0.43\frac{D^2}{R} \tag{3.23}$$

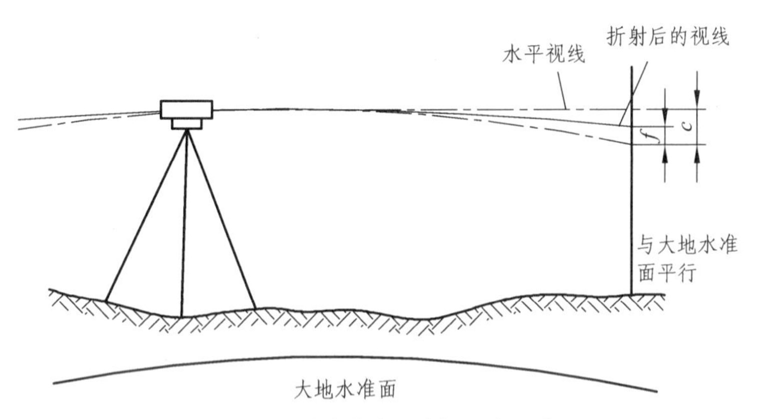

图 3.36 地球曲率及大气折光影响

若前、后视距离相等，地球曲率与大气折光的影响在计算高差中被互相抵消或大大减弱。所以，在水准测量中，前、后视距离应尽量相等。同时，视线应高出地面足够的高度，在坡度较大的地面观测应适当减小视距。

4. 日照和风力误差

这种影响是综合的，较复杂，如烈日照射水准管时，由于水准管本身和管内液体温度的升高，气泡向着温度高的方向移动而影响仪器的水平状态；风大时会使仪器抖动，引起误差。因此，观测时应选好天气，并注意撑伞遮阳。

本章小结

水准测量一般是通过水准仪直接测出两点间的高差，再间接推算出待定点的高程。DS_3 型微倾水准仪的使用主要包括安置仪器、粗略整平、瞄准水准尺、精确整平和读数等步骤。单一水准路线的形式有三种，即闭合水准路线、附合水准路线和支水准路线。水准测量外业结束后，应全面检查外业记录，并满足限差要求。如经检核无误，对高差闭合差按相应的原则进行分配，再计算出各待定点的高程。水准仪的检验主要是检查水准仪各轴线间的相对位置关系，i 角误差可通过前、后视距相等加以消除。

习　题

1. 用水准仪测定 A、B 两点高差，已知 A 点高程 $H_A=7.127$ m，测得 A、B 两点的尺读数分别为 $a=1.527$ m，$b=1.245$ m，计算高差 h_{AB} 和 B 点的高程 H_B。

2. 进行水准测量时，为什么要求前、后视距大致相等？

3. 水准路线的布设形式主要有哪几种？怎样计算它们的高差闭合差？

4. 什么是转点？转点在水准测量中起什么作用？

5. 如图3.37所示，为一附合水准路线，其中，BM. *A* 和 BM. *B* 为已知高程的水准点，点1、2、3、4为高程待定的观测点。各点间的路线长度、高差实测值及已知点高程如图所示。试按水准测量精度要求，进行闭合差的计算与调整，最后计算各待定点的高程。

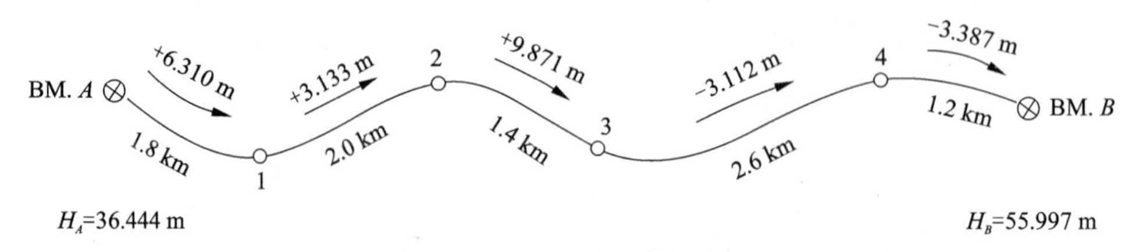

图3.37　某附合水准路线

第4章 角度测量

学习目标

1. 了解经纬仪的检验与校正方法。
2. 熟悉角度测量误差的来源与消减方法。
3. 掌握经纬仪的操作，以及水平角和竖直角测量方法。

角度测量是测量的基本工作之一，它包括水平角测量和竖直角测量。为了测定地面点的平面位置，一般需要观测水平角。竖直角可用于确定点的高程或将倾斜距离转化成水平距离。经纬仪是进行角度测量的基本仪器。

4.1 角度测量原理

4.1.1 水平角测量原理

水平角是指地面一点到两个目标点的连线在水平面上投影的夹角，它也是过两条方向线的铅垂面所夹的两面角，范围为0°~360°。

如图4.1所示，A、B、C 为地面上任意三点，过 BA、BC 的铅垂面在水平面上的交线 B_1A_1、B_1C_1 所夹的角 β，就是 BA、BC 两方向线间的水平角。为了测量水平角，可在过 B 点的上方水平地安置一个有刻度的圆盘(称为水平度盘)，水平度盘的中心位于过 B 点的铅垂线上。过 BA、BC 的铅垂面与水平度盘交线的相应读数为 a、c，则水平角为

$$\beta=c-a \tag{4.1}$$

由此可见，测量水平角的仪器必须有以下功能：

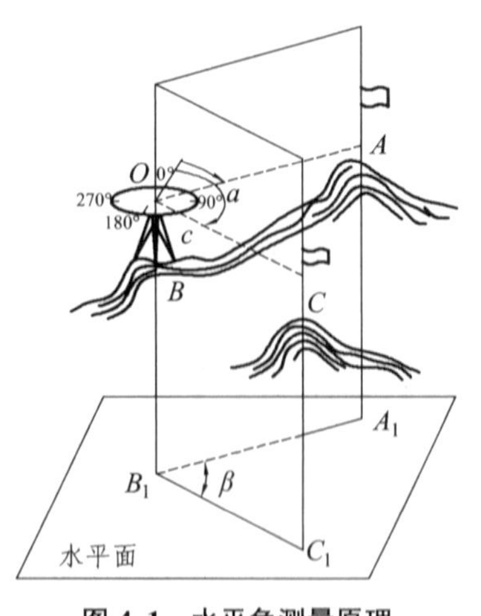

图4.1 水平角测量原理

①必须有一个能安置成水平状态，且度盘分划中心位于过角顶点(测站点 B)铅垂线上的水平度盘。

②必须有一个能够瞄准远方目标的望远镜，望远镜应可以在铅垂面内上下转动，以照准不同高度的目标；并可绕一竖轴在水平面内转动，以照准不同方向的目标。

4.1.2　竖直角测量原理

如图 4.2 所示，用竖直度盘测定的角都称为竖直角。一种表述为，在同一竖直面内，目标方向线与水平线的夹角，称为高度角，也就是常说的竖角，用 α 表示。视线在水平线上方的称为仰角，角度值为正；视线在水平线下方的称为俯角，角度值为负，如图 4.2 所示。竖直角取值范围为 0°～±90°。

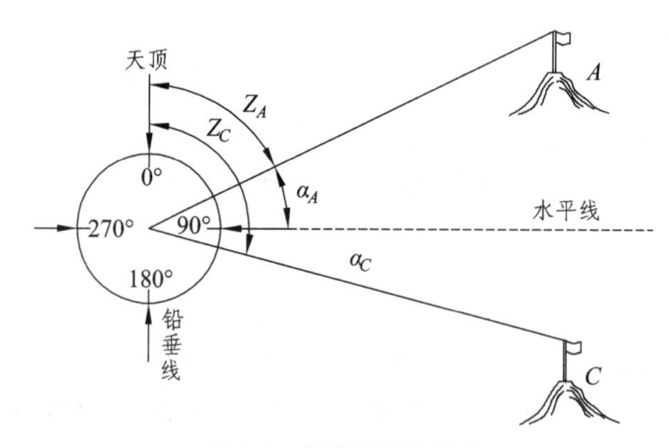

图 4.2　竖直角测量原理

另一种表述竖直角的方法是，视线方向与铅垂线天顶方向之间的夹角，称为天顶距，常用 Z 表示，其值为 0°～180°。

本书中谈到的竖直角指高度角。

为了测量竖直角，还必须在经纬仪铅垂面内安置一个竖直度盘。竖直角也是两个方向在度盘上的读数之差，与水平角不同的是，其中一个方向是水平方向。在制造仪器时，已将其水平方向的读数固定为定值，正常状态下其大小应该是 90°的整倍数。所以在测量竖直角时，只需瞄准目标，读取竖盘读数就可以计算出竖直角。

经纬仪就是根据上述测角原理制成的，是能同时完成水平角和竖直角测量的仪器。

4.2　光学经纬仪

经纬仪的种类很多，但基本结构大致相同。其按测角精度分为 DJ_{07}、DJ_1、DJ_2、DJ_6、DJ_{10} 等几个等级，其中字母“D”“J”分别为“大地测量”和“经纬仪”汉语拼音的第一个字母，其下标的数值为仪器的精度，以秒计。例如：“DJ_6”代表该仪器野外一测回方向观测中误差为 6″，以此类推。本节重点介绍工程建设中常用的 DJ_2、DJ_6 两种经纬仪的构造和操作方法。

4.2.1　DJ_6 级光学经纬仪

1. DJ_6 级光学经纬仪的一般构造

如图 4.3 所示为国产某 DJ_6 级光学经纬仪。各种型号光学经纬仪的构造大致相同，主要由照准部、度盘和基座三大部分组成(图 4.4)。

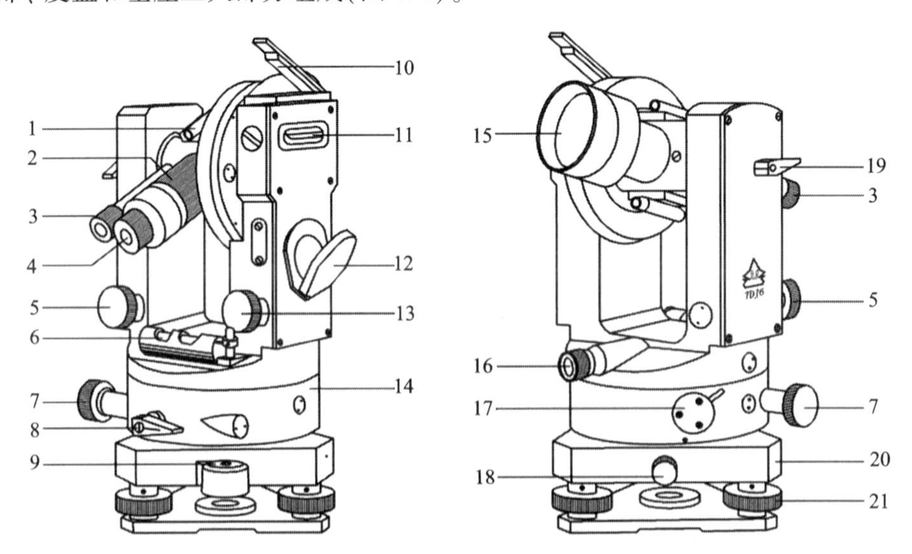

1—光学瞄准器；2—物镜调焦螺旋；3—读数显微镜；4—目镜；5—望远镜微动螺旋；6—照准部管水准器；7—水平微动螺旋；8—水平制动螺旋；9—基座圆水准器；10—竖盘指标水准器反射镜；11—竖盘指标管水准器；12—反光镜；13—竖盘指标管水准器微动螺旋；14—水平度盘；15—物镜；16—光学对中器；17—水平度盘变换螺旋；18—轴套固定螺旋；19—望远镜制动螺旋；20—基座；21—脚螺旋。

图 4.3　DJ_6 级光学经纬仪

(1) 照准部

照准部是指经纬仪上部能绕其旋转轴旋转的部分，主要包括竖轴、U 形支架、望远镜、横轴、竖盘装置、水准器、制动微动装置和读数显微镜等。

照准部的旋转轴称为仪器竖轴，竖轴插入基座内的竖轴轴套中旋转；照准部在水平方向的转动，由水平制动、水平微动螺旋控制；望远镜固连在仪器横轴上，绕横轴的转动由望远镜制动、望远镜微动螺旋控制；竖直度盘安装在横轴的一端，随望远镜一起转动，用于测量竖直角；竖盘指标管水准器的微倾运动由竖盘指标管水准器微动螺旋控制；管水准器用于精确整平仪器。

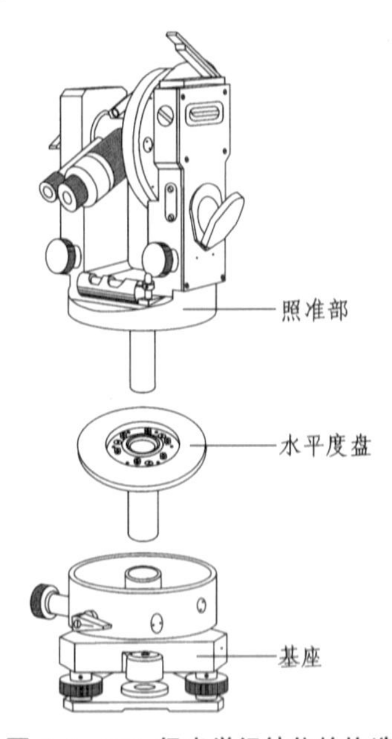

图 4.4　DJ_6 级光学经纬仪的构造

(2)度盘

光学经纬仪的水平和竖直度盘一般由圆环形的光学玻璃刻制而成，盘片边缘刻有间距相等的分划，度盘分划值一般有1°、30′、20′三种，按顺时针注记0°~360°的角度数值。

水平度盘独立装于竖轴上，测量水平角时水平度盘不随照准部转动。若想改变水平度盘位置，复测经纬仪时可以通过复测扳手将水平度盘与照准部连接，照准部转动时就带动水平度盘一起转动；方向经纬仪可利用水平度盘变换手轮将水平度盘转到所需要的位置上。

竖直度盘的构造与水平度盘一样，固定在横轴的一端，随望远镜在铅垂面内转动。

(3)基座

基座包括轴座、脚螺旋和连接板。轴座是将仪器竖轴与基座连接固定的部件，其上有一个固定螺旋，可将仪器固定在基座上；旋松该螺旋，可将经纬仪水平度盘连同照准部从基座中拔出，便于置换照准觇牌。使用仪器时，切勿松动固定螺旋，以免照准部与基座分离而坠落。脚螺旋用于整平仪器。基座和三脚架头用中心螺旋连接，可将仪器固定在三脚架上。中心螺旋下有一小钩可挂垂球，测角时用于仪器对中。

2. DJ_6级光学经纬仪的读数装置

光学经纬仪的读数装置包括度盘、光路系统和测微器。DJ_6级光学经纬仪的测微装置有分微尺测微器和单平板玻璃测微器两种。

(1)分微尺测微器读数装置

分微尺测微器的结构简单、读数方便，具有一定的读数精度，广泛用在DJ_6级光学经纬仪上。度盘和分微尺的影像通过光路系统反映到读数显微镜内，由此方便操作人员读数。

如图4.5所示，在读数显微镜中可看到两个读数窗：一为注有“水平”或“H”的水平度盘读数窗；另一为注有“竖直”或“V”的竖直度盘读数窗。每个读数窗中有一刻画了60个小格的分微尺，每小格为1′，尺上每10个小格注记10′的整数倍，全尺尺长等于度盘上1°的两分划线间隔的影像宽度。

读数方法：以分微尺上的“0”分划线为读数指标，整数倍度数由落在分微尺上的度盘分划线的注记读出，小于1°的角度由分微尺上“0”分划线与度盘上的“度”分划线之间所夹的角值读出；最小读数可以估读到测微尺上1格的1/10，即0.1′或6″。图4.5所示的水平度盘读数为112°54′，竖直度盘读数为89°06.8′(或89°06′48″)。

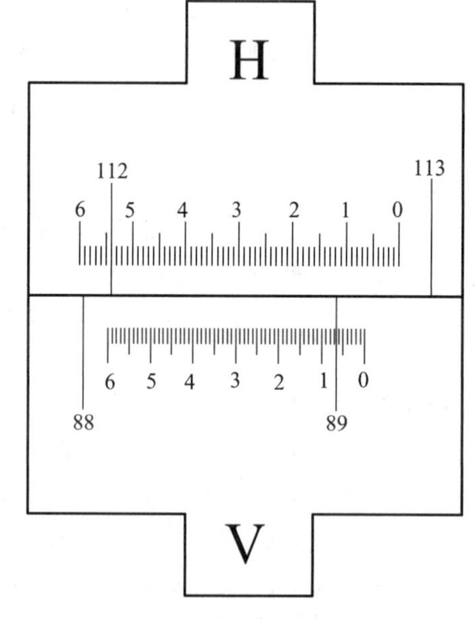

图4.5 分微尺测微器读数视场

(2)单平板玻璃测微器读数装置

单平板玻璃测微器读数装置的组成部分主要包括平板玻璃、测微尺、连接机构和测微轮。采用单平板玻璃测微器读数装置的度盘分划值为0.5°(即30′)；测微尺上共有30个大格，每大格又分成3小格，共有90小格。度盘分划线影像移动0.5°的间隔时，测微分划尺转动 90 小格，故测微尺上每小格为 20″。

如图 4.6(a)所示，当平板玻璃底面垂直于度盘影像入射方向时，测微尺上单指标线指在 14′处。度盘上的双指标线处在 $92°+a$ 的位置，度盘读数应为 $92°+14′+a$。转动测微轮时，测微尺和平板玻璃同步转动，度盘影像因此产生平移，当度盘影像平移量为 a 时，则 92°分划线正好被夹在双指标线中间，如图 4.6(b)所示。由于测微尺和平板玻璃同步转动，a 的大小可由测微尺的转动量表现出来，测微尺上单线指标所指读数即为 $14′+a$。

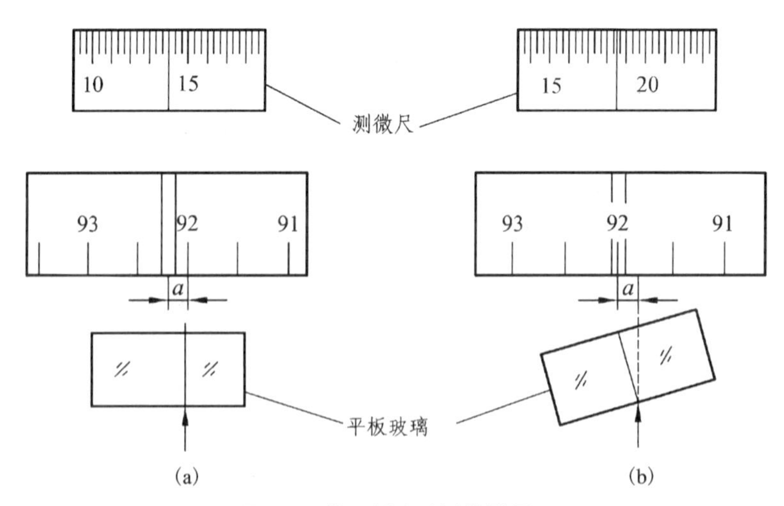

图 4.6　单平板玻璃测微器原理

单平板玻璃测微器读数装置的读数窗视场如图 4.7 所示。它有 3 个读数窗口，其中下窗口为水平度盘影像窗口，中间窗口为竖直度盘影像窗口，上窗口为测微尺影像窗口。

读数时，先旋转测微螺旋，使两个度盘分划线中的某一个分划线精确地位于双指标线的中央，读出整度数和整 30′数，小于 0.5°的读数从测微尺上读出，两个读数相加即得度盘的读数。如图 4.7 所示，水平度盘的读数为 $5°30′+11′50″=5°41′50″$，竖直度盘的读数为 $92°+17′34″=92°17′34″$。

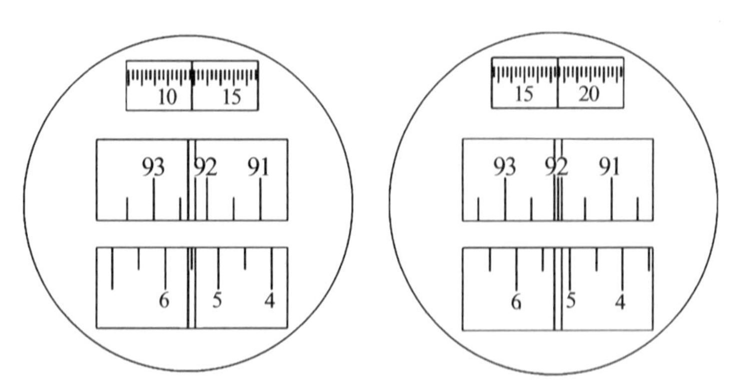

图 4.7　单平板玻璃测微器读数窗视场

4.2.2 DJ_2 级光学经纬仪

1. DJ_2 级光学经纬仪的一般构造

DJ_2 级光学经纬仪的构造与 DJ_6 级基本相同，主要区别在于读数设备及读数方法不同。DJ_2 级光学经纬仪采用双光路系统。如图 4.8 所示为国产某 DJ_2 级光学经纬仪。

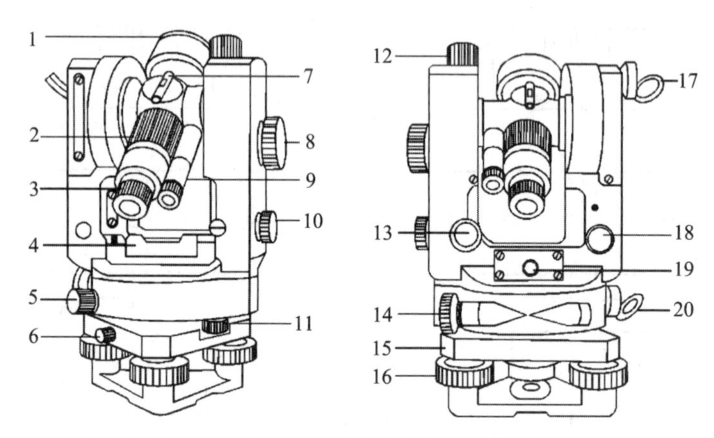

1—物镜；2—望远镜调焦螺旋；3—目镜；4—照准部水准管；5—照准部制动螺旋；6—轴套固定螺旋；7—光学瞄准器；8—测微轮；9—读数显微镜；10—度盘换像手轮；11—水平度盘变换手轮；12—望远镜制动螺旋；13—望远镜微动螺旋；14—水平微动螺旋；15—基座；16—脚螺旋；17—竖盘照明反光镜；18—竖盘指标补偿器开关；19—光学对中器；20—水平度盘照明反光镜。

图 4.8 DJ_2 级光学经纬仪

2. DJ_2 级光学经纬仪的读数装置

DJ_2 级光学经纬仪的读数装置具有以下特点：

①DJ_2 级光学经纬仪一般采用对径分划线影像符合的读数设备，相当于取度盘对径(直径两端)相差 180°处的两个读数的平均值，由此可以消除度盘偏心误差的影响，以提高读数精度。这种读数方式通常称为双指标读数。

②对径符合读数装置是在度盘对径两端分划线的光路中各安装一个固定光楔和一个活动光楔，活动光楔与测微尺相连。入射光线通过光路系统，将度盘某一直径两端分划线的影像同时显现在读数显微镜中。在读数显微镜中所看到的对径分划线的像位于同一平面上，并被一横线隔开形成正像与倒像。

③DJ_2 级光学经纬仪采用双光路系统。在度盘读数显微镜中，只能选择观察水平度盘或垂直度盘中的一种影像，且通过旋转水平度盘与竖直度盘换像手轮来实现。

如图 4.9 所示为读数窗示意图，右边窗口为度盘对径分划影像，度盘分划为 20′；左边小窗为测微尺影像，共 600 小格，最小分划为 1″，测微范围为 0′~10′，测微尺读数窗左侧注记数字为分，右侧数字注记为整 10″数。

读数方法：转动测微手轮，使度盘正、倒像分划线精密重合。按正像在左、倒像在右，找出正像与倒像注记相差180°的一对分划线，读出正像分划线的度数为22°。数出上排的正像22°与下排倒像202°之间的格数，再乘以10′，就是整10′的数值，即50′。在旁边测微窗中读出小于10′的分、秒数6′58.5″。将以上数值相加就得到整个读数为22°56′58.5″。

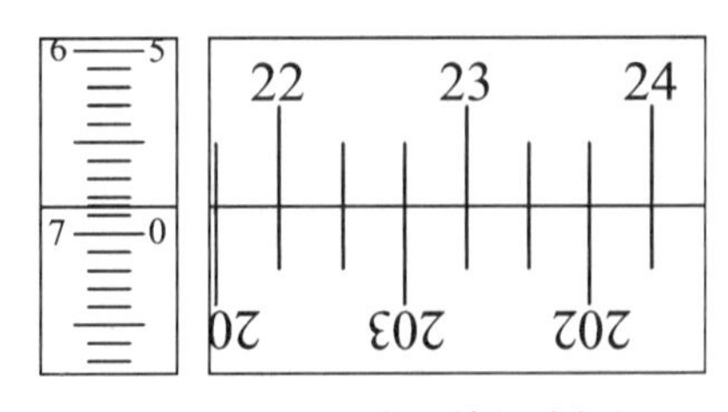

图4.9　DJ_2级光学经纬仪读数视场

采用上述读数方法时极易出错，为使读数方便，现在生产的DJ_2级光学经纬仪，一般采用如图4.10所示的半数字化读数。度盘对径分划像及度数和10′的影像分别出现于两个窗口，另一窗口为测微器读数窗。当转动测微轮使对径上、下分划对齐以后，从度盘读数窗读取度数和10′数，从测微器窗口读取分数和秒数。

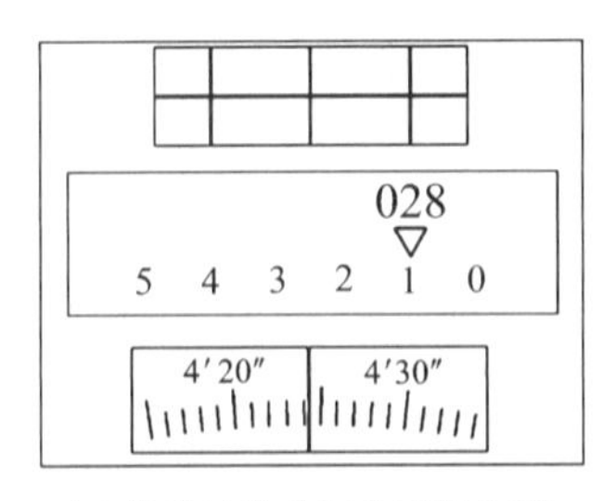

(a) 度盘读数为28°14′24.3″

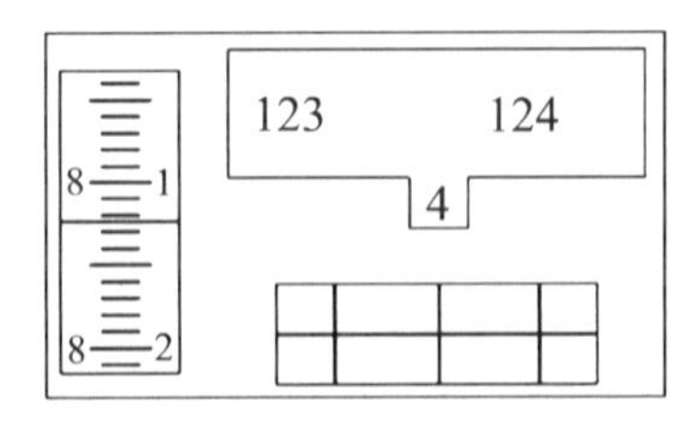

(b) 度盘读数为123°48′12.4″

图4.10　DJ_2级光学经纬仪半数字化读数视场

4.3　经纬仪的安置和角度测量方法

4.3.1　经纬仪的安置

1. 对中

对中的目的是使仪器度盘的分划中心与测站点的标志中心位于同一铅垂线上。可以使用垂球对中或光学对中器对中。

(1)垂球对中

对中时，先张开三脚架，使其高度适中，架头大致水平，架头中心大致对准测站标志；然后装上仪器，旋紧连接螺旋，挂上垂球。如果垂球尖偏离标志中心较远，则需将三脚架进行等距离平移，或者固定一脚，移动另外两脚，使垂球尖大致对准标志，同时踩紧脚架；然后稍松连接螺旋，在架头上移动仪器，使垂球尖精确对准标志中心；最后拧紧连接螺旋。用垂球对中的误差一般可小于3 mm。

垂球对中受外界环境影响很大，很少使用该方法。

(2)光学对中器对中

光学对中器的对中误差一般不大于1 mm。对中时，先张开三脚架，使其高度适中，架头大致水平，且三脚架中心大致对准地面标志中心，旋转光学对中器目镜调焦螺旋使对中标志分划板清晰，再旋转光学对中器物镜调焦螺旋（有些仪器是拉伸光学对中器调焦）看清地面的测点标志。踩紧一条架腿，双手分别握住另两条架腿使其稍离地面前后左右摆动，观察对中器，直至对中器分划中心对准地面标志中心为止。保持对中状态，轻轻放下两个架腿并踩紧。检查对中情况，若踩紧过程中出现对中少量偏移，可调整脚螺旋严格对中；若偏移较大，则需要重新拿起脚架，再次进行对中操作。

光学对中具有速度快、精度高的优点，是经纬仪对中使用的主要方法。

2. 整平

整平的目的是使仪器的竖轴垂直、水平度盘处于水平状态。整平工作分为粗平和精平。

(1)粗平

通过伸缩脚架腿使圆水准器气泡居中。圆水准器气泡向脚架腿升高的一侧移动。粗平阶段最好不使用调整脚螺旋的方法使圆水准器气泡居中，因为旋转脚螺旋的同时，会使得对中受到影响，增加反复操作的次数。

(2)精平

通过调整脚螺旋使管水准器气泡居中。精平时，先转动照准部，使照准部水准管平行于任意两个脚螺旋的连线方向，如图 4.11(a)所示，两手同时相向转动①、②两个脚螺旋，使水准管气泡居中，气泡移动方向与左手大拇指转动方向一致；然后，将照准部旋转 90°左右，转动脚螺旋③使气泡居中，如图 4.11(b)所示。如此反复，直至仪器转到任何位置，气泡偏离零点不超过 1 格为止。

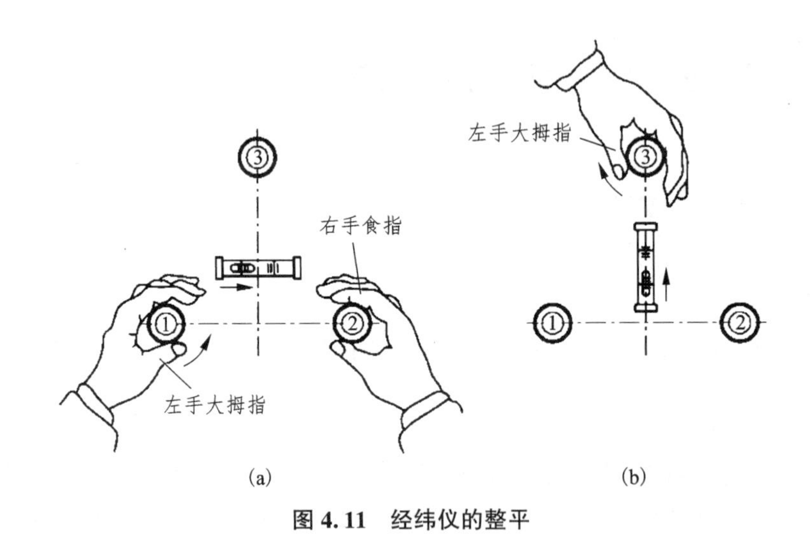

图 4.11　经纬仪的整平

3. 照准

松开水平制动螺旋和望远镜制动螺旋，将望远镜指向明亮背景，调整目镜使十字丝清晰可见。用望远镜上的粗瞄器瞄准目标，使目标成像在望远镜视场中，旋紧制动螺旋。转动物镜调焦螺旋使目标清晰并注意消除视差。最后调整水平微动螺旋和望远镜微动螺旋精确照准目标。照准标识如图 4.12 所示。测量水平角照准目标时，应尽量照准目标底部，照准时可用十字丝竖丝的单线平分较粗的目标，也可用双线夹住较细目标，如图4.13所示。测量竖直角时，则应用中丝与目标相切。

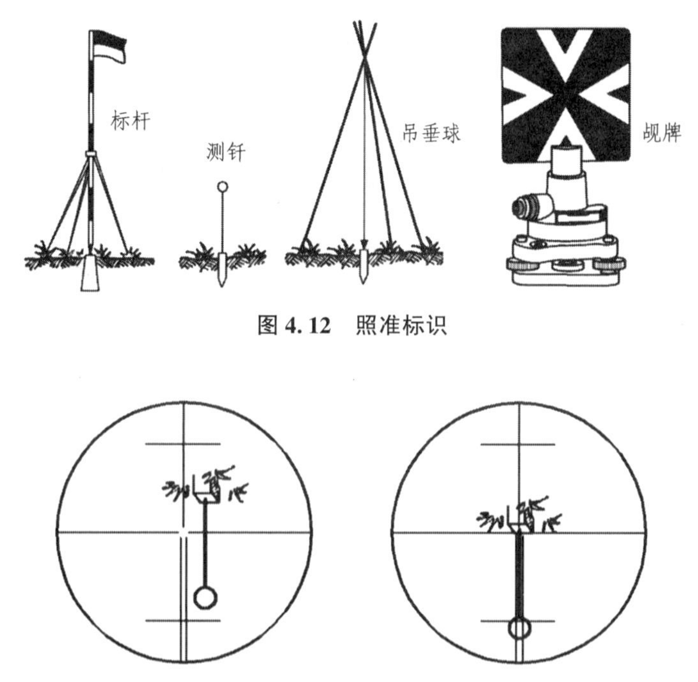

图4.12　照准标识

图4.13　照准目标的方法

4. 读数

读数时先打开度盘照明反光镜，调整反光镜的开度和方向，使读数窗亮度适中，再旋转读数显微镜的目镜使刻画线清晰，然后读数。

4.3.2　水平角测量

水平角观测常用的方法有测回法和方向观测法。无论采用哪种方法，为了消除或减小仪器的某些误差，一般都采用盘左和盘右两个位置进行观测。当观测者正对望远镜目镜，竖直度盘在望远镜的左边时，仪器的位置称为盘左或正镜；反之，当观测者正对目镜，竖直度盘在右边时的仪器位置称为盘右或倒镜。

1. 测回法

测回法用于观测两个方向之间的单角。

如图4.14所示，测量水平角$\angle ABC$时，在B点安置经纬仪，经对中、整平后开始观测。其步骤为：

①取盘左位置，瞄准左侧目标A，精确照准目标后，读取水平度盘读数$a_{左}$，并记入观测手簿(表4.1)的相应栏内。当要进行多个测回观测时，配置水平度盘在0°或比0°稍大一点的读数附近。

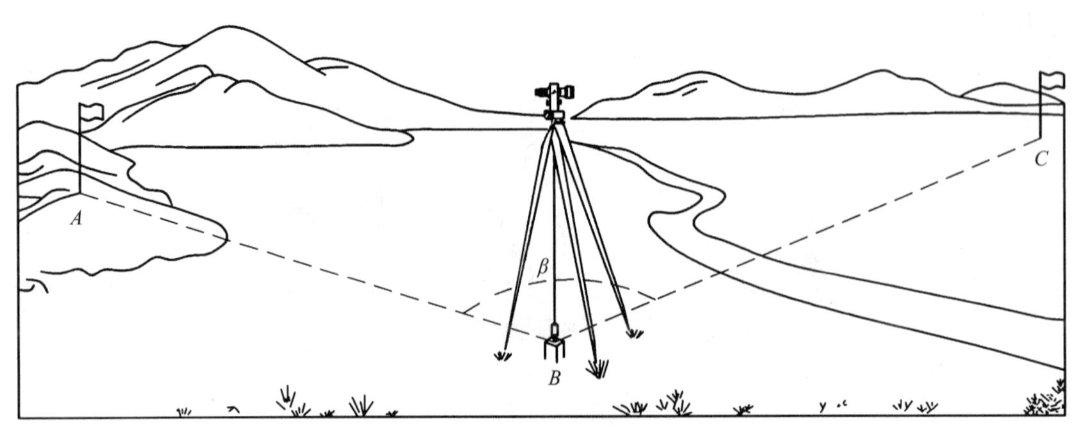

图 4.14　测回法观测水平角

②松开水平制动扳手，顺时针转动照准部，用同样方法照准右侧目标 C，读得读数 $c_{左}$，记入观测手簿。

以上两步称为上半测回，测得角值为

$$\beta_{左}=c_{左}-a_{左} \tag{4.2}$$

表 4.1　测回法观测手簿

测回数	测站	竖盘位置	目标	水平度盘读数 /(° ′ ″)	半测回角值 /(° ′ ″)	一测回平均角值 /(° ′ ″)	各测回平均角值 /(° ′ ″)	备注
1	B	左	A	0 00 06	68 48 48	68 48 39	68 48 44	
			C	68 48 54				
		右	A	180 00 36	68 48 30			
			C	248 49 06				
2		左	A	90 00 12	68 48 54	68 48 48		
			C	158 49 06				
		右	A	270 00 30	68 48 42			
			C	338 49 12				

③松开水平制动扳手，纵向转动望远镜，变盘左为盘右；同法再次照准目标 C，读得读数 $c_{右}$，记入手簿。

④松开水平制动扳手，逆时针转动照准部，同法照准目标 A，读得读数 $a_{右}$，记入手簿。

以上两步称为下半测回，测得角值为

$$\beta_{右}=c_{右}-a_{右} \tag{4.3}$$

上、下半测回合称为一测回。上、下半测回所得两个角值之差，满足测量规范规定的限

差(对于 DJ_6 级经纬仪，上、下半测回角值之差不超过 40″)时，可取其平均值作为一测回的角值，即一测回角值为

$$\beta=(\beta_{左}+\beta_{右})/2 \tag{4.4}$$

当测角精度要求较高时，往往需要多观测几个测回。为了减小水平度盘分划误差的影响，每测回起始方向读数，应根据测回数按照 180°/n 递增变换水平度盘位置。如当测回数 $n=3$ 时，各测回的起始方向读数应等于或略大于 0°、60°、120°。各测回角值互差符合测量规范规定(如图根级≤±24″)时，取各测回角值的平均值作为最后结果。

2. 方向观测法

当测站上的方向观测数在 3 个或 3 个以上时，一般采用方向观测法，也称为全圆测回法或全圆观测法。

如图 4.15 所示，测站点为 O 点，观测方向有 A、B、C、D 四个。在 O 点安置仪器，经对中、整平后开始观测，其步骤为：

①取盘左位置，在 A、B、C、D 四个目标中选择一个标志十分清晰的点(如 A 点)作为零方向。将度盘配置在 0°或比 0°稍大一点的读数处，照准目标 A，读取水平度盘读数，记入手簿(表 4.2)相应栏内。

②顺时针转动照准部，依次观测 B、C、D 各点，分别读取读数记入手簿。

③为了检查水平度盘的位置在观测过程中是否发生变化，需再次照准目标 A，读取读数记入手簿，此次观测称为归零。A 方向两次读数之差称为半测回归零差。归零差不能超过规范规定的允许限值(方向观测法的限差见表 3.3)。

上述全部工作称为上半测回。

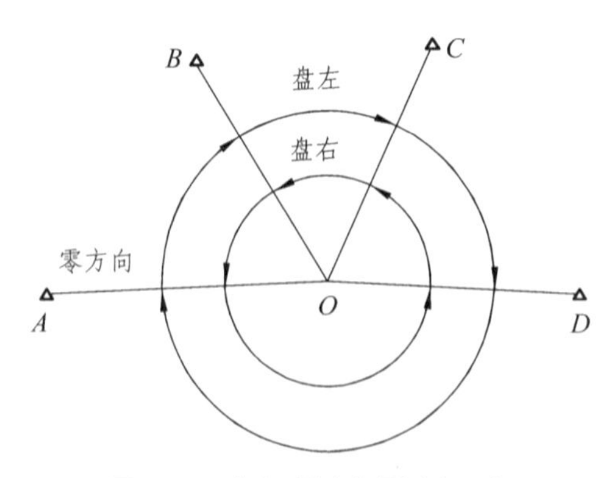

图 4.15　方向观测法观测水平角

④取盘右位置，按逆时针方向旋转照准部，依次瞄准 A、D、C、B、A 各目标，分别读取水平度盘读数并记入手簿中，称为下半测回。

上、下半测回合称为一测回。如需观测 n 个测回，则各测回仍按 180°/n 变换度盘的起始位置。

表 4.2　方向观测法观测手簿

测站	测回数	目标	水平度盘读数		2c /(″)	平均读数 /(° ′ ″)	归零方向值 /(° ′ ″)	各测回平均归零方向值 /(° ′ ″)	备注
			盘左 /(° ′ ″)	盘右 /(° ′ ″)					
O	1	A	0 02 42	180 02 42	0	(0 02 38) 0 02 42	0 00 00	0 00 00	
		B	60 18 42	240 18 30	+12	60 18 36	60 15 58	60 15 56	
		C	116 40 18	296 40 12	+6	116 40 15	116 37 37	116 37 28	
		D	185 17 30	5 17 36	−6	185 17 33	185 14 55	185 14 47	
		A	0 02 30	180 02 36	−6	0 02 33			
	2	A	90 01 00	270 01 06	−6	(90 01 09) 90 01 03	0 00 00		
		B	150 17 06	330 17 00	+6	150 17 03	60 15 54		
		C	206 38 30	26 38 24	+6	206 38 27	116 37 18		
		D	275 15 48	95 15 48	0	275 15 48	185 14 39		
		A	90 01 12	270 01 18	−6	90 01 15			

⑤计算：

a. 计算两倍照准差（$2c$ 值）。理论上，相同方向的盘左、盘右观测值应相差 180°，实际可能存在偏差，该偏差称为两倍照准差或 $2c$ 值。

$$2c = 盘左读数 - (盘右读数 \pm 180°) \tag{4.5}$$

式（4.5）中，盘右读数大于 180°时取“−”号，盘右读数小于 180°时取“+”号。把 $2c$ 值填入表 4.2 中第 6 栏。一测回内各方向 $2c$ 的互差若超过表 4.3 中的限值，应在原度盘位置上重测。

b. 计算各方向观测值的平均值。

$$平均读数 = \frac{1}{2}[盘左读数 + (盘右读数 \pm 180°)] \tag{4.6}$$

计算的结果称为方向值，填入表 4.2 中第 7 栏。因存在归零读数，起始方向有两个平均值，应将这两个值再求平均，所得结果作为起始方向的方向值，填入该栏括号中。

c. 计算归零的方向值。将各方向的平均读数减去括号内的起始方向平均值，即得各方向的归零方向值，填入表 4.2 中第 8 栏。起始方向的归零值应为零。

d. 计算各测回归零后方向值的平均值。先计算各测回同一方向归零后的方向值之间的差值，对照表 4.3 看其互差是否超限，若未超限，则取各测回同一方向归零后方向值的平均值作为该方向的最后结果，填入表 4.2 中第 9 栏。

e. 计算各目标间的水平角值。将表 4.2 中第 9 栏相邻两方向值相减，即得各目标间的水平角值。

表 4.3　方向观测法的限差

仪器型号	半测回归零差	一测回内 2c 值互差	同一方向值各测回互差
DJ_2	8″	13″	9″
DJ_6	18″	—	24″

4.3.3　竖直角测量

1. 竖盘结构

经纬仪的竖盘装置包括竖直度盘、竖盘指标水准管和指标水准管微动螺旋(或补偿器)，如图 4.16 所示。竖盘固定在望远镜横轴的一端，可随望远镜一起在竖直面内转动。而用来读取竖盘读数的指标并不随望远镜转动，竖盘读数指标与竖盘指标水准管连接在一起，当转动指标水准管微动螺旋使其气泡居中时，竖盘读数指标就处于正确位置，即视准轴水平时的竖盘读数一般为 90°的整倍数(一般为盘左 90°、盘右 270°)。

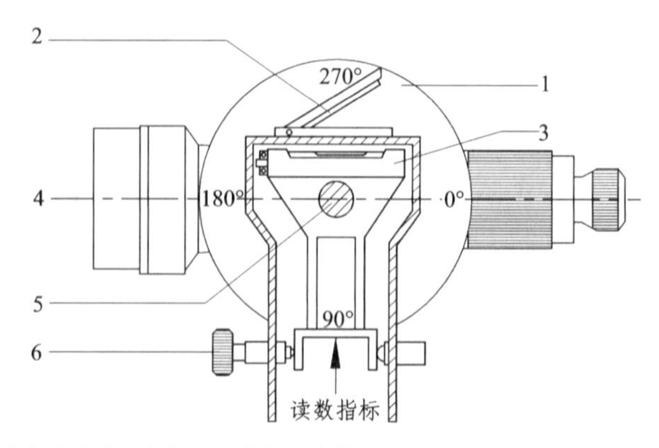

1—竖直度盘；2—指标水准管反光镜；3—指标水准管；4—望远镜；5—横轴；6—指标水准管微动螺旋。

图 4.16　竖直度盘的构造

竖盘刻画的注记为 0°～360°，有顺时针注记和逆时针注记两种形式，如图 4.17 所示。图中箭头符号表示竖盘读数指标。

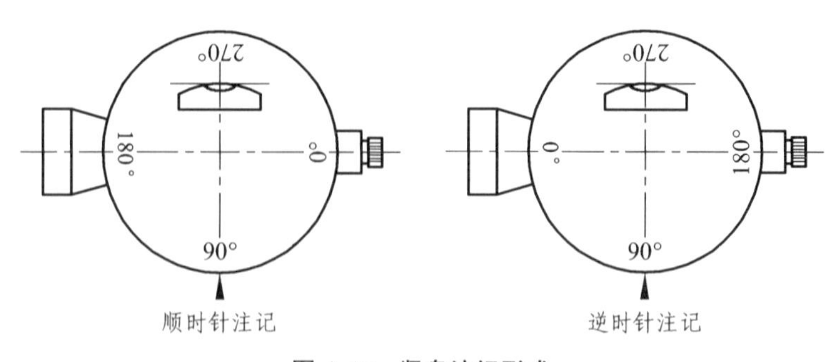

图 4.17　竖盘注记形式

为使竖盘指标处于正确位置，每次读数前都要将竖直度盘指标水准管的气泡调整至居中，以免影响工作效率。现在经纬仪大多采用了竖盘指标自动补偿归零装置，取代竖盘指标水准管及其微动螺旋。仪器整平后，打开补偿器，竖盘指标自动处于正确位置。

2. 竖直角的观测及计算

(1)竖直角的观测

竖直角也采用正、倒镜观测，观测步骤为：

①安置仪器于测站点上，经对中整平后，盘左瞄准目标，使十字丝中丝精确切准目标；然后转动指标水准管微动螺旋使指标水准管气泡居中(或打开补偿器)，读取竖盘读数 L，记入竖直角观测手簿(表 4.4)。

②纵转望远镜，用盘右再次照准目标，转动指标水准管微动螺旋使其气泡居中(或打开补偿器)，读取竖盘读数 R，并记入手簿。

表 4.4　竖直角观测手簿

测站	目标	竖盘位置	竖盘读数 /(° ′ ″)	半测回竖直角 /(° ′ ″)	指标差 /(″)	一测回竖直角 /(° ′ ″)	备注
O	A	左	71 12 36	+18 47 24	−12	+18 47 12	270° 180°　0° 90° 盘左位置
		右	288 47 00	+18 47 00			
	C	左	96 18 42	−6 18 42	−9	−6 18 51	
		右	263 41 00	−6 19 00			

(2)竖直角的计算

竖盘注记形式不同，竖直角的计算公式也不相同。计算竖直角时，应首先判定竖盘注记形式。判定方法是：望远镜位于盘左位置，当视准轴水平时竖盘读数应为 90°，将望远镜上仰，若读数减小，则竖盘注记形式为顺时针注记，如图 4.18 所示；若读数增大，则竖盘注记形式为逆时针注记。

由图 4.18 知，当竖盘为顺时针注记时，竖直角计算公式为

$$\alpha_L = 90° - L \tag{4.7}$$

$$\alpha_R = R - 270° \tag{4.8}$$

同理，可得竖盘为逆时针注记时竖直角的计算公式为

$$\alpha_L = L - 90° \tag{4.9}$$

$$\alpha_R = 270° - R \tag{4.10}$$

上、下半测回角值较差不超过规定限值时，取平均值作为一测回竖直角值：

$$\alpha = \frac{1}{2}(\alpha_L + \alpha_R) \tag{4.11}$$

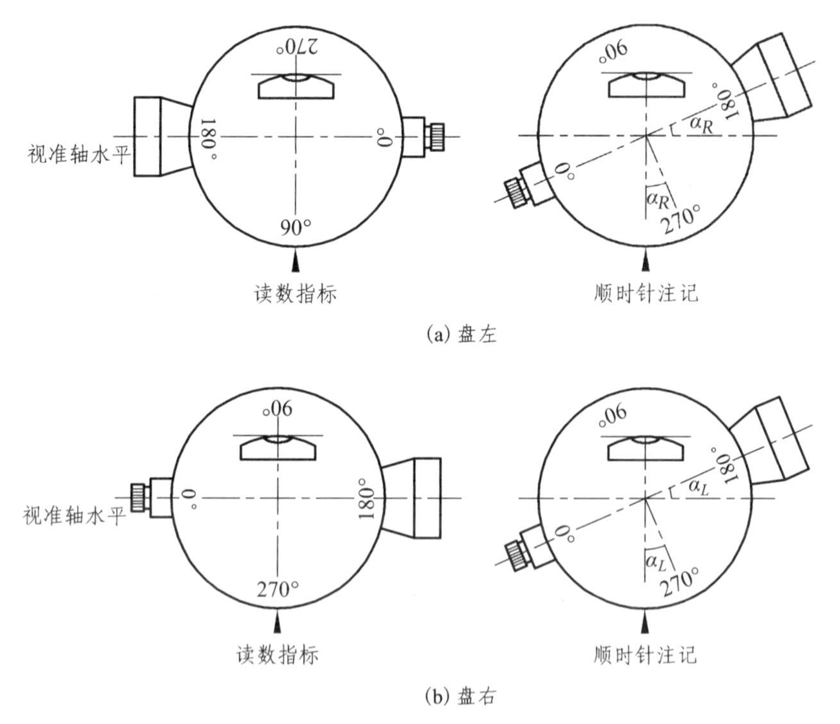

图 4.18　竖直角计算

(3) 竖盘指标差

上述竖直角的计算公式是竖盘读数指标处在正确位置时导出的，即当视线水平，竖盘指标水准管气泡居中时，竖盘指标所指读数应为 90°或 270°。但当读数指标偏离正确位置时，指标线所指的读数相对于正确值就有一个小的角度偏差 x，称为竖盘指标差。竖盘指标差 x 有正、负之分，当读数指标偏移方向与竖盘注记方向一致时，x 取正号；反之，x 取负号。

如图 4.19 所示，对于顺时针刻画的竖直度盘，在有指标差时，盘左初始读数为 $90°+x$，则正确的竖直角应为

$$\alpha=(90°+x)-L=\alpha_L+x \tag{4.12}$$

同样，盘右时正确的竖直角应为

$$\alpha=R-(270°+x)=\alpha_R-x \tag{4.13}$$

将两式相加除以 2 得：

$$\alpha=\frac{1}{2}(\alpha_L+\alpha_R) \tag{4.14}$$

由此可知，在测量竖直角时，盘左、盘右观测取平均值作为最后结果，可以消除竖盘指标差的影响。

若将式(4.12)与式(4.13)相减，可得指标差计算公式：

$$x=\frac{1}{2}(\alpha_R-\alpha_L)=\frac{1}{2}(R+L-360°) \tag{4.15}$$

指标差 x 可用来检查观测质量。对 DJ_6 级经纬仪来说，在同一测站上观测不同目标时，指标差的变动范围不应超过 25″。当只用盘左或盘右观测时，可先测定指标差，在计算竖直

角时加入指标差改正即可。

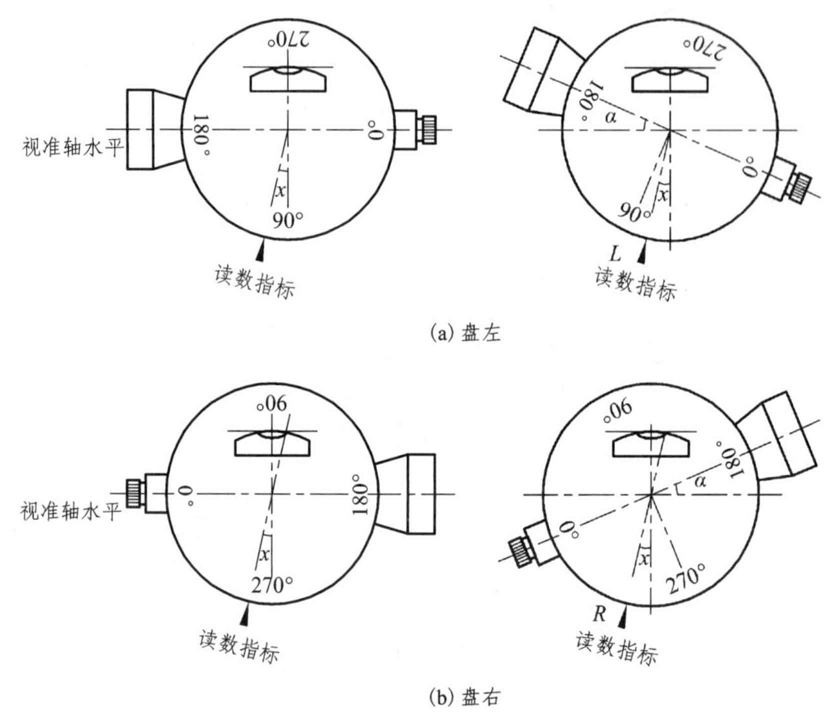

(a) 盘左

(b) 盘右

图 4.19　竖盘指标差

4.4　经纬仪的检验与校正

4.4.1　经纬仪的轴线及其应满足的条件

经纬仪的主要轴线(见图 4.20)有:

视准轴 CC_1: 十字丝交点与物镜光心的连线。

竖轴 VV_1: 仪器的旋转轴。

横轴 HH_1: 望远镜的旋转轴。

水准管轴 LL_1: 过水准管零点的切线。

圆水准器轴 $L'L_1'$: 过圆水准器零点的球面法线。

为了保证测角的精度, 经纬仪应满足下列几何条件:

①照准部水准管轴应垂直于仪器竖轴($LL_1 \perp VV_1$)。

若条件满足, 水准管气泡居中后, 竖轴可精确地位于铅垂位置。

②圆水准器轴应平行于竖轴($L'L_1' /\!/ VV_1$)。

若条件满足, 圆水准器气泡居中后, 竖轴可粗略地位于铅垂位置。

③十字丝竖丝应垂直于横轴。

若条件满足, 当横轴水平时, 竖丝处于铅垂位置。可利用竖丝检查照准目标是否倾斜,也可以使用竖丝的任一部位照准目标进行测量。

④视准轴应垂直于横轴（$CC_1 \perp HH_1$）。

若条件满足，视准轴绕横轴旋转时，形成一个垂直于横轴的平面，若横轴水平，则此面为铅垂面。

⑤横轴应垂直于仪器竖轴（$HH_1 \perp VV_1$）。

若条件满足，仪器整平后横轴位于水平位置。

⑥视线水平时竖盘读数应为 90°或 270°。

若条件满足，则仪器的竖盘指标差为零。

⑦光学对中器的视线应与仪器竖轴的旋转中心线重合。

若条件满足，利用光学对中器对中后，竖轴旋转中心线与过地面标志中心的铅垂线重合。

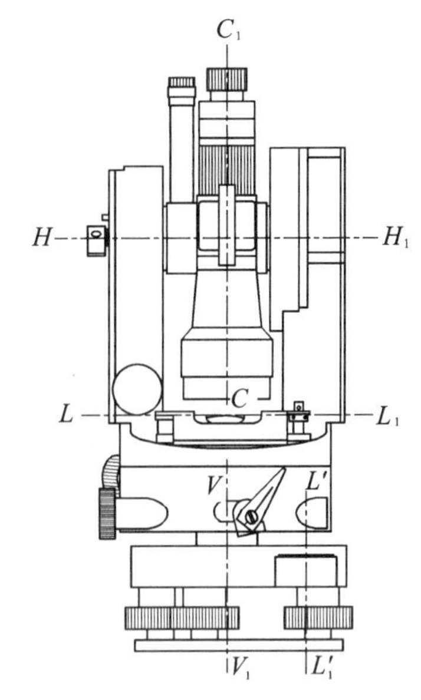

图 4.20　经纬仪的轴线

4.4.2　经纬仪的检验与校正

经纬仪的检验与校正工作应按一定顺序进行，若某一项检验与校正工作不做好会影响其他的项目，那么这项工作先做；不同检验项目涉及仪器的同一部位时，重要的项目后做。

1. 照准部水准管轴垂直于竖轴的检验与校正

检验：整平仪器，转动照准部使水准管平行于基座上一对脚螺旋，然后将照准部旋转 180°，此时若气泡仍然居中，则说明条件满足；如果偏离量超过 1 格，应进行校正。

校正：如图 4.21(a)所示，水准管气泡居中后，水准管轴水平，但竖轴倾斜，设其与铅垂线的夹角为 α。将照准部旋转 180°，如图 4.21(b)所示，基座和竖轴位置不变，水准管轴与水平面的夹角为 2α。改正时，先用拨针拨动水准管校正螺丝，使气泡退回偏离量的一半(等于 α)，如图 4.21(c)所示，此时几何关系即满足要求。再用脚螺旋调整水准管气泡使其居中，如图 4.21(d)所示，这时水准管轴水平、竖轴竖直。

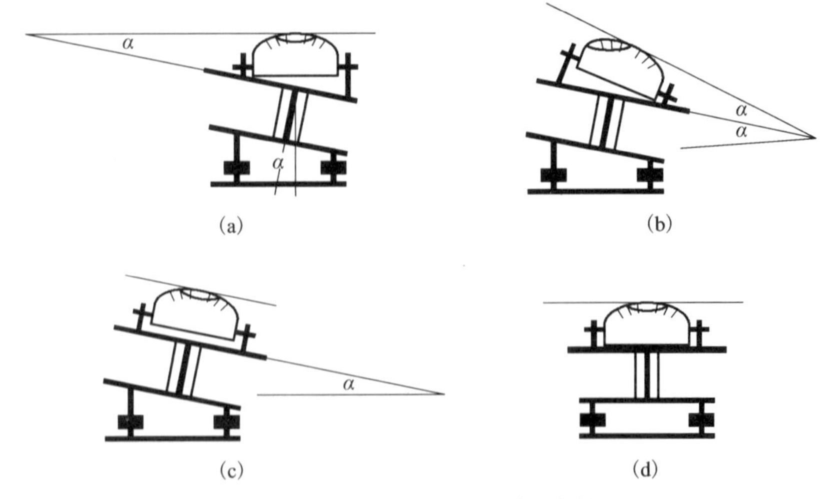

图 4.21　照准部水准管轴的检验与校正

此项检验、校正需反复进行，直到照准部转至任何位置，气泡中心偏离零点均不超过1格为止。

2. 圆水准器轴平行于竖轴的检验与校正

检验：在第一项检验、校正工作结束后，用水准管整平仪器，此时竖轴已经位于铅垂位置，若圆水准器气泡居中，则条件满足，否则需要校正。

校正：利用圆水准器的校正螺丝调整气泡直至气泡位于居中位置。

3. 十字丝竖丝垂直于横轴的检验与校正

检验：用十字丝交点精确瞄准一清晰目标点 P，然后固定照准部并旋紧望远镜制动螺旋；慢慢转动望远镜微动螺旋，使望远镜上下移动，如 P 点不偏离竖丝，则条件满足，否则需要校正，如图 4.22 所示。

校正：旋下目镜分划板护盖，松开 4 个压环螺丝。如图 4.22 所示，慢慢转动十字丝分划板座，使竖丝重新与目标点 P 重合。反复调整，直到望远镜上下移动竖丝始终与目标点重合为止。最后拧紧 4 个压环螺丝，旋上十字丝护盖。

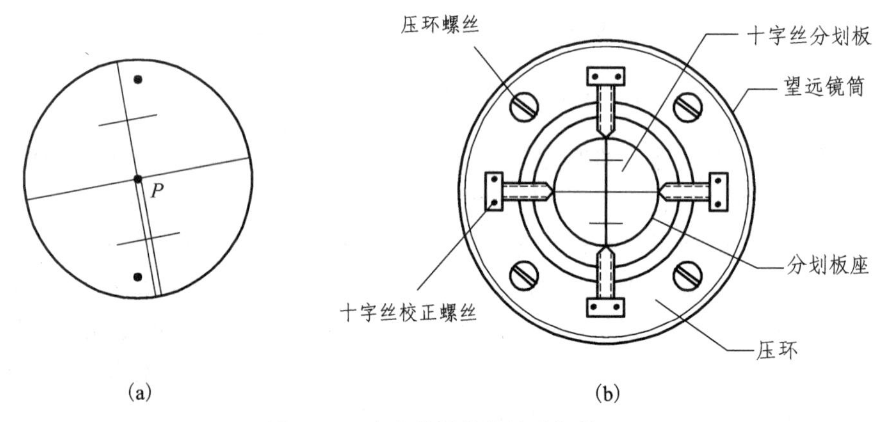

图 4.22　十字丝竖丝的检验与校正

4. 视准轴垂直于横轴的检验与校正

当横轴水平、望远镜绕横轴旋转时，其视准轴的轨迹应是一个与横轴正交的铅垂面。如果视准轴不垂直于横轴，且望远镜绕横轴旋转，视准轴的轨迹是一个圆锥面。偏离的角值 c 称为视准轴误差或照准差。

检验：检验时常采用四分之一法。如图 4.23 所示，在平坦的地区选择相距 100 m 的 A、B 两点，在 AB 中点 O 安置经纬仪，A 点处设置一与仪器等高的标志，在 B 点与仪器高度相等的位置横置一根刻有毫米分划的直尺，尺子与 OB 垂直。先用盘左位置瞄准 A 点，固定照准部，纵转望远镜，在 B 尺上得读数 B_1，如图 4.23(a)所示。然后转动照准部，用盘右位置照准 A 点，固定照准部，再纵转望远镜在 B 尺上得读数 B_2，如图 4.23(b)所示，若 B_1 与 B_2 重合，说明视准轴垂直于横轴，否则需要校正。设照准差为 c，则 B_1B、B_2B 分别反映了盘左、盘右的两倍视准差 $2c$，且盘左、盘右读数产生的视准差符号相反，即 $\angle B_1OB_2=4c$，由此算得

$$c \approx \frac{\overline{B_1B_2}}{4D}\rho'' \tag{4.16}$$

式中：D 为仪器 O 点到 B 尺之间的水平距离。对于 DJ_6 级经纬仪，当 $c>60''$时必须校正。

校正：如图 4.23(b)所示，保持 B 尺不动，并在尺上定出一点 B_3，使 $B_2B_3=1/4(B_1B_2)$，此时 OB_3 便和横轴垂直。用拨针一松一紧拨动十字丝环的左右两个十字丝校正螺丝，平移十字丝分划板，直至十字丝交点与 B_3 点重合。这项检验、校正也需要反复进行。

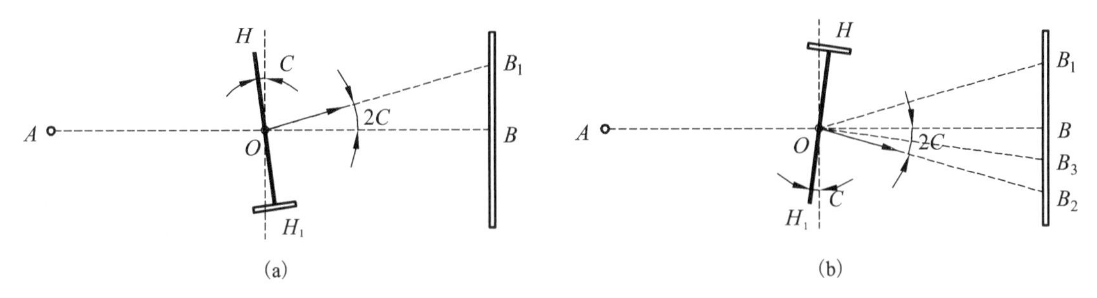

图 4.23　视准轴的检验与校正

5. 横轴垂直于竖轴的检验与校正

当横轴与竖轴垂直时，仪器整平后，横轴水平，视准轴绕横轴旋转的轨迹是铅垂面，否则就是一个倾斜面。横轴不垂直于竖轴时其偏离正确位置的角值 i 称为横轴误差。

检验：如图 4.24 所示，在距墙面约 30 cm 处安置经纬仪，用盘左位置瞄准墙上一明显的标志点 P(要求仰角 $\alpha>30°$)，固定照准部后将望远镜放平，在墙上标出十字丝交点所对的位置 P_1；再用盘右瞄准 P 点，放平望远镜后，在墙上标出十字丝交点所对的位置 P_2。若 P_1 与 P_2 重合，说明横轴垂直于竖轴，否则应校正。

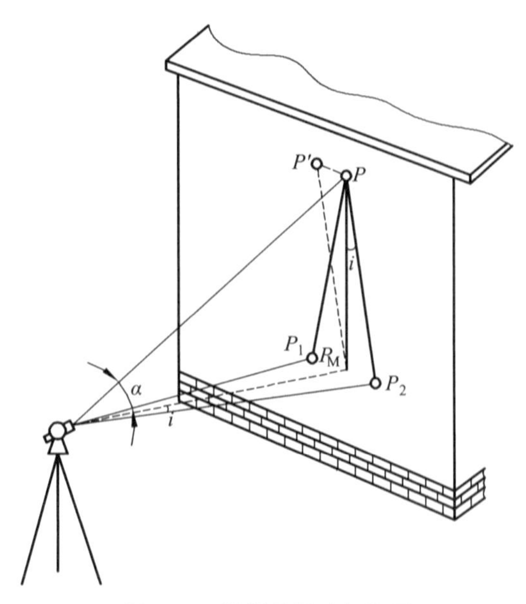

图 4.24　横轴的检验与校正

由图 4.24，可得 i 角的计算公式为

$$i=\frac{\overline{P_1P_2}}{2D\tan\alpha}\rho'' \tag{4.17}$$

对于 DJ_6 级经纬仪，若 $i>20''$，则需要校正。

校正：用望远镜瞄准 P_1、P_2 直线的中点 P_M，固定照准部；然后抬高望远镜使十字丝交点上移至与 P 点同高，因 i 角误差的存在，十字丝交点与 P 点必然不重合。校正时应打开支架盖，放松支架内的校正螺丝，转动偏心轴承环，使横轴一端升高或降低，将十字丝焦点对准 P 点。

经纬仪横轴密封在支架内，校正的技术性较高。若需校正，应交专业维修人员进行。

6. 视线水平时竖盘读数应为 90°或 270°的检验与校正

检验：检验的目的是保证经纬仪在竖盘指标水准管气泡居中时，竖盘指标线处于正确的位置。安置好经纬仪，用盘左、盘右观测同一目标点，分别在竖盘指标水准管气泡居中时，读取盘左、盘右读数 L 和 R。计算指标差 x 值，若 x 超过±1′，则需校正。

校正：经纬仪位置不动，仍用盘右瞄准原目标。转动竖盘指标水准管微动螺旋，使竖盘读数为不含指标差的正确值 $R-x$，此时气泡不再居中时，用拨针调整竖盘指标水准管校正螺丝，使气泡居中。这项检验、校正也需反复进行，直至 x 值在规定范围以内。

7. 光学对中器的检验与校正

检验：检验的目的是使光学对中器的视线与经纬仪的竖轴重合。安置好仪器，整平后在仪器下方地面放置一张白纸。将光学对中器分划圈中心投影到白纸上，并点绘标志点 P，如图 4.25(a)所示；然后将照准部转动 180°，如果此时对中器分划圈中心偏离 P 点而至 P' 点，说明对中器的视线与仪器竖轴不重合，需要校正。

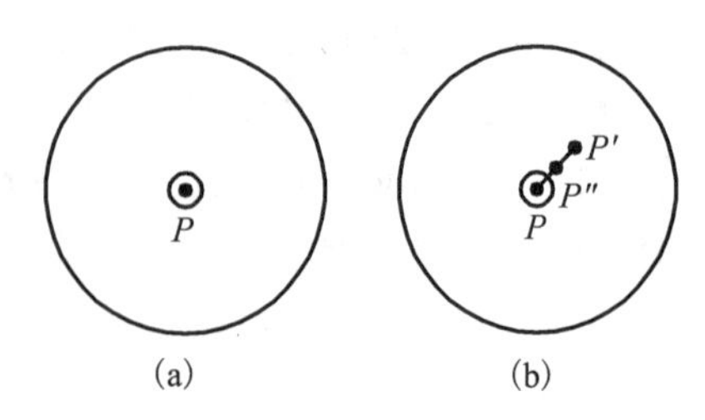

图 4.25　光学对中器的检验与校正

校正：保持上述仪器状态不动，在白纸板上标出 P 点与 P' 点连线之中点 P''；调整光学对中器校正螺钉，使分划圈中心移至 P'' 点，如图 4.25(b)所示。

4.5　角度测量误差的主要来源及消减措施

在角度测量中，仪器误差、观测误差和外界条件的影响都会使测量的结果含有误差。

1. 仪器误差

仪器误差包括仪器检验和校正之后的残余误差、仪器零部件加工不完善所引起的误差等。其主要有以下几种：

(1)视准轴误差

视准轴误差是由视准轴不垂直于横轴引起的，其对水平方向观测值的影响值为 $2c$。

消减方法：由于盘左、盘右观测时视准轴误差对水平角观测的影响大小相等、符号相反，故在水平角测量时，可采用盘左、盘右观测取平均值的方法加以消除。

(2)横轴误差

横轴误差是支撑横轴的支架有误差，造成横轴不垂直于竖轴，而产生的误差。

消减方法：由于盘左、盘右观测的影响相等，且方向相反，故水平角测量时，同样可采用盘左、盘右观测，取平均值作为最后结果的方法加以消除。

(3)竖轴误差

竖轴误差是由水准管轴不垂直于竖轴，以及观测时的水准管气泡未严格居中而导致竖轴不垂直，从而引起横轴倾斜及水平度盘不水平，给观测带来的误差。

消减方法：由于竖轴倾斜的方向与盘左、盘右观测无关，因此这种误差不能用盘左、盘右观测取平均值的方法来消除，只能通过严格检校仪器，观测时仔细整平，并始终保持照准部水准管气泡居中来削弱其误差影响。

(4)竖盘指标差

其是由竖盘指标不处于正确位置引起。因此观测竖直角时，应调整竖盘指标水准管，使气泡居中；带补偿器的仪器，测角时打开补偿器。

消减方法：采用盘左、盘右观测取其平均值作为竖直角最终结果的方法来消除竖盘指标差。

(5)度盘偏心差

该误差属仪器部件加工安装不完善引起的误差。在水平角测量和竖直角测量中，分别有水平度盘偏心差和竖直度盘偏心差两种。

水平度盘偏心差是由照准部旋转中心与水平度盘圆心不重合所引起的指标读数误差。竖直度盘偏心差是指竖直度盘圆心与仪器横轴(即望远镜旋转轴)的中心线不重合带来的误差。

消减方法：在水平角测量时，因为盘左、盘右观测同一目标时，指标线在水平度盘上的位置具有对称性(即对称分划读数)，所以水平度盘偏心差亦可取盘左、盘右读数平均值的方法予以减小。在竖直角测量时，竖直度盘偏心差的影响一般较小，可忽略不计。若在高精度测量工作中，确需考虑该项误差的影响时，应经检验测定竖盘偏心误差系数，对相应竖直角测量成果进行改正；或者采用对向观测的方法(即往返观测竖直角)来消除竖直度盘偏心差对测量成果的影响。

(6)度盘刻画不均匀误差

该误差亦属仪器部件加工不完善引起的误差。在目前精密仪器制造工艺中，这项误差一般均很小。

消减方法：在水平角精密测量时，可通过配置度盘的方法减小这项误差的影响。

2. 观测误差

(1)对中误差

测量角度时，经纬仪应安置在测站上。若仪器中心与测站点不在同一铅垂线上，造成的测角误差称为对中误差，又称测站偏心误差。

如图4.26所示，B为测站点，A、C为目标点，B'为仪器中心在地面上的投影位置，BB'的长度称为偏心距，以e表示。由图可知，观测角值β'、正确角值β有如下关系：

$$\beta=\beta'+(\varepsilon_1+\varepsilon_2) \tag{4.18}$$

因 ε_1、ε_2 很小，有

$$\varepsilon_1=\frac{e\sin\theta}{D_1}\rho'' \tag{4.19}$$

$$\varepsilon_2=\frac{e\sin(\beta'-\theta)}{D_2}\rho'' \tag{4.20}$$

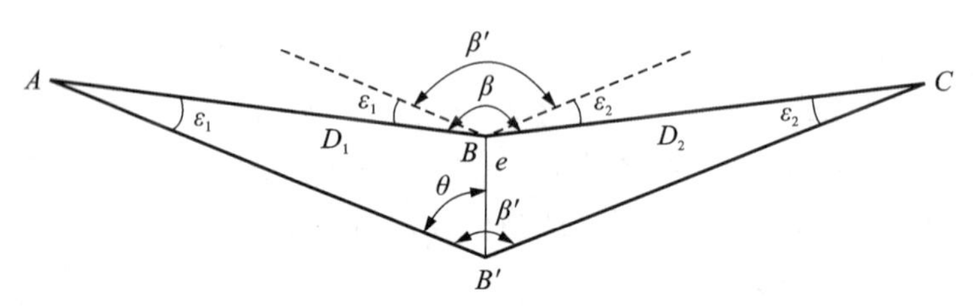

图 4.26　对中误差的影响

因此，仪器对中误差对水平角的影响为

$$\varepsilon=\varepsilon_1+\varepsilon_2=\left[\frac{\sin\theta}{D_1}+\frac{\sin(\beta'-\theta)}{D_2}\right]e\rho'' \tag{4.21}$$

当 $\beta'=180°$，$\theta=90°$时，ε 角值最大，即

$$\varepsilon=\rho''e\left(\frac{1}{D_1}+\frac{1}{D_2}\right) \tag{4.22}$$

设 $D_1=D_2=D$，则

$$\varepsilon=\rho''e\,\frac{2}{D} \tag{4.23}$$

由式(4.23)可知，对中误差的影响 ε 与偏心距 e 成正比，与边长 D 成反比。

消减方法：由于对中误差不能通过观测方法予以消除，因此在测量水平角时，对中应认真、仔细，对于短边、钝角更要注意严格对中。

(2)目标偏心误差

在测角时，通常都要在地面点上设置观测标志，如标杆、垂球等。若标志与地面点对得不准或者标志没有铅垂，则照准标志的上部时将产生目标偏心误差。如图 4.27 所示，A 为测站，B 为照准目标中心，A、B 的距离为 D。若标杆倾斜 α 角，瞄准标杆长度为 l 的 B'。由 B'偏离 B 所引起的目标偏心差为

$$e'=l\sin\alpha \tag{4.24}$$

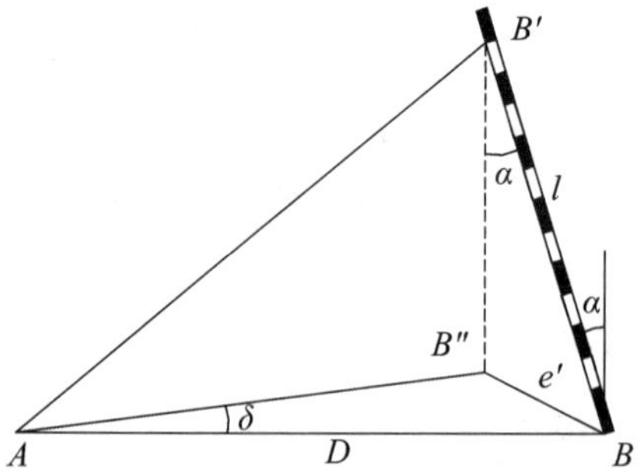

图 4.27　目标偏心误差的影响

目标偏心对观测方向的影响为

$$\delta=\frac{e'}{D}\rho''=\frac{l\sin\alpha}{D}\rho'' \tag{4.25}$$

由式(4.25)可以看出，目标偏心距越大、边长越短，目标偏心误差就越大。因此，在边

长较短时应特别注意目标是否偏心。

消减方法：为了减小目标偏心误差对水平角测量的影响，观测时应尽量使标志竖直，并尽可能地瞄准标志底部。测角精度要求较高时，可用垂球对点，以垂球线代替标杆；也可在目标点上安置带有基座的三脚架，用光学对中器严格对中后，将觇牌插入基座轴套作为照准标志。

(3)照准误差

测量角度时，人的眼睛通过望远镜瞄准目标产生的误差，称为照准误差。其影响因素很多，如望远镜的放大倍率、人眼的分辨率、十字丝的粗细、标志的形状和大小、目标影像的亮度和清晰度等。通常以人的眼睛的最小分辨视角(60″)和望远镜的放大倍数 V 来衡量仪器照准精度的大小，即

$$m_{\mathrm{V}} = \pm\frac{60''}{V} \tag{4.26}$$

对于 DJ_6 级经纬仪，一般 $V=26$，则 $m_{\mathrm{V}}=\pm 2.3''$。

消减方法：测量时，改进照准方式并仔细操作，以减小照准误差。

(4)读数误差

读数误差指读数时的估读误差。读数误差与读数设备、照明情况和观测者的经验均有关，但取决于仪器的读数设备。如对于采用分微尺读数系统的 DJ_6 级光学经纬仪，读数误差为最小分划值的1/10，即不超过6″。

消减方法：采用合适的仪器并提高观测者的操作技术水平。

3. 外界条件的影响

观测是在一定的外界条件下进行的，外界条件及其变化对观测质量有直接影响，如松软的土壤和大风影响仪器的稳定、日晒和温度变化影响水准管气泡的居中，大气层受地面热辐射的影响会引起目标影像的跳动等，这些都会给水平角和竖直角观测带来误差。

消减方法：选择目标成像清晰、稳定的有利时间观测，设法克服或避开不利条件的影响，以提高观测成果的质量。

4.6　电子经纬仪简介

随着电子技术和计算机技术的发展，经纬仪向自动化、数字化的方向发展，电子经纬仪的出现使测角工作向自动化迈出了新的一步，如图4.28所示。与光学经纬仪相比，其主要特点是：①用由微处理机控制的电子测角系统代替了光学读数系统，这也是它与光学经纬仪的根本区别；②实现了测量结果的自动显示、自动记录和数据的自动传输，人为误差少，可靠性高；③可与光电测距仪组合成积木式结构的全站型电子速测仪，配合电子手簿可实现角度、距离、坐标等多功能测量。

电子经纬仪同光学经纬仪一样，可用于水平角测量、竖直角测量和视距测量。其操作方法与光学经纬仪相同，分为对中、整平、照准和读数四步，读数时为显示器直接读数。

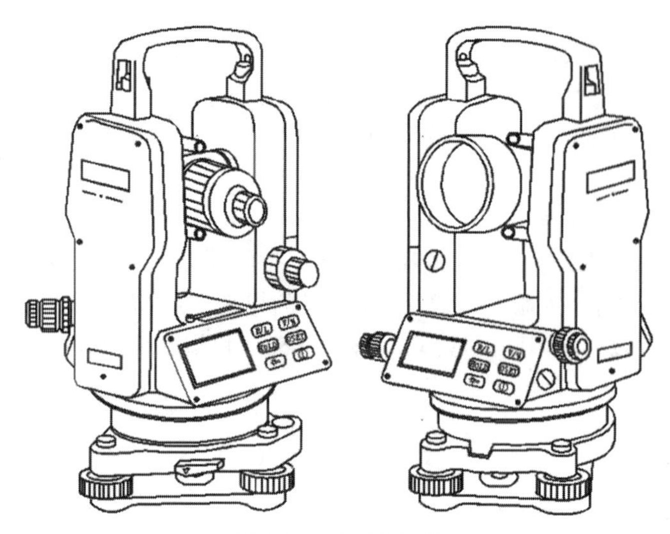

图 4.28　电子经纬仪

1. 键盘功能

目前电子经纬仪的种类较多，不同国家和厂家生产的电子经纬仪在仪器操作方面有一定的区别，但仪器的基本结构和工作原理相同，在使用时应按照使用说明进行操作。如图 4.29 所示为国产某型号电子经纬仪的操作面板，各操作键功能如下。

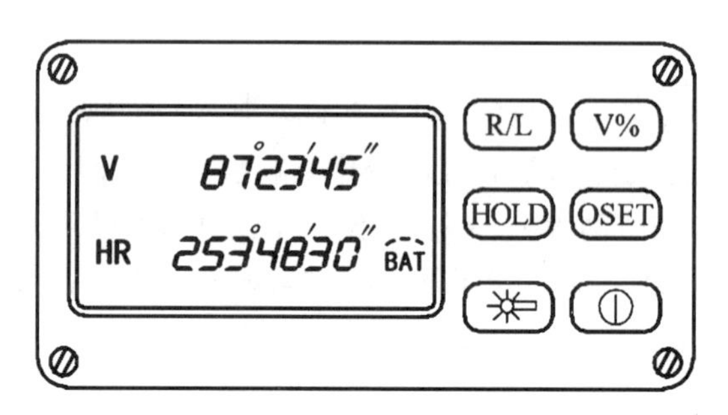

图 4.29　电子经纬仪操作面板

“R/L”键：水平角右旋增量或左旋增量选择。右旋等价于水平度盘为顺时针注记，左旋等价于水平度盘为逆时针注记。

“V%”键：水平角锁定。按动该键，当前的水平度盘读数被锁定，此时转动照准部时，水平度盘读数不变；再按一次该键，解除锁定。该键主要用于配置度盘。

“HOLD”键：竖直角显示模式选择。其可以使竖直角以角度值显示或以坡度值(斜率百分比)显示。

“OSET”键：水平角置零。按动该键，当前视线方向的水平度盘读数被置为零。

“ ”键：显示器和十字丝照明。

“ ”键：电源开关键，用于开机和关机。

2. 开关机

按电源开关键，电源打开，显示屏显示全部符号。旋转望远镜，完成仪器初始化，显示角度值，即可进行测量工作。按住电源开关不动，数秒钟后电源关闭。

3. 仪器设置

设置时，按相应功能键，仪器进入初始设置模式状态，然后逐一对其进行设置。设置完成后按确认键(一般为回车)予以确认，仪器返回测量模式，测量时仪器将按设置显示数据。设置项目如下：

①角度单位(360°、400 gon、6 400 mil，出厂一般设为360°)；
②视线水平时竖盘零读数(水平为0°或天顶为0°，出厂一般设天顶为0°)；
③自动关机时间、角度最小显示单位(1″或5″等，出厂设置为1″)；
④竖盘指标零点补偿(自动补偿或不补偿，出厂设置为自动补偿)；
⑤水平角读数经过0°、90°、180°、270°时蜂鸣或不蜂鸣(出厂设置为蜂鸣)；
⑥与不同类型测距仪的连接方式。

4. 角度测量

转动照准部，仪器就自动开始测角。精确照准目标后，显示窗将自动显示当前视线方向的水平度盘和竖直度盘读数。

本章小结

角度测量的基本仪器是经纬仪。光学经纬仪主要由基座、度盘和照准部三大部分组成。经纬仪的安置方法包括对中、整平、照准、读数四个步骤。

水平角观测常用的方法有测回法和方向观测法。测回法用于观测两个方向之间的单角。当测站上的方向观测数在3个或3个以上时采用方向观测法。

竖直角观测时，为使竖盘指标处于正确位置，每次读数都应将竖盘指标水准管的气泡调整居中或打开补偿器。计算竖直角时，应首先判定竖直角计算公式。盘左、盘右观测取平均值作为最后结果，可以消除竖盘指标差的影响。

经纬仪的主要轴线有望远镜的视准轴 CC_1、竖轴 VV_1、横轴 HH_1 和水准管轴 LL_1。经纬仪主要轴线应满足的关系是水准管轴垂直于仪器竖轴($LL_1 \perp VV_1$)、视准轴应垂直于横轴($CC_1 \perp HH_1$)、横轴应垂直于仪器竖轴($HH_1 \perp VV_1$)。在使用前必须对仪器进行检验和校正。

影响测角误差的因素有仪器误差、观测误差、外界条件的影响三类。

习　题

1. 何谓水平角？何谓竖直角？观测水平角和竖直角有哪些相同点和不同点？
2. 观测水平角时，对中和整平的目的是什么？试述经纬仪对中和整平的方法。
3. 试分述用测回法和方向观测法测量水平角的操作步骤。

4. 用经纬仪测量水平角时为什么要用盘左和盘右两个位置观测？它能消除哪些误差？
5. 水平角测量的误差主要有哪些？在测量中应该注意什么？
6. 整理表 4.5 中测回法观测水平角的记录。

表 4.5　习题水平角观测手簿(测回法)

测站	竖盘位置	测点	水平度盘读数/(° ′ ″)	半测回角值/(° ′ ″)	一测回角值/(° ′ ″)	各测回平均角值/(° ′ ″)
O	左	A	00 00 00			
		B	67 54 36			
	右	A	180 00 40			
		B	247 55 10			
	左	A	90 00 30			
		B	157 55 06			
	右	A	270 00 36			
		B	337 55 16			

7. 整理表 4.6 中方向观测法观测水平角的记录。

表 4.6 习题水平角观测手簿(方向观测法)

测站	测回数	目标	读数		$2c$/(″)	平均读数/(° ′ ″)	归零后的方向值/(° ′ ″)	各测回归零后方向值的平均值/(° ′ ″)
			盘左/(° ′ ″)	盘右/(° ′ ″)				
0	1	A	0 02 12	180 02 00				
		B	37 44 15	217 44 05				
		C	110 29 04	290 28 52				
		D	150 14 51	330 14 43				
		A	0 02 18	180 02 08				
	2	A	90 03 30	270 03 22				
		B	127 45 34	307 45 28				
		C	200 30 24	20 30 18				
		D	240 15 57	60 15 49				
		A	90 03 25	270 03 18				

8. 整理表4.7中竖直角观测的记录。

表4.7　习题竖直角观测手簿

测站	目标	竖盘位置	竖盘读数 /(° ′ ″)	半测回竖直角 /(° ′ ″)	指标差 /(″)	一测回竖直角 /(° ′ ″)	备注
A	B	左	78 18 24				盘左位置
		右	281 42 00				
	C	左	91 32 42				
		右	268 27 30				

第 5 章　直线定向与距离测量

学习目标

1. 了解电磁波测距原理，理解直线定线的方法、方位角和象限角的关系。
2. 熟悉直线定向和方位角的概念。
3. 掌握坐标方位角的计算。

5.1　直线定向

在测量工作中常常需要确定两点平面位置的相对关系，此时仅仅测得两点间的距离是不够的，还需要知道这条直线的方向，才能确定两点间的相对位置。在测量工作中，一条直线的方向是根据某一标准方向来确定的，确定直线与标准方向之间的夹角关系的工作称为直线定向。

5.1.1　标准方向

1. 真子午线方向

通过地球表面某点的真子午线的切线方向，称为该点的真子午线方向，其指向地球南、北极。真子午线方向是用天文测量方法或陀螺经纬仪测定的。

2. 磁子午线方向

磁针在地球磁场的作用下，自由静止时其轴线所指的方向(磁南北方向)，称为磁子午线方向，其指向地磁轴。磁子午线方向可用罗盘仪测定。

由于地磁两极与地球两极不重合，磁子午线与真子午线之间形成一个夹角 δ，称为磁偏角。磁子午线北端偏于真子午线以东为东偏，δ 为正；以西为西偏，δ 为负。

3. 坐标纵轴方向

测量中常以通过测区坐标原点的坐标纵轴作为标准方向，测区内通过任一点与坐标纵轴平行的方向线，称为该点的坐标纵轴方向。

真子午线与坐标纵轴间的夹角 γ 称为子午线收敛角。坐标纵轴北端在真子午线以东为东偏，γ 为正；以西为西偏，γ 为负。

如图 5.1 所示为三种标准方向间关系的一种情况，其中 δ_m 为磁针对坐标纵轴的偏角。

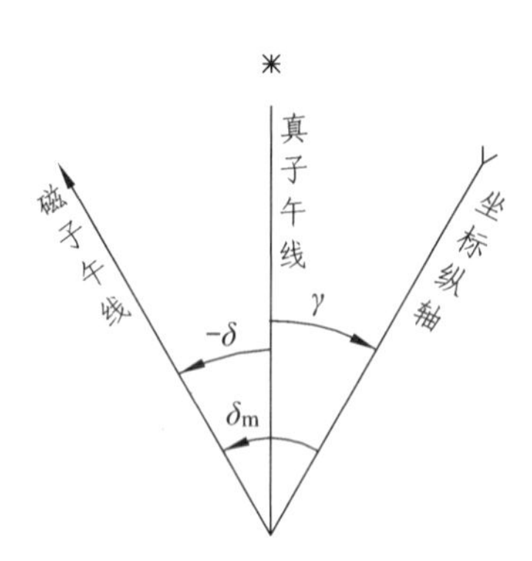

图 5.1　三种标准方向间的关系

由于我国位于北半球，测量中所用的标准方向又称为真北方向、磁北方向和坐标纵轴北方向。

5.1.2　直线方向的表示方法

测量工作中，通常用方位角表示直线方向。由标准方向的北端起，按顺时针方向量到某直线的水平角，称为该直线的方位角，角值范围为 0°～360°。由于采用的标准方向不同，直线的方位角有如下三种。

1. 真方位角

从真子午线方向的北端起，按顺时针方向量至某直线间的水平角，称为该直线的真方位角，用 A 表示。

2. 磁方位角

从磁子午线方向的北端起，按顺时针方向量至某直线间的水平角，称为该直线的磁方位角，用 A_m 表示。

3. 坐标方位角

从平行于坐标纵轴方向线的北端起，按顺时针方向量至某直线的水平角，称为该直线的坐标方位角，以 α 表示，通常简称为方位角。

5.1.3 象限角

如图 5.2 所示，由坐标纵轴的北端或南端起，顺时针或逆时针至某直线间所夹的锐角，并注出象限名称，称为该直线的象限角，以 R 表示，角值范围为 0°~90°。直线 $O1$、$O2$、$O3$、$O4$ 的象限分别为北东 R_{O1}、南东 R_{O2}、南西 R_{O3} 和北西 R_{O4}。坐标方位角与象限角的换算关系见表 5.1。

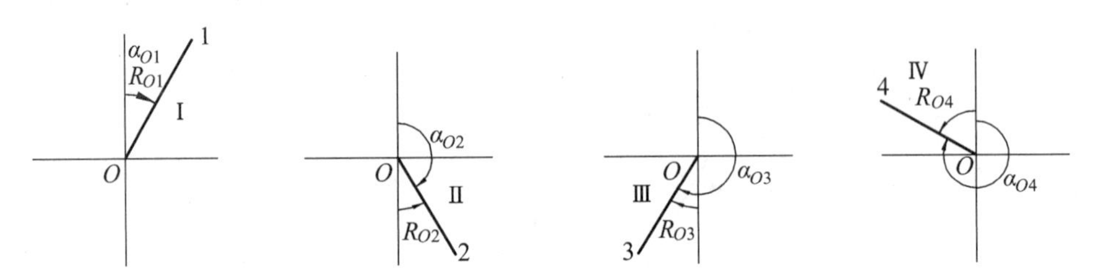

图 5.2 坐标方位角与象限角的换算关系

表 5.1 坐标方位角与象限角的换算关系

直线方向	由坐标方位角推算象限角	由象限角推算坐标方位角
北东，第Ⅰ象限	$R=\alpha$	$\alpha=R$
南东，第Ⅱ象限	$R=180°-\alpha$	$\alpha=180°-R$
南西，第Ⅲ象限	$R=\alpha-180°$	$\alpha=180°+R$
北西，第Ⅳ象限	$R=360°-\alpha$	$\alpha=360°-R$

5.1.4 坐标方位角计算

普通测量中，应用最为广泛的是坐标方位角。在后面的讨论中，除非特别声明，所提及的方位角均指坐标方位角。

1. 由已知点的坐标反算方位角

由图 5.3 所示的坐标增量可得：

$$R_{AB}=\arctan\frac{\Delta y_{AB}}{\Delta x_{AB}} \tag{5.1}$$

式中：$\Delta x_{AB}=x_B-x_A$，为边长 AB 的纵坐标增量；$\Delta y_{AB}=y_B-y_A$，为边长 AB 的横坐标增量；R_{AB} 为 AB 的象限角。

坐标增量的方向如图 5.3 所示，根据边长的坐标增量方向对应坐标轴方向的关系来判别坐标增量的正负，当坐标增量方向与对应坐标轴方向相同时，坐标增量为正，相反为负。

图 5.4 以坐标增量为纵、横轴绘制了象限角位于Ⅰ、Ⅱ、Ⅲ、Ⅳ象限时坐标方位角和象限角的关系(如表 5.1)。由图可总结出坐标方位角和象限角的关系，如表 5.2。

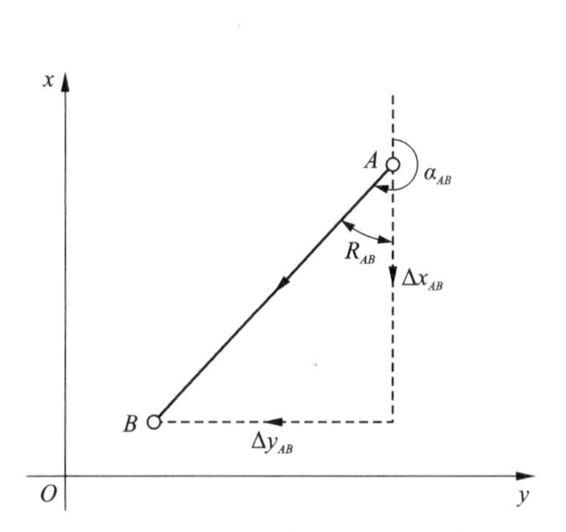

图 5.3　由已知坐标推算坐标方位角

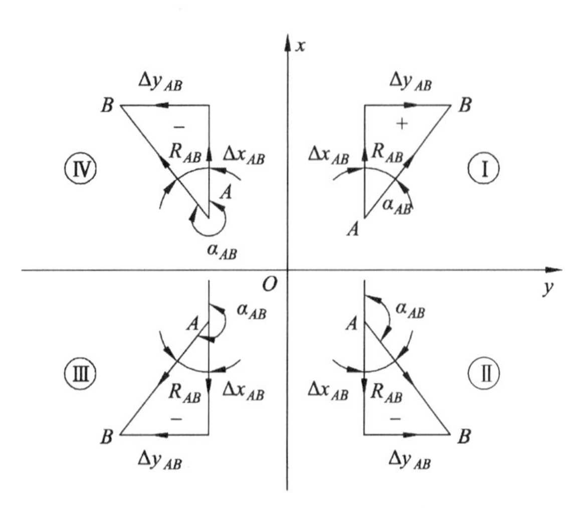

图 5.4　象限角和坐标方位角的关系

表 5.2　坐标增量正负号

象　限	坐标方位角/(°)	$\cos\alpha_{AB}$	$\sin\alpha_{AB}$	Δx_{AB}	Δy_{AB}
Ⅰ	0~90	+	+	+	+
Ⅱ	90~180	−	+	−	+
Ⅲ	180~270	−	−	+	+
Ⅳ	270~360	+	−	+	−

2. 正反方位角

测量工作中的直线都具有一定的方向，如图 5.5 所示，以 A 点为起点，B 点为终点的直线 AB 的坐标方位角 α_{AB}，称为直线 AB 的正坐标方位角；而直线 BA 的坐标方位角 α_{BA}，称为直线 AB 的反坐标方位角。同理，α_{BA} 为直线 BA 的正坐标方位角，α_{AB} 为直线 BA 的反坐标方位角。由图 5.5 可以看出，正、反坐标方位角间的关系为

$$\alpha_{BA}=\alpha_{AB}\pm180° \tag{5.2}$$

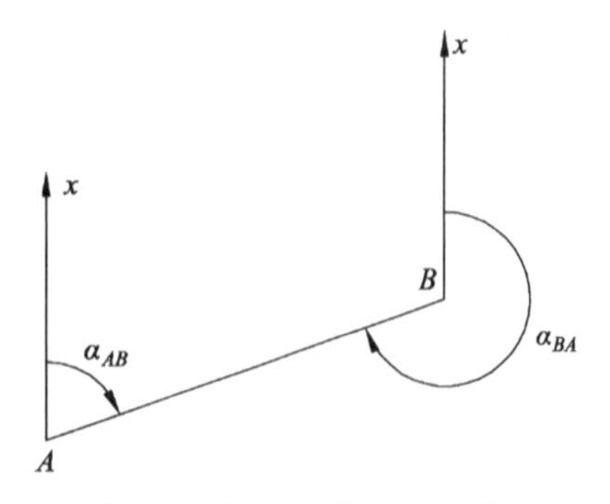

图 5.5　正、反坐标方位角关系

3. 坐标方位角的推算

在实际工作中并不需要测定每条直线的坐标方位角，而是通过与已知坐标方位角的直线联测后，推算出各直线的坐标方位角。如图 5.6 所示，已知直线 12 的坐标方位角 α_{12}，观测了水平角 β_2 和 β_3，要求推算直线 23 和直线 34 的坐标方位角。

推算路线的方向为直线 12 至 23 至 34，这样所观测的水平角 β_2 位于推算路线的右侧，称为右角；β_3 位于推算路线的左侧，称为左角。由图 5.6 可以看出：

$$\alpha_{23}=\alpha_{12}+180°-\beta_2 \tag{5.3}$$

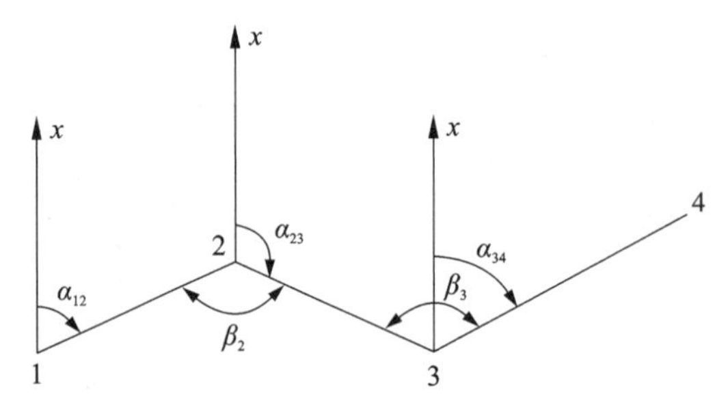

图 5.6　方位角推算图

$$\alpha_{34}=\alpha_{23}+180°+\beta_3 \tag{5.4}$$

故可得到方位角推算的一般式：

$$\alpha_{前}=\alpha_{后}+\sum_{\beta_{右}}^{\beta_{左}}\pm n\cdot 180° \tag{5.5}$$

式中：n 为转折角的个数。用 $\beta_{左}$ 推算时是加 $\beta_{左}$，用 $\beta_{右}$ 推算时是加 $\beta_{右}$，简称“左加右减”。

等号右边最后一项“180°”前正负号的取号规律是，当等号右边前两项的计算结果小于180°时取正号，大于 180°时取负号，简称等号右边前两项的计算结果小于 180°时加 180°，大于 180°时减 180°。若计算的前进边坐标方位角为 0°~360°，则就是正确的坐标方位角；若按此顺序计算的坐标方位角大于 360°，再减 360°；若小于 0°，再加 360°，这样就可以确保求得的坐标方位角一定满足方位角的取值范围(0°~360°)。

5.2　钢尺量距

5.2.1　量距工具

1. 钢尺

钢尺量距的工具是钢尺，又称钢卷尺。尺的宽度为 10~15 mm，厚度为 0.3~0.4 mm，长度有 20 m、30 m、50 m、100 m 等几种。钢尺最小刻画到毫米，有的钢尺仅在 0~1 dm 刻画到毫米，其他部分刻画到厘米。在分米和米的刻画处，注有数字注记。钢尺卷在圆形金属盒中或金属尺架内，便于携带使用，如图 5.7 所示。

图 5.7　钢卷尺

钢卷尺由于零点位置不同，有刻线尺和端点尺之分，如图 5.8 所示。刻线尺是在尺上刻出零点的位置；端点尺是以尺的端部、金属环的最外端为零点，从建筑物的边缘开始丈量时，用端点尺会很方便。

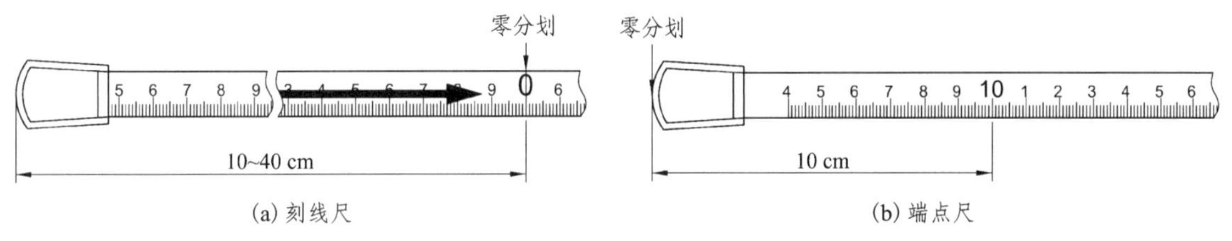

图 5.8　刻线尺和端点尺

2. 钢尺量距的辅助工具

钢尺量距的辅助工具有测钎、标杆、垂球等，如图 5.9 所示。测钎也称测针，用直径 5 mm 左右的粗钢丝制成，长 30~40 cm，上端弯成环形，下端磨尖，一般以 11 根为一组，穿在铁环中，用来标定尺的端点位置和计算整尺段数。标杆又称花杆，直径 3~4 cm，长 2~3 m，杆身涂以 20 cm 间隔的红、白漆，下端装有锥形铁尖，主要用于标定直线方向。垂球是在不平坦地面上丈量时将钢尺的端点垂直投影到地面。当进行精密量距时，还需配备弹簧秤和温度计，弹簧秤用于对钢尺施加规定的拉力，温度计用于测定钢尺量距时的温度，以便对钢尺丈量的距离施加温度改正，如图 5.10 所示。

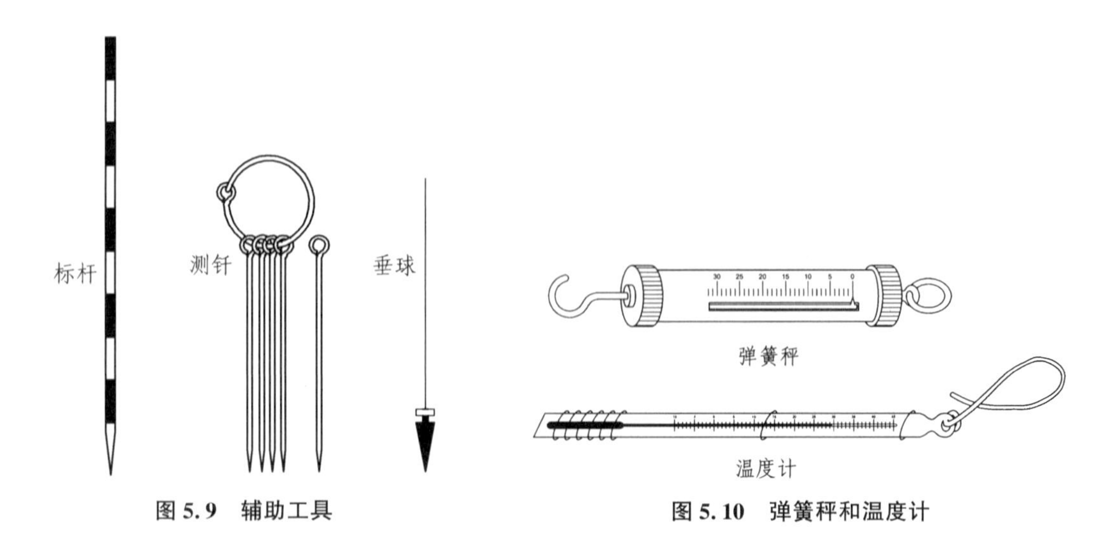

图 5.9　辅助工具　　**图 5.10　弹簧秤和温度计**

5.2.2　直线定线

当地面两点之间的距离大于钢尺的一个整尺段或地势起伏较大时，为方便量距工作，需要分成若干个尺段进行丈量，这就需要在直线的方向上插上一些标杆或测钎，在同一直线上定出若干点，这项工作被称为直线定线。其方法有以下两种。

1. 两点间目测定线

目测定线是适用于钢尺量距的一般方法。如图 5.11 所示，设 A 和 B 为地面上相互通视、待测距离的两点，现要在直线 AB 上定出 1、2 等分段点。先在 A、B 两点上竖立标杆，甲站在 A 杆后约 1 m 处，指挥乙左右移动标杆，直到甲在 A 点沿标杆的同一侧看见 A、1、B 三点处的花杆在同一直线上。用同样方法可定出点 2。直线定线一般由远到近，即先定出点 1，再定点 2。

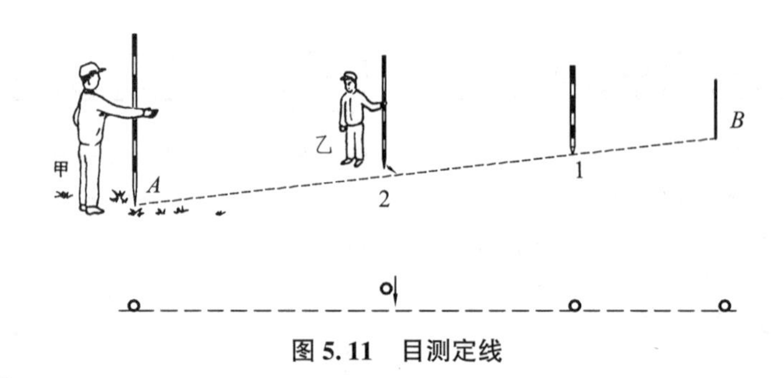

图 5.11　目测定线

2. 经纬仪定线

当直线定线精度要求较高时，可用经纬仪定线。如图 5.12 所示，欲在直线 AB 上精确定出点 1、2、3 的位置，可将经纬仪安置于 A 点，用望远镜照准 B 点，固定照准部制动螺旋，然后将望远镜向下俯视，将十字丝交点投测到木桩上，并钉上小钉以确定出 1 点的位置。用同样方法标定出点 2、3 的位置。

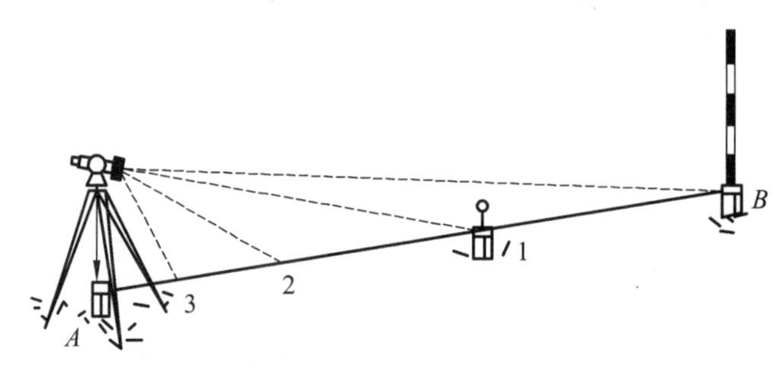

图 5.12　经纬仪定线

5.2.3　一般量距方法

1. 平坦地面的距离丈量

丈量工作一般由两人以上进行。如图 5.13 所示，沿地面直接丈量水平距离时，可先在地面上定出直线方向，丈量时后尺手持钢尺零点一端，前尺手持钢尺末端和一组测钎沿 A、B 方向前进，行至一尺段处停下，后尺手指挥前尺手将钢尺拉在 AB 直线上，后尺手将钢尺的零点对准 A 点，当两人同时把钢尺拉紧后，前尺手在钢尺末端的整尺段长分划处竖直插下一根测钎得到点 1，即量完一个尺段。前、后尺手抬尺前进，当后尺手到达插测钎处时停住，再重复上述操作，量完第二个尺段。后尺手拔起地上的测钎，依次前进，直到量完 AB 直线上的最后一段为止。

丈量时应注意沿着直线方向进行，钢尺必须拉紧伸直且无卷曲。直线丈量时尽量以整尺段丈量，最后丈量余长，以方便计算。丈量时应记清楚整尺段数或用测钎数表示整尺段数，

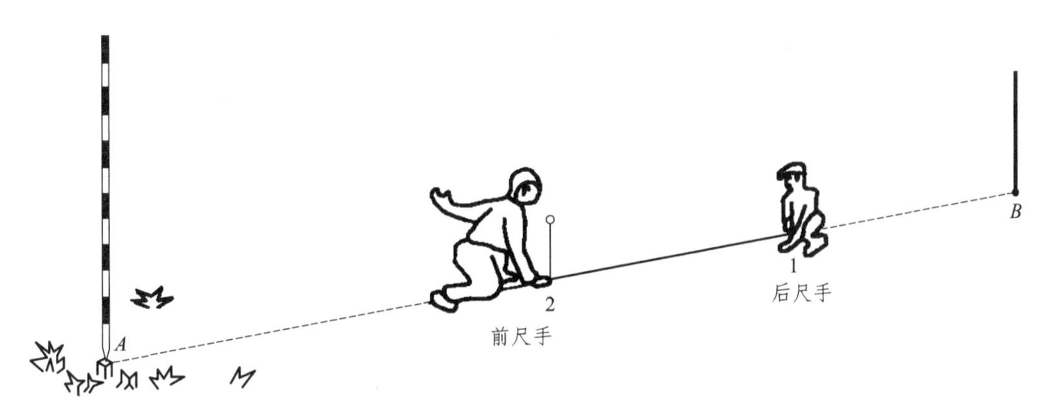

图 5.13　平坦地面的距离丈量

然后逐段丈量，则直线的水平距离 D 按下式计算：

$$D=nl+q \tag{5.6}$$

式中：l 为钢尺的一整尺段长，m；n 为整尺段数；q 为不足一整尺的零尺段的长，m。

为了防止丈量中发生错误，提高量距精度，需要进行往返丈量。若符合测量限差的要求，取往返平均数作为丈量的最后结果。将往返丈量的距离之差与平均距离之比化成分子为 1 的分数，称为相对误差 K，可用它来衡量丈量结果的精度，即

$$K=\frac{|D_{往}-D_{返}|}{D_{平均}}=\frac{1}{\dfrac{D_{平均}}{|D_{往}-D_{返}|}} \tag{5.7}$$

相对误差分母越大，则 K 值越小，精度越高；反之，精度越低。量距精度取决于工程的具体要求和地面起伏的情况，在平坦地区，钢尺量距的相对误差一般不应大于 1/2 000；在量距较困难的地区，相对误差也不应大于 1/1 000。

2. 倾斜地面的距离丈量

(1) 平量法

如图 5.14 所示，若地面高低起伏不平，可将钢尺拉平丈量。丈量由 A 向 B 进行，后尺手将尺的零端对准 A 点，前尺手将尺抬高，并且目估使尺子水平，用垂球尖将尺段的末端投于 AB 方向线的地面上，再插以测钎；依次进行，丈量 AB 的水平距离。若地面倾斜度较大，将钢尺整尺拉平有困难，可将一尺段分成几段进行平量。

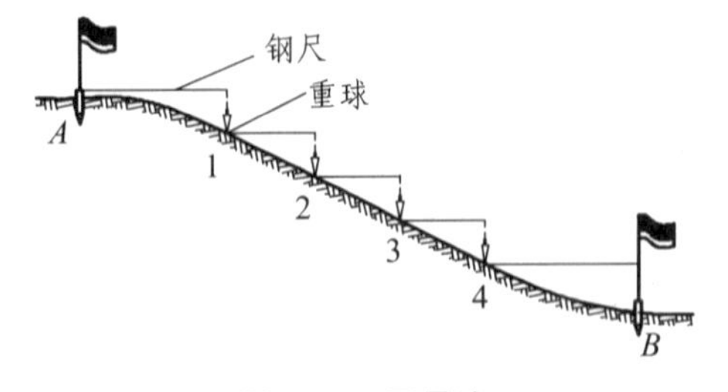

图 5.14　平量法

(2)斜量法

当倾斜地面的坡度比较平缓时，如图 5. 15 所示，可沿斜面直接丈量出 AB 的倾斜距离 D'，测出地面倾斜角 α 或 A、B 两点间的高差 h，按下式计算 AB 的水平距离 D：

$$D = D\cos\alpha \tag{5.8}$$

或

$$D = \sqrt{D'^2 - h^2} \tag{5.9}$$

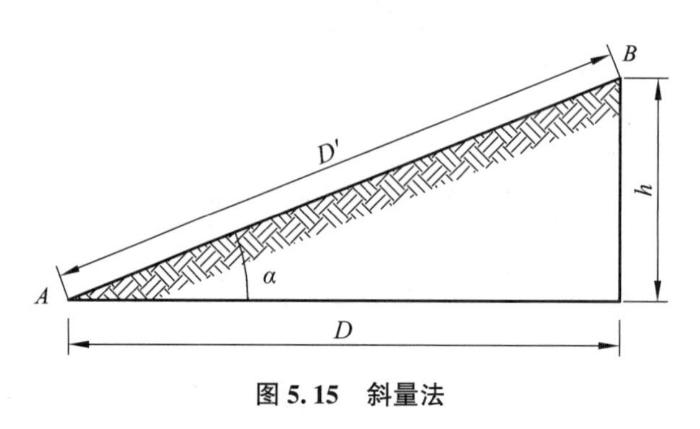

图 5.15　斜量法

5.3　视距测量

视距测量是用望远镜内十字丝分划板上的视距丝及刻有厘米分划的视距标尺，根据光学和三角学原理测定两点间的水平距离和高差的一种方法。其特点是操作简便、速度快、不受地形的限制，但测距精度较低，一般相对误差为 1/300～1/200，高差测量的精度也低于水准测量和三角高程测量，它主要用于地形测量的碎部测量。

视距测量原理：在经纬仪、水准仪等仪器的望远镜十字丝分划板上，有两条平行于中丝且与中丝等距的短丝，称为视距丝(图 5. 16)，分为上、下丝，利用视距丝、视距尺和竖盘可以进行视距测量。

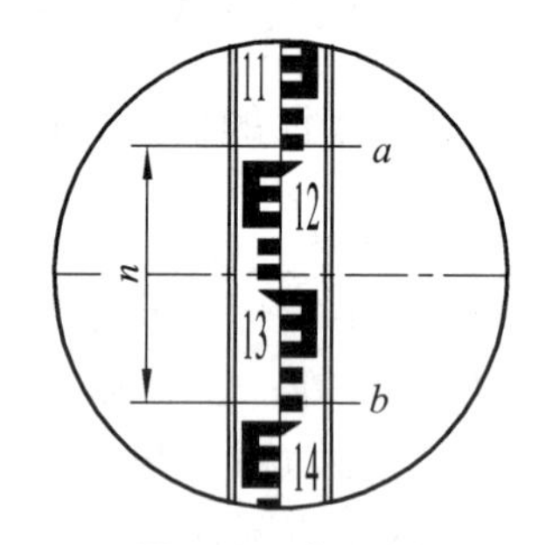

图 5.16　视距丝

1. 视线水平时的视距测量

如图 5. 17 所示，要测出地面上 A、B 两点间的水平距离及高差，先在 A 点安置仪器，在 B_i 点立视距尺。将望远镜视线调至水平位置并瞄准尺子，这时视线与视距尺垂直。下丝在标尺上的读数为 a，上丝在标尺上的读数为 b(设为倒像望远镜)。上、下丝的读数之差称为尺间隔 n，则 $n=a-b$。

由于十字丝分划板上的上丝与下丝之间的间距为一定值，因此，从视距丝的上、下丝引出去的视线在竖直面内的夹角 φ 也是一个固定的角值，称为视场角。由图 5. 17 可知，立尺点离开测站点的水平距离 D 和尺间隔 n 成正比例变化，且二者之间存在线性关系，即

$$D = Kn + C \tag{5.10}$$

式中：K 和 C 分别称为“视距乘常数”和“视距加常数”，在仪器制造时，设置 $K=100$，$C=0$。

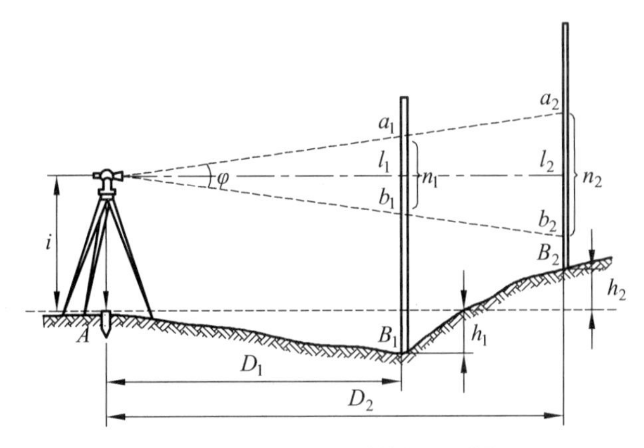

图 5.17　视线水平时的视距测量

因此，视线水平时，计算水平距离的公式为

$$D=Kn=100n=100(a-b) \tag{5.11}$$

从图 5.17 中还可看出，量取仪器高 i 之后，便可根据视线水平时的中丝读数(或称中丝读数)l，计算两点间的高差，即

$$h=i-l \tag{5.12}$$

式(5.12)即为视线水平时高差计算公式。

如果 A 点高程 H_A 已知，则可求得 B 点的高程 H_B，为

$$H_B=H_A+i-l \tag{5.13}$$

2. 视线倾斜时的视距测量

当地面 A、B 两点的高差较大时，必须使视线倾斜一个竖直角 α，才能在标尺上进行视距读数，这时视线不垂直于视距尺，不能用前述公式计算距离和高差。

如图 5.18 所示，设想将标尺以中丝读数 l 这一点为中心，转动一个 α 角，使标尺仍与视准轴垂直，此时上、下视距丝的读数分别为 b' 和 a'，视距间隔 $n'=a'-b'$，则倾斜距离为

$$D'=Kn'=K(a'-b') \tag{5.14}$$

化为水平距离，为

$$D=D'\cos\alpha=Kn'\cos\alpha \tag{5.15}$$

由于通过视距丝的两条光线的夹角 φ 很小，故 $\angle aa'l$ 和 $\angle bb'l$ 可近似地看成直角，则有

$$n'=n\cos\alpha \tag{5.16}$$

将式(5.16)代入式(5.15)，得到视准轴倾斜时水平距离的计算公式为

$$D=Kn\cos^2\alpha \tag{5.17}$$

同理，由图 5.18 可知，A、B 两点之间的高差为

$$h=h'+i-l=D\tan\alpha+i-l=\frac{1}{2}Kn\sin2\alpha+i-l \tag{5.18}$$

式中：α 为垂直角；i 为仪器高；l 为中丝读数。

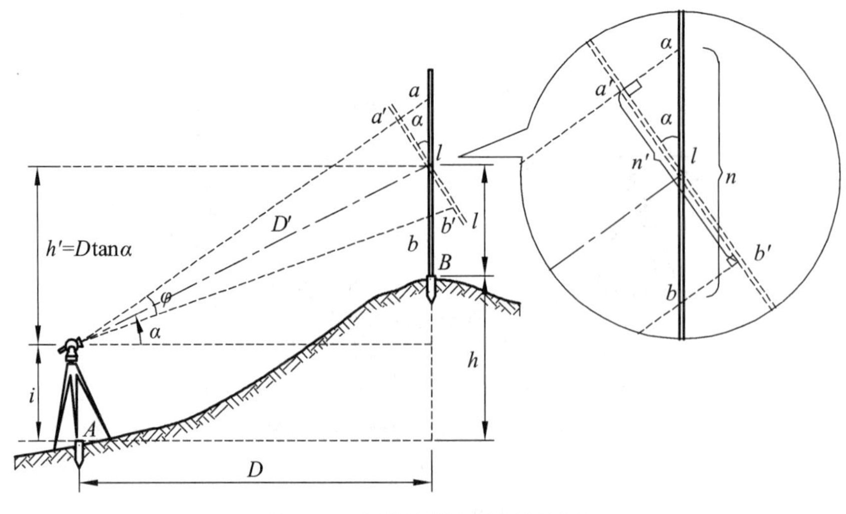

图 5.18 视线倾斜时的视距测量

5.4 电磁波测距

电磁波测距

5.4.1 测距原理

测距仪品种和型号繁多，但测距原理基本相同。按测量方式划分，测距仪可分为脉冲式和相位式两种。

1. 脉冲式光电测距仪测距原理

如图 5.19 所示，脉冲式光电测距仪是通过直接测定光脉冲在待测距离两点间往返传播的时间 t，来测定测站至目标的距离 D。用测距仪测定两点间的距离 D，在 A 点安置测距仪，在 B 点安置反射棱镜。由测距仪发射的光脉冲经过距离 D 到达反射棱镜，再反射回仪器接收系统，所需时间为 t，则距离 D 可按下式求得：

$$D=\frac{1}{2}Ct \tag{5.19}$$

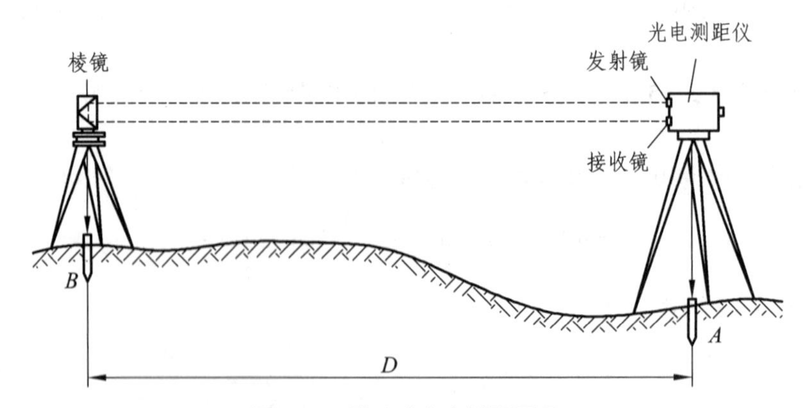

图 5.19 脉冲式光电测距原理

式中：C 为光波在大气中的传播速度。根据物理学的基本公式，有

$$C=\frac{C_0}{n} \tag{5.20}$$

式中：C_0 为光波在真空中的传播速度，为一常数，$C_0=(299\,792\,458\pm1.2)$ m/s；n 为大气的折射率，是温度、湿度、气压和工作波长的函数，即 $n=f(t_1, e_1, p_1, \lambda)$。

因此，有

$$D=\frac{C_0}{2n}t \tag{5.21}$$

由式(5.21)可看出，在能精确测定大气折射率 n 的条件下，光电测距仪的精度取决于测定光波的往返传播时间的精确度。由于精确测定光波的往返传播时间较困难，因此脉冲式测距仪的精度难以提高，目前市场上计时脉冲测距仪多为厘米级精度，要提高精度，必须采用相位式光电测距仪测距。

2. 相位式光电测距仪测距原理

相位式光电测距仪是通过测定光源发出的连续调制光，在待测点间往返传播产生相位差，间接计算出传播时间从而计算距离的。

红外测距仪以砷化镓发光二极管作为光源。若给砷化镓发光二极管注入一定的恒定电流，它发出的红外光光强恒定不变；若改变注入电流的大小，砷化镓发光二极管发射的光强也随之变化，注入电流大，光强就强，注入电流小，光强就弱。若在发光二极管上注入的是频率为 f 的交变电流，则其光强也按频率 f 发生变化，这种光称为调制光。如相位法测距发出的光就是连续的调制光。

调制光波在待测距离上往返传播，其光强变化 1 个整周期的相位差为 2π，将仪器从 A 点发出的光波在测距方向上展开，如图 5.20 所示，显然，返回 A 点时的相位比发射时延迟了 φ 角，其中包含 N 个整周($2\pi N$)和不足 1 个整周的尾数 $\Delta\varphi$，即

$$\varphi=2\pi N+\Delta\varphi \tag{5.22}$$

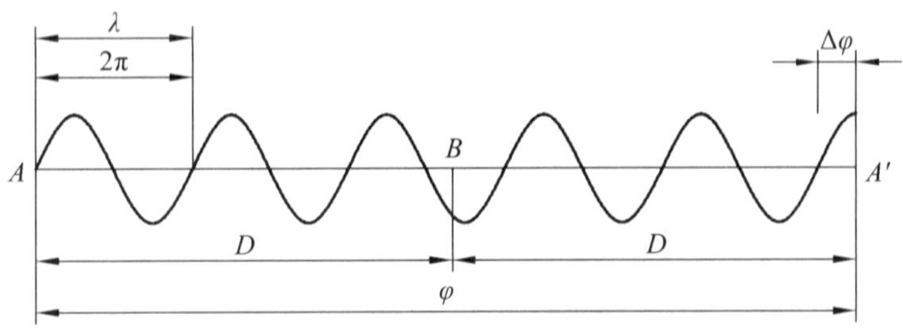

图 5.20　相位式光电测距原理

若调制光波的频率为 f，波长为 $\lambda=\dfrac{C}{f}$，则有

$$\varphi=2\pi ft=\frac{2\pi Ct}{\lambda} \tag{5.23}$$

将式(5.22)代入式(5.23)，可得

$$t=\frac{\lambda}{C}\left(N+\frac{\Delta\varphi}{2\pi}\right) \tag{5.24}$$

将式(5.24)代入式(5.19)，得

$$D=\frac{\lambda}{2}\left(N+\frac{\Delta\varphi}{2\pi}\right) \tag{5.25}$$

与钢尺量距公式相比，若把 $\lambda/2$ 视为整尺长，则 N 为整尺段数，$(\lambda/2)\times(\Delta\varphi/2\pi)$ 为不足 1 个整尺的余数，所以通常就把 $\lambda/2$ 称为“光尺”长度。

由于测距仪的测相装置只能测定不足 1 个整周期的相位差 $\Delta\varphi$，不能测出整周数 N 的值，因此只有当光尺长度大于待测距离时，此时 $N=0$，方可确定距离，否则就存在多值解的问题。换句话说，测程与光尺长度有关。要想使仪器具有较大的测程，就应选用较长的光尺。例如用 10 m 的光尺只能测定小于 10 m 的数据，若用 1 000 m 的光尺，则能测定小于 1 000 m 的距离。但是，由于仪器存在测距误差，其误差值与光尺长度成正比，约为 1/1 000 的光尺长度，因此光尺长度越长，测距误差就越大。10 m 的光尺测距误差为±10 mm，而 1 000 m 的光尺测距误差达到±1 m。为解决测程产生的误差问题，目前多采用两把光尺配合使用：一把的调制频率为 15 MHz，光尺长度为 10 m，用来确定分米、厘米、毫米位数，以保证测距精度，称为“精尺”；另一把的调制频率为 150 kHz，光尺长度为 1 000 m，用来确定米、十米、百米位数，以满足测程要求，称为“粗尺”。把两尺所测数值组合起来，即可直接显示精确的测距数字。

5.4.2 使用测距仪的注意事项

①仪器在运输过程中必须注意防潮、防震和防高温；测距完毕立即关机；迁站时应先切断电源，切忌带电搬动；电池要经常进行充、放电保养。

②测距仪物镜不可对着太阳或其他强光源(如探照灯等)，以免损坏光敏二极管；在阳光下作业时必须撑伞。

③防止雨淋湿仪器，以免发生短路，烧毁电气元件。

④测站应远离变压器、高压线等，以防强电磁场的干扰。

⑤应避免测线两侧及镜站后方有反光物体(如房屋玻璃窗、汽车挡风玻璃等)，以免背景干扰产生较大测量误差。

⑥测线应高出地面和距离障碍物 1.3 m 以上。

⑦选择有利的观测时间，一天中，日出后 0.5~1.5 h，日落前 0.5~3 h 为最佳观测时间；阴天、有微风时，全天都可以观测。

5.5 距离测量的误差来源及消减措施

5.5.1 钢尺量距的误差来源及消减措施

影响钢尺量距精度的因素很多，下面简要分析产生误差的主要来源和注意事项。

1. 钢尺量距的误差来源

①尺长误差。钢尺的名义长度与实际长度不符，就产生尺长误差，用该钢尺所量距离越

长，则误差累积越大。因此，对新购的钢尺必须进行检定，以求得尺长改正值。

②温度误差。钢尺丈量的温度与钢尺检定时的温度不同时，将产生温度误差。尺温每变化 8.5 ℃，尺长将改变 1/10 000，按照钢的线膨胀系数计算，温度每变化 1 ℃，丈量距离为 30 m 时对距离的影响为 0.4 mm。在一般量距中，丈量温度与标准温度之差不超过±8.5 ℃时，可不考虑温度误差；但精密量距时，必须进行温度改正。

③拉力误差。钢尺在丈量时的拉力与检定时的拉力不同而产生的误差为拉力误差。拉力变化 68.6 N，尺长将改变 1/10 000。以 30 m 的钢尺为例，当拉力改变 30~50 N 时，引起的尺长误差将有 1~1.8 mm。如果能保持拉力的变化在 30 N 范围之内，这对于一般精度的丈量工作是足够的。而对于精确的距离丈量，应使用弹簧秤测定拉力，以保证钢尺的拉力是检定时的拉力，如 30 m 钢尺施力 100 N，50 m 钢尺施力 150 N。

④钢尺倾斜和垂曲误差。量距时钢尺两端不水平或中间下垂成曲线时，都会产生误差。因此丈量时必须注意保持尺子水平，整尺段悬空时，中间应有人托住钢尺；若检定时悬空，则不用托尺。精密量距时须用水准仪测定两端点高差，以便进行高差改正。

⑤定线误差。由于定线不准确，所量得的距离是一组折线而产生的误差称为定线误差。如丈量 30 m 的距离，若要求定线误差不大于 1/2 000，则钢尺尺端偏离方向线的距离就不应超过 0.47 m；若要求定线误差不大于 1/10 000，则钢尺的方向偏差不应超过 0.21 m。在一般量距中，用标杆目估定线能满足要求，但精密量距时需用经纬仪定线。

⑥丈量误差。丈量时插测钎或垂球落点不准，前、后尺手配合不好以及读数不准等产生的误差均属于丈量误差。这种误差对丈量结果的影响可正可负，大小不定。因此，在操作时应认真仔细、配合默契，以尽量减小误差。

2. 量距时的注意事项

①伸展钢卷尺时，要小心慢拉，钢尺不可卷扭、打结。若发现钢尺有卷扭、打结情况，应细心解开，不能用力抖动，否则容易折断钢尺。

②丈量前，应辨认清钢尺的零端和末端。丈量时，钢尺应逐渐用力拉平、拉直、拉紧，不能突然猛拉。丈量过程中，钢尺的拉力应始终保持为检定时的拉力。

③转移尺段时，前、后尺手应将钢尺提高，不应在地面上拖拉摩擦钢尺，以免磨损尺面分划。钢尺伸展开后，不能让车辆从钢尺上通过，否则极易损坏钢尺。

④测钎应对准钢尺的分划并插直，如插入土中有困难，可在地面上标志一明显记号，并把测钎尖端对准记号。

⑤单程丈量完毕后，前、后尺手应检查各自手中的测钎数目，避免加错或算错整尺段数。一测回丈量完毕，应立即检查限差是否合乎要求；不合乎要求时，应重测。

⑥丈量工作结束后，要用软布擦干净尺上的泥和水，然后涂上机油，以防生锈。

5.5.2　视距测量的误差来源及消减措施

1. 视距乘常数 K 的误差

仪器出厂时视距乘常数 $K=100$，但由于视距丝间隔有误差，视距尺有系统性刻画误差以及受仪器检定的各种因素影响，都会使 K 值不一定恰好等于 100。K 值的误差对视距测量的影响较大，不能用相应的观测方法予以消除，故在使用新仪器前，应检定 K 值。

2. 用视距丝读取尺间隔的误差

视距丝的读数是影响视距精度的重要因素，视距丝的读数误差与尺子最小分划的宽度、距离的远近、成像清晰情况有关。在视距测量中一般根据测量精度要求来限制最远视距。

3. 标尺倾斜误差

视距计算的公式是在视距尺严格垂直的条件下得到的。若视距尺发生倾斜，将给测量带来不可忽视的误差影响，因此，测量时立尺要尽量竖直。在山区作业时，由于地表有坡度而给人以一种错觉，使视距尺不易竖直，因此，应采用带有水准器装置的视距尺。

4. 外界条件的影响

①大气竖直折光的影响。大气密度分布是不均匀的，特别是在晴天，接近地面部分密度变化更大，使视线弯曲，给视距测量带来误差。测量时一般要求视线离开地面 1 m 以上。

②空气对流使视距尺的成像不稳定。在晴天时，由于空气对流，视线通过水面上空和视线离地表太近时成像不稳定现象较为突出，造成读数误差增大，对视距精度影响很大。

③风力使尺子抖动。风力较大时尺子立不稳而发生抖动，分别在两根视距丝上读数又不可能严格同时进行，所以对视距精度将产生影响。减少外界条件影响的唯一办法是，根据对视距精度的需要而选择合适的天气作业。

5.5.3　电磁波测距的误差来源及消减措施

电磁波测距误差的大小与仪器本身的质量、观测时的外界条件以及操作方法有着密切的关系。为了提高测距精度，必须正确地分析测距的误差来源、性质及大小，从而找到消除或削弱其影响的办法，使测距获得最优精度。

电磁波测距有些误差是与距离成比例的，我们称这些误差为“比例误差”；有些误差与距离长短无关，我们称其为“固定误差”。

1. 比例误差的影响

光速值 c_0、调制频率 f 和大气折射率 n 的相对误差使测距误差随距离 D 的增加而增大，它们属于比例误差。这类误差对短程测距影响不大，但对中远程精密测距影响十分显著。

(1) 光速值 c_0 的误差影响

1975 年国际大地测量学与地球物理学联合会同意采用的光速值为 $c_0=(299\ 792\ 458\pm1.2)$ m/s，其相对误差 $\frac{m_{c_0}}{c_0}=4\times10^{-9}$，这样的精度是极高的，所以光速值 c_0 对测距误差的影响甚微，可以忽略不计。

(2) 调制频率 f 的误差影响

调制频率的误差包括两个方面，即频率校正的误差(反映了频率的精确度)和频率漂移的误差(反映了频率的稳定度)。前者由于可用 $10^{-7}\sim10^{-8}$ 的高精度数字频率计进行频率的校正，因此这项误差是很小的。后者则是频率误差的主要来源，它与精测尺主控振荡器所用的石英晶体的质量、老化过程以及是否采用恒温措施密切相关。在主控振荡器的石英晶体不加恒温措施的情况下，其频率稳定度为$\pm1\times10^{-5}$。这个稳定度远不能满足精密测距的要求，为此，精密测距仪上的振荡器采用恒温装置或者气温补偿装置，并采取了稳压电源的供电方式，以确保频率的稳定，尽量减小频率误差。

频率误差的影响在精密、远程测距中是不容忽视的，作业前后应及时进行频率检校，必要时还得确定晶体的温度偏频曲线，以便进行频率改正。

(3)大气折射率 n 的误差影响

大气折射率 n 的误差是由确定测线上平均气象元素(气压 P、温度 t、湿度 e)的不正确引起的，这里包括测定误差和气象代表性误差(即测站与镜站上测定值之平均，经过前述的气象元素代表性改正后，依旧存在的代表性误差)。其中，温度误差对折射系数的影响最大。当 $dt=1$ ℃时，$dn_t=-0.95\times10^{-6}$，由此引起的测距误差约 100 万分之一。影响最小的是湿度误差。

2. 固定误差的影响

对中误差 m_l、仪器加常数误差 m_K 和测相误差 m_Φ 都属于固定误差。它们都具有一定的数值，与距离的长短无关，所以在精密的短程测距中，这类误差将处于突出的地位。

(1)对中误差 m_l

对于对中或归心误差的限制，在控制测量中，一般要求对中误差在 3 mm 以下，要求归心误差在 5 mm 左右。但在精密短程测距中，由于精度要求高，必须采用强制归心方法，最大限度地削弱此项误差的影响。

(2)仪器加常数误差 m_K

仪器加常数误差包括在已知线上检定时的测定误差和由于机内光电器件的老化变质和变位而产生加常数变更的影响。通常要求加常数测定误差 $m_K\leqslant0.5$ m，此处的 m 为仪器设计(标称)的偶然中误差。针对仪器加常数变更的影响，应经常对加常数进行及时检定，发现并改用新的加常数来避免这种影响。同时，要注意仪器的保养和安全运输，以减少仪器光电器件的变质和变位，从而减少仪器加常数可能出现的变更。

(3)测相误差 m_Φ

测相误差 m_Φ 是由多种误差综合而成。这些误差有测相设备本身的误差、内外光路光强相差悬殊而产生的幅相误差、发射光照准部位改变所致的照准误差以及仪器信噪比引起的误差。此外，由仪器内部的固定干扰信号引起的周期误差也会在测相结果中反映出来。

本章小结

本章主要介绍了直线定向和常用的距离测量方法。确定直线与标准方向线之间的夹角关系的工作称为直线定向。标准方向有真子午线方向、磁子午线方向、坐标纵轴方向。按采用的标准方向不同，直线的方位角分为真方位角、磁方位角和坐标方位角。

钢尺量距适用于平坦地区的短距离量距，其易受地形限制。视距测量是利用经纬仪或水准仪望远镜中的视距丝及视距标尺按几何光学原理测距，这种方法能克服地形障碍，适合低精度的近距离测量。电磁波测距仪测距精度高、测程远，广泛用于高精度的远距离测量和近距离的细部测量。

当用钢尺进行精密量距时，在丈量前必须对所用钢尺进行检定，以便在丈量结果中加入尺长改正。另外，还需配备弹簧秤和温度计，以便对钢尺丈量的距离施加温度改正。若为倾斜距离时，还需加倾斜改正。

电磁波测距仪与传统测距工具和方法相比，具有高精度、高效率、测程长、作业快、工作强度低、几乎不受地形限制等优点。

习　题

1. 量距时为什么要进行直线定线？如何进行直线定线？

2. 测量中的水平距离指的是什么？如何计算相对误差？

3. 哪些因素会使钢尺量距产生误差？应注意哪些事项？

4. 何谓真子午线、磁子午线、坐标纵轴？何谓真方位角、磁方位角、坐标方位角？正反方位角关系如何？试绘图说明。

5. 光电测距的基本原理是什么？进行光电测距成果计算时，要进行哪些改正？

6. 已知 A 点的磁偏角为西偏 21′，过 A 点的真子午线与中央子午线的收敛角为东偏 3′，直线 AB 的坐标方位角为 60°20′。求 AB 直线的真方位角与磁方位角，并绘图表示。

7. 如图 5.21 所示，已知 $\alpha_{BA}=240°17'02''$，$\beta_0=160°30'25''$，五边形各内角分别为 $\beta_1=121°27'02''$，$\beta_2=108°26'18''$，$\beta_3=84°10'18''$，$\beta_4=135°49'11''$，$\beta_5=90°07'11''$，试分别求出各边的坐标方位角。

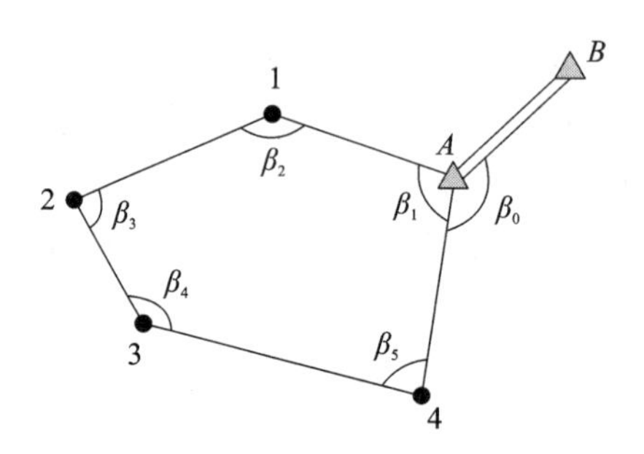

图 5.21　五边形

第 6 章　测量误差理论的基本知识

学习目标

1. 了解测量误差理论的基础知识。
2. 熟悉误差的分类和评定精度的指标。
3. 掌握偶然误差的统计特性、中误差计算、误差传播定律的应用、定权的方法。

6.1　测量误差的概念与分类

6.1.1　观测误差

对未知量进行测量的过程，称为观测，测量所得的结果(直接或间接)称为观测值。当对某未知量进行多次观测时，不论测量仪器多么精密、观测多么仔细，观测值之间往往存在一定的差异。这种差异实质上表现为观测值与其真实值(简称为真值)之间的差异，称为测量误差或观测误差。设观测值用 $L_i(i=1, 2, \cdots, n)$ 表示，其真值为 X，则测量误差 Δ_i 的数学表达式为

$$\Delta_i = L_i - X \tag{6.1}$$

式中：Δ_i 为观测误差，通常称为真误差，简称误差。

测量工作的实践表明，只要是观测值，必然含有误差。例如，同一个人用同一台经纬仪对同一角度观测若干个测回，各测回的观测值往往互不相等；同一组人员，用同样的测距仪器和工具对某段距离测量若干次，各次观测值也往往互不相等。又如，测量某一平面三角形的 3 个内角，其观测值之和往往不等于真值(理论值)180°；在闭合水准路线测量中，各测段高差的观测值之和一般不等于 0。这些现象都说明观测值中不可避免地存在着观测误差。

6.1.2　观测误差的来源

测量工作是观测者使用测量仪器和工具，按一定的测量方法，在一定的外界条件下进行的。根据前面相关章节的分析可知，观测误差主要来源于以下三个方面。

1. 观测者的误差

观测者的误差是由观测者技术水平和视觉鉴别能力的局限，致使观测值产生的误差。

2. 仪器误差

仪器误差是指由测量仪器构造上的缺陷和仪器本身精密度的限制，致使观测值含有的误差。

3. 外界条件的影响

外界条件的影响是指在观测过程中不断变化着的大气温度、湿度、风力、大气折光等因素给观测值带来误差。

通常，把观测者的视觉鉴别能力和技术水平、仪器的精密度、观测时的外界条件三个方面综合起来，称为观测条件。观测条件将影响观测成果的精度。

在测量工作中，人们总是希望测量误差越小越好，甚至趋近于零。但要真正做到这一点，就要使用极其精密的仪器，采用十分严密的观测方法，这样会付出很高的代价。因此，在实际生产中，应根据不同的测量目的和要求，设法将观测误差限制在与测量目的相适应的范围内。也就是说，在测量结果中允许存在一定程度的测量误差。

6.1.3 观测误差的分类

根据性质和表现形式的不同，观测误差可分为三类。

1. 系统误差

在一定的观测条件下对某未知量进行一系列观测，若观测误差的符号和大小保持不变或按一定的规律变化，这种误差称为系统误差。例如，水准仪的视准轴与水准管轴不平行对读数的影响、经纬仪的竖直度盘指标差对竖直角的影响、地球曲率和工具构造不完善或校正后的剩余误差所引起的误差，在观测成果中具有累积性。

在测量工作中，应尽量消除或减小系统误差对测量结果的影响。具体方法有两种：一是在观测方法和程序上采用必要的措施，限制或削弱系统误差的影响，如角度测量中采取盘左、盘右观测，水准测量中限制前后视距差等；二是找出产生系统误差的原因和规律，对观测值进行系统误差的改正，如对钢尺丈量的距离观测值进行尺长改正，进行温度改正和倾斜改正，对竖直角进行指标差改正，等等。

2. 偶然误差

在一定的观测条件下对某未知量进行一系列观测，如果观测误差的大小和符号均呈现偶然性，即从表面现象看，误差的大小和符号没有规律性，这样的误差称为偶然误差。

产生偶然误差的原因往往是不固定的和难以控制的，如观测者的估读误差、照准误差等。另外，不断变化着的温度、风力等外界环境的影响也会导致产生偶然误差。

3. 粗差

粗差也就是测量中的错误。粗差是由观测者操作错误或粗心大意所造成的，如读错、记错数据，瞄错目标等，观测成果中是不允许存在的。为了杜绝粗差，在测量过程中除了认真、仔细地进行操作外，还必须采取必要的检核方法来发现并剔除粗差，如水准测量中的测站检核和成果检核。

由此，误差可以表示为

$$\Delta=\Delta_r+\Delta_s+\Delta_g \tag{6.2}$$

式中：Δ_r、Δ_s、Δ_g 分别为偶然误差、系统误差和粗差。

国家颁布的各类测量规范规定：测量仪器在使用前应进行检验和校正；操作时应严格按照规范的要求进行；布设平面和高程控制网时，测量控制点的三维坐标时，要有一定的多余观测量。一般认为，当严格按照规范要求进行测量工作时，系统误差和粗差是可以消除的，即使不能完全消除，也可以将其影响削弱到很小，此时可以认为 $\Delta_s\approx0$、$\Delta_g\approx0$，故有 $\Delta\approx\Delta_r$。

在本书之后的内容中，凡提到误差，除做特殊说明外，通常认为它只包含有偶然误差，所以在测量误差理论中主要讨论的是偶然误差。真误差也属于偶然误差。

6.2　偶然误差的统计特性

从单个偶然误差来看，其出现的符号和大小没有一定的规律性，但对大量的偶然误差进行统计分析就能发现规律性，并且误差个数越多，规律性越明显。

例如，在相同观测条件下，观测了 358 个三角形的全部内角。由于观测值中含有偶然误差，故三角形的 3 个内角观测值之和不一定等于真值 180°。

由式(6.1)计算 358 个三角形内角观测值之和的真误差，将 358 个真误差按每 3″为一误差区间 dΔ，以误差值的大小及其正负号分别统计出各区间的正负误差个数 k 以及相对个数 k/n(此处 $n=358$)，k/n 称为误差出现的频率，统计结果列于表 6.1。

表 6.1　偶然误差的区间分布

误差区间 dΔ	负误差		正误差		合计	
	个数 k	频率 k/n	个数 k	频率 k/n	个数 k	频率 k/n
0″~3″	45	0.126	46	0.128	91	0.254
3″~6″	40	0.112	41	0.115	81	0.227
6″~9″	33	0.092	33	0.092	66	0.184
9″~12″	23	0.064	21	0.059	44	0.123
12″~15″	17	0.047	16	0.045	33	0.092
15″~18″	13	0.036	13	0.036	26	0.072
18″~21″	6	0.017	5	0.014	11	0.031
21″~24″	4	0.011	2	0.006	6	0.017
>24″	0	0	0	0	0	0
右侧各列的和	181	0.505	177	0.495	358	1.000

从表6.1中可以看出，该组误差的分布表现出如下规律：小误差比大误差出现的频率高，绝对值相等的正、负误差出现的个数和频率相近，最大误差不超过24″。

通过统计大量的实验结果，总结出偶然误差具有如下统计特性：

①在一定观测条件下的有限次观测中，偶然误差的绝对值不超过一定的限值；

②绝对值较小的误差出现的频率大，绝对值较大的误差出现的频率小；

③绝对值相等的正、负误差出现的频率大致相等；

④当观测次数无限增多时，偶然误差平均值的极限为0，即

$$\lim_{n\to\infty}\frac{\Delta_1+\Delta_2+\cdots+\Delta_n}{n}=\lim_{n\to\infty}\frac{[\Delta]}{n}=0 \tag{6.3}$$

式中：“[ ]”表示取括号中下标变量的代数和，即$\sum\Delta_i=[\Delta]$。

用图示的方法可以直观地表示偶然误差的分布情况。以表6.1中的数据为例，以误差大小为横坐标，以频率k/n与区间$\mathrm{d}\Delta$的比值为纵坐标，如图6.1所示。这种图称为频率直方图。

可以设想，当误差个数$n\to\infty$，同时又无限缩小误差区间$\mathrm{d}\Delta$，图6.1中各矩形的顶边折线成为一条光滑的曲线，如图6.2所示。该曲线称为误差分布曲线，属于正态分布曲线。

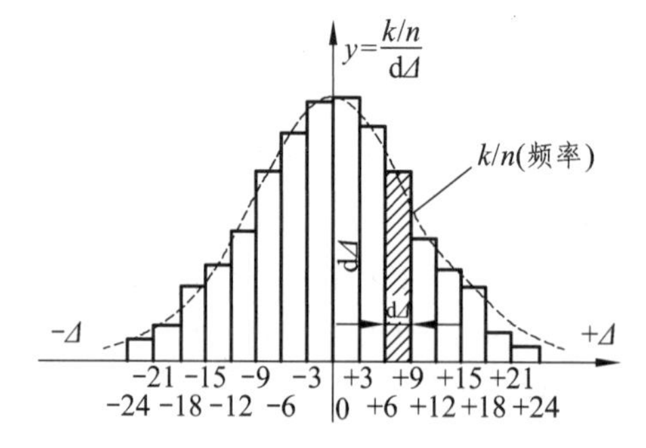

图6.1　频率直方图

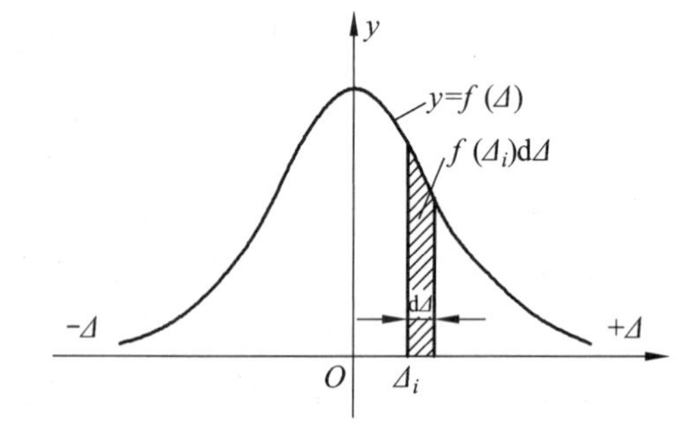

图6.2　正态分布曲线

其函数式为

$$y=f(\Delta)=\frac{1}{\sqrt{2\pi}\,\sigma}\mathrm{e}^{-\frac{\Delta^2}{2\sigma^2}} \tag{6.4}$$

式中：π为圆周率；e为自然对数的底；σ为误差分布的标准差。

正态分布曲线上任一点的纵坐标y均为横坐标Δ的函数。标准差的大小可以反映观测精度的高低，其定义为

$$\sigma=\pm\lim_{n\to\infty}\sqrt{\frac{[\Delta^2]}{n}} \tag{6.5}$$

在图6.1中各矩形的面积是频率k/n。由概率统计可知，频率k/n就是真误差出现在各区间$\mathrm{d}\Delta$上的概率$P(\Delta)$，记为

$$P(\Delta)=\frac{k/n}{\mathrm{d}\Delta}\mathrm{d}\Delta=f(\Delta)\,\mathrm{d}\Delta \tag{6.6}$$

式(6.4)和式(6.6)是误差分布的概率密度函数，简称密度函数。

6.3　评定精度的指标

在测量工作中，为了评定测量成果的精度，以便确定其是否符合要求，必须建立衡量精度的统一标准。衡量精度的标准有很多种，这里介绍以下主要的几种。

6.3.1　中误差

由式(6.5)定义的标准差是衡量精度的一种标准，但那是理论上的表达式。在测量实践中，观测次数不可能无限多，因此实际应用中，采用中误差 m 作为衡量精度的一种标准。

$$m=\pm\sqrt{\frac{[\Delta^2]}{n}} \tag{6.7}$$

式中：$[\Delta^2]=\Delta_1^2+\Delta_2^2+\cdots+\Delta_n^2$。

在一组观测值中，当中误差 m 确定后，可以绘出它所对应的误差正态分布曲线。在式(6.4)中，以中误差 m 代替标准差 σ，当 $\Delta=0$ 时，$f(\Delta)=\dfrac{1}{\sqrt{2\pi}m}$是最大值。因此在一组观测值中，当小误差比较集中时，m 较小，则曲线的纵轴顶峰较高，曲线形状较陡峭，如图6.3中 $f_1(\Delta)$，表示该组观测精度较高；$f_2(\Delta)$的曲线形状较平缓，其误差分布比较离散，m_2 较大，表明该组观测精度低。

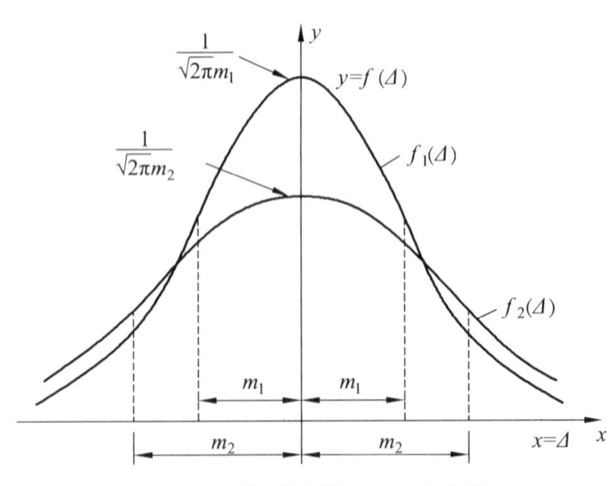

图6.3　不同精度的误差分布曲线

如果令 $f(\Delta)$的二阶导数等于0，可求得曲线拐点的横坐标，即

$$\Delta_{拐}=\sigma\approx m \tag{6.8}$$

也就是说，中误差的几何意义为偶然误差分布曲线两个拐点的横坐标。

6.3.2　相对误差

中误差和真误差都是绝对误差。用绝对误差有时还不能反映观测结果的精度。例如，测量长度分别为 100 m 和 200 m 的两段距离，中误差均为±0.02 m。若用中误差的大小来评定其精度，就会得出两段距离测量精度相同的错误结论。实际上，距离测量的误差与长度成正比，距离越长，误差的积累越大。为了客观地反映实际精度，必须引入相对误差的概念。相对误差 K 就是中误差 m 的绝对值与相应观测值 D 的比值。它通常是一个无量纲量，常用分子为 1、分母为 10 的整倍数的分式表示，即

$$K=\frac{|m|}{D}=\frac{1}{D/|m|} \tag{6.9}$$

在上例中用相对误差来衡量精度，前者的相对中误差为 1/5 000，后者的相对中误差为 1/10 000。显然，后者比前者精度高。

在距离测量中，还常用往返测量观测值的相对较差来进行检核。相对较差的定义为

$$\frac{|D_{往}-D_{返}|}{D_{平均}}=\frac{|\Delta D|}{D_{平均}}=\frac{1}{D_{平均}/|\Delta D|} \tag{6.10}$$

相对较差是相对真误差，它反映往返测量的符合精度。显然，相对较差越小，观测结果越可靠。

还应该指出，用经纬仪测角时，不能用相对误差来衡量测角精度，因为测角误差与角度的大小无关。

6.3.3 极限误差

由前述偶然误差的特性①可知，在一定的观测条件下，偶然误差的绝对值不会超过一定的限值。这个限值就是极限误差。标准差或中误差是衡量观测精度的一种指标，它不能代表个别观测值真误差的大小，但从统计意义上讲，它们却存在着一定的联系。根据式(6.4)和式(6.6)，有

$$P(-\sigma<\Delta<+\sigma)=\frac{1}{\sqrt{2\pi}\sigma}\int_{-\sigma}^{+\sigma}e^{-\frac{\Delta^2}{2\sigma^2}}\mathrm{d}\Delta\approx0.683 \tag{6.11}$$

表示真误差落在区间$(-\sigma,+\sigma)$内的概率等于 0.683。同理可得

$$P(-2\sigma<\Delta<+2\sigma)=\frac{1}{\sqrt{2\pi}\sigma}\int_{-2\sigma}^{+2\sigma}e^{-\frac{\Delta^2}{2\sigma^2}}\mathrm{d}\Delta\approx0.955 \tag{6.12}$$

$$P(-3\sigma<\Delta<+3\sigma)=\frac{1}{\sqrt{2\pi}\sigma}\int_{-3\sigma}^{+3\sigma}e^{\frac{-\Delta^2}{2\sigma^2}}\mathrm{d}\Delta\approx0.997 \tag{6.13}$$

以上三式结果的概率含义为：在一组等精度观测值中，在$\pm\sigma$ 范围以外的真误差个数约占总数的 32%；在 $\pm2\sigma$ 范围以外的个数约占 4.5%；在$\pm3\sigma$ 范围以外的个数只占 3‰。

绝对值大于3σ 的真误差出现的概率很小，因此可以认为3σ 是真误差实际出现的极限，即3σ 是极限误差，则

$$\Delta_{极限}=3\sigma \tag{6.14}$$

工程上常以两倍中误差作为限差。

6.3.4 容许误差

在实际应用的测量规范中，要求观测值中不容许存在较大的误差，故常以 2 倍或 3 倍的

中误差作为偶然误差的容许值，称为容许误差，即

$$\Delta_{容} = 2m \tag{6.15}$$

或

$$\Delta_{容} = 3m \tag{6.16}$$

前者要求较严，后者要求较宽。如果观测值中出现大于容许误差的偶然误差，则认为该观测值不可靠，应舍去不用，并重测。

6.4　误差传播定律及其应用

在测量工作中，有许多未知量不是直接进行观测便能获得其观测值的，需要通过其他直接(独立)观测值按一定的函数关系计算求得，这种观测值称为间接观测值。如用水准测量方法测定两点间的高差，是根据后视读数 a 和前视读数 b，按 $h=a-b$ 计算出来的，则所求高差 h 是独立观测值 a、b 的函数。

有独立变量 $X_1, X_2, \cdots, X_n$ 的函数 Z，即

$$Z=f(X_1, X_2, \cdots, X_n) \tag{6.17}$$

其中，各独立变量 $X_1, X_2, \cdots, X_n$ 对应的观测值中误差分别为 $m_1, m_2, \cdots, m_n$，函数 Z 的中误差为 m_Z。如果知道了独立变量 X_i 与函数 Z 之间的关系，就可以根据各变量的观测值中误差推算出函数的中误差。各变量的观测值中误差与其函数的中误差之间的关系式，称为误差传播定律。

设

$$X_i=L_i-\Delta_i (i=1, 2, \cdots, n) \tag{6.18}$$

式中：L_i 为各独立变量 X_i 相应的观测值；Δ_i 为 L_i 的偶然误差。则有

$$Z=f(L_1-\Delta_1, L_2-\Delta_2, \cdots, L_n-\Delta_n) \tag{6.19}$$

按泰勒级数展开，有

$$Z=f(L_1, L_2, \cdots, L_n)+\left(\frac{\partial f}{\partial X_1}\Delta_1+\frac{\partial f}{\partial X_2}\Delta_2+\cdots+\frac{\partial f}{\partial X_n}\Delta_n\right)_{X_i=L_i} \tag{6.20}$$

等式右边第一项是函数 Z 的间接观测值，第二项就是函数 Z 的误差 Δ_Z，即

$$\Delta_Z=\frac{\partial f}{\partial X_1}\Delta_1+\frac{\partial f}{\partial X_2}\Delta_2+\cdots+\frac{\partial f}{\partial X_n}\Delta_n \tag{6.21}$$

又设各独立变量 X_i 都观测了 k 次，则误差 Δ_Z 的平方和为

$$\begin{aligned}\sum_{j=1}^{k}\Delta_{Zj}^2=&\left(\frac{\partial f}{\partial X_1}\right)^2\sum_{j=1}^{k}\Delta_{1j}^2+\left(\frac{\partial f}{\partial X_2}\right)^2\sum_{j=1}^{k}\Delta_{2j}^2+\cdots+\left(\frac{\partial f}{\partial X_n}\right)^2\sum_{j=1}^{k}\Delta_{nj}^2+\\&2\left(\frac{\partial f}{\partial X_1}\right)\left(\frac{\partial f}{\partial X_2}\right)\sum_{j=1}^{k}\Delta_{1j}\Delta_{2j}+2\left(\frac{\partial f}{\partial X_1}\right)\left(\frac{\partial f}{\partial X_3}\right)\sum_{j=1}^{k}\Delta_{1j}\Delta_{3j}+\cdots+\\&2\left(\frac{\partial f}{\partial X_1}\right)\left(\frac{\partial f}{\partial X_n}\right)\sum_{j=1}^{k}\Delta_{1j}\Delta_{nj}+2\left(\frac{\partial f}{\partial X_2}\right)\left(\frac{\partial f}{\partial X_3}\right)\sum_{j=1}^{k}\Delta_{2j}\Delta_{3j}+\\&2\left(\frac{\partial f}{\partial X_2}\right)\left(\frac{\partial f}{\partial X_4}\right)\sum_{j=1}^{k}\Delta_{2j}\Delta_{4j}+\cdots\end{aligned} \tag{6.22}$$

由前述偶然误差的特性④可知，当观测次数 $k \to \infty$ 时，上式中 $\Delta_{ij}(i \neq j)$ 的总和趋近于 0，又根据式(6.7)，有

$$\frac{\sum_{j=1}^{k} \Delta_{Zj}^2}{k} = m_Z^2 \tag{6.23}$$

$$\frac{\sum_{j=1}^{k} \Delta_{ij}^2}{k} = m_i^2 \tag{6.24}$$

则

$$m_Z^2 = \left(\frac{\partial f}{\partial X_1}\right)^2 m_1^2 + \left(\frac{\partial f}{\partial X_2}\right)^2 m_2^2 + \cdots + \left(\frac{\partial f}{\partial X_n}\right)^2 m_n^2 \tag{6.25}$$

$$m_Z = \sqrt{\left(\frac{\partial f}{\partial X_1}\right)^2 m_1^2 + \left(\frac{\partial f}{\partial X_2}\right)^2 m_2^2 + \cdots + \left(\frac{\partial f}{\partial X_n}\right)^2 m_n^2} \tag{6.26}$$

这就是一般函数的误差传播定律，利用它可以导出表 6.2 所列简单函数的误差传播定律。

表 6.2　简单函数的中误差传播公式

函数名	函数式	中误差传播公式
倍数函数	$Z = KX$	$m_z = \pm Km$
和差函数	$Z = X_1 \pm X_2$	$m_z = \pm\sqrt{m_1^2 + m_2^2}$
线性函数	$Z = X_1 \pm X_2 \pm \cdots \pm X_{N-1} \pm X_N$	$m_z = \pm\sqrt{m_1^2 + m_2^2 + \cdots + m_n^2}$
	$Z = K_1X_1 \pm K_2X_2 \pm \cdots \pm K_nX_n$	$m_z = \pm\sqrt{K_1^2m_1^2 + K_2^2m_2^2 + \cdots + K_n^2m_n^2}$

误差传播定律在测绘领域应用十分广泛，利用它不仅可以求得观测值函数的中误差，而且可以研究确定容许误差值以及事先分析观测可能达到的精度等。下面举例说明其应用方法。

例 6.1　在 1∶5 000 地形图上量得 A、B 两点间的距离 $d = 234.5$ mm，$m_d = \pm 0.2$ mm。求 A、B 两点间的实地水平距离 D 及其中误差 m_D。

解　由比例尺的定义得

$$D = Md = (5\,000 \times 234.5/1\,000) = 1\,172.5 \text{ m}$$

根据表 6.2 中倍数函数的误差传播公式，得

$$m_D = Mm_d = (5\,000 \times 0.2/1\,000) = 1.0 \text{ m}$$

距离结果可以写成 $D = (1\,172.5 \pm 1.0)$ m。

例 6.2　观测了一个平面三角形中的两个内角 α、β，其测角中误差分别为 $m_\alpha = \pm 3.5''$，$m_\beta = \pm 6.2''$。试求另一个内角 γ 的中误差 m_γ。

解　据题意，知

$$\gamma = 180° - \alpha - \beta$$

则由误差传播定律得

$$m_\gamma = \pm\sqrt{m_\alpha^2+m_\beta^2} = \pm\sqrt{3.5''^2+6.2''^2} = \pm 7.1''$$

例 6.3　已知 $\Delta y = D\sin\alpha$，观测值 $D=(226.85\pm0.06)$ m，$\alpha=157°00'30''\pm20''$。求 Δy 的中误差 $m_{\Delta y}$。

解　根据式(6.26)，有

$$m_{\Delta y} = \pm\sqrt{\left(\frac{\partial f}{\partial D}\right)^2 m_D^2+\left(\frac{\partial f}{\partial \alpha}\right)^2 m_\alpha^2} = \pm\sqrt{\sin^2\alpha m_D^2+(D\cos\alpha)^2\left(\frac{m_\alpha}{\rho''}\right)^2}$$

$$= \pm\sqrt{0.391^2\times6^2+[22\,685\times(-0.921)]^2\left(\frac{20}{206\,265}\right)^2}\ \text{cm}$$

$$= \pm 3.1\ \text{cm}$$

例 6.4　在普通水准测量中视距为 75 m 时，标尺上读数的中误差 $m_{读}\approx\pm2$ mm(包括照准误差、气泡居中误差及水准标尺刻画误差)。若以三倍中误差为容许误差，试求观测 n 站所得高差闭合差的容许误差。

解　普通水准测量每站测得高差 $h_i=a_i-b_i(i=1, 2, \cdots, n)$，则每站观测高差的中误差为

$$m = \pm\sqrt{m_{读}^2+m_{读}^2} = \pm m_{读}\sqrt{2} = \pm 2.8\ \text{mm}$$

观测 n 站所得高差 $h=h_1+h_2+\cdots+h_n$，高差闭合差 $f_{\text{h}}=h-h_0$，h_0 为已知值(无误差)。则闭合差 f_{h}(单位：mm)的中误差为

$$m_{f_{\text{h}}} = \pm m\sqrt{n} = \pm 2.8\sqrt{n}$$

以三倍中误差为容许误差，则高差闭合差的容许误差 $f_{\text{h容}}$(单位：mm)为

$$f_{\text{h容}} = \pm3\times2.8\sqrt{n} \approx \pm8\sqrt{n}$$

例 6.5　试用误差传播定律分析测回法(仪器为 DJ_6 级光学经纬仪)测量水平角的精度。

解　(1)测角中误差

DJ_6 级光学经纬仪一测回方向中误差为±6″，而一测回角值为两个方向值之差，则一测回角值的中误差为

$$m_\beta = \pm6''\sqrt{2} = \pm 8.5''$$

(2)测回之间角值互差的容许值

各测回之间角值互差的中误差为

$$m_{\Delta\beta} = m_\beta\sqrt{2}$$

若以三倍中误差为容许误差，则各测回之间角值互差的容许值为

$$\Delta\beta_{容} = 3m_{\Delta\beta} = 3\sqrt{2}m_\beta = 3\sqrt{2}\times6'' = 36''$$

6.5　同精度独立观测量的最佳估值及其中误差

在自然界中，任何单个未知量(如某一角度、某一长度等)的真值都是无法确定的，只有通过重复观测，才能对其真值进行可靠的估计。在测量实践中，重复测量还可以提高观测成果的精度，同时也能发现和消除粗差。

重复测量形成了多余观测，加之测量值必然含有误差，这就产生了观测值之间的矛盾。为了消除这种矛盾，就必须依据一定的数据处理准则，采用适当的计算方法，对有矛盾的观测值加以必要而又合理的调整，给以适当的改正，从而求得观测量的最佳估值，同时对观测值进行质量评估。这一数据处理的过程称作测量平差。

在相同观测条件下进行的观测称为等精度观测，所得到的观测值称为等精度观测值。如果观测所使用的仪器精度不同、观测方法不同或外界条件差别较大，不同观测条件下所获得的观测值称为不等精度观测值。

对一个未知量的直接观测值进行平差，称为直接观测平差。根据观测条件，有等精度直接观测平差和不等精度直接观测平差。平差的目的是得到未知量最可靠估计值(最接近其真值)，称其为"最或是值"或"最或然值"。

6.5.1 最佳估值的计算

在等精度直接观测平差中，观测值的算术平均值就是未知量的最或是值。

设对某未知量进行了 n 次等精度观测，其观测值为 L_1，L_2，…，L_n，该量的真值为 X，各观测值的真误差为 Δ_1，Δ_2，…，Δ_n。由于真值 X 无法确知，测量上取 n 次观测值的算术平均值为最或是值 $\hat{X}$，以代替真值，即

$$\hat{X}=\frac{L_1+L_2+\cdots+L_n}{n}=\frac{[L]}{n} \tag{6.27}$$

观测值与最或然值之差，称为观测值的改正数，用符号 ν 来表示。

$$\nu_i=L_i-\hat{X} \quad (i=1,\ 2,\ \cdots,\ n) \tag{6.28}$$

将 n 个观测值的改正数相加得

$$[v]=[L]-n\hat{X}=0 \tag{6.29}$$

即改正数的总和为0。式(6.29)可以作为计算检核，若 v_i 值计算无误，其总和必然为0。

6.5.2 精度评定

1. 观测值中误差

由于独立观测值中单个未知量的真值 X 是无法确知的，因此真误差 Δ 也是未知的，所以不能直接应用公式(6.7)求得中误差。但可以根据有限个等精度观测值 L_i 求出最或是值 $\hat{X}$ 后，再按公式(6.28)计算观测值的改正数，用改正数 v_i 计算观测值的中误差。其公式推导如下：

对未知量进行 n 次等精度观测，得观测值 L_1，L_2，…，L_n，则真误差为

$$\Delta_i=L_i-X \quad (i=1,\ 2,\ \cdots,\ n) \tag{6.30}$$

将式(6.28)与式(6.30)相减得

$$\Delta_i-v_i=\hat{X}-X \quad (i=1,\ 2,\ \cdots,\ n) \tag{6.31}$$

令 $\delta=\hat{X}-X$，则

$$\Delta_i=v_i+\delta \quad (i=1,\ 2,\ \cdots,\ n) \tag{6.32}$$

对式(6.32)两端取平方和，即

$$[\Delta^2]=[v^2]+2\delta[v]+n\delta^2 \tag{6.33}$$

因$[v]=0$，则$[\Delta^2]=[v^2]+n\delta^2$，而

$$\delta^2=(\hat{X}-X)2=\left(\frac{[L]}{n}-X\right)^2$$

$$=\frac{1}{n^2}[(L_1-X)+(L_2-X)+\cdots+(L_n-X)]^2$$

$$=\frac{1}{n^2}(\Delta_1+\Delta_2+\cdots+\Delta_n)^2$$

$$=\frac{1}{n^2}(\Delta_1^2+\Delta_2^2+\cdots+\Delta_n^2+2\Delta_1\Delta_2+2\Delta_1\Delta_3+\cdots+2\Delta_{n-1}\Delta_n)$$

$$=\frac{[\Delta^2]}{n^2}+\frac{2(\Delta_1\Delta_2+\Delta_1\Delta_3+\cdots+\Delta_{n-1}\Delta_n)}{n^2}$$

根据前述偶然误差的特性④，当$n\to\infty$时，上式等号右边的第二项趋近于0，故

$$\delta^2=\frac{[\Delta^2]}{n^2}$$

将其代入式(6.33)，顾及$[\nu]=0$，且等式两边除以n，于是有

$$\frac{[\Delta^2]}{n}=\frac{[v^2]}{n}+\frac{[\Delta^2]}{n^2}$$

根据中误差的定义，可以得到以改正数表示的中误差，为

$$m=\pm\sqrt{\frac{[vv]}{n-1}} \tag{6.34}$$

式(6.34)是等精度观测中用改正数计算中误差的公式。

例6.6　对某角进行了5次等精度观测，观测结果列于表6.3。试求其观测值的中误差。

解　根据式(6.27)和式(6.28)计算最或是值$\hat{X}$、观测值的改正数v_i，利用式(6.29)进行检核，计算结果列于表6.3中。观测值的中误差为

$$m=\pm\sqrt{\frac{[v^2]}{n-1}}=\pm\sqrt{\frac{20}{5-1}}=\pm2.2('')$$

表6.3　等精度直接观测平差计算

观测值	观测值的改正数v	v^2
$L_1=35°18'28''$	+3	9
$L_2=35°18'25''$	+0	0
$L_3=35°18'26''$	+1	1
$L_4=35°18'22''$	−3	9
$L_5=35°18'24''$	−1	1
$\hat{X}=\frac{[L]}{n}=35°18'25''$	$[\nu]=0$	$[\nu^2]=20$

2. 最或是值的中误差

设对某未知量进行 n 次等精度观测，观测值为 L_1，L_2，…，L_n，误差为 m。最或是值 $\hat{X}$ 的中误差 M 的计算公式推导如下：

$$x=\frac{[L]}{n}=\frac{1}{n}L_1+\frac{1}{n}L_2+\cdots+\frac{1}{n}L_n \tag{6.35}$$

根据误差传播定律，有

$$M=\pm\sqrt{\left(\frac{1}{n}\right)^2m^2+\left(\frac{1}{n}\right)^2m^2+\cdots+\left(\frac{1}{n}\right)^2m^2} \tag{6.36}$$

所以，最或是值的中误差为

$$M=\pm\frac{m}{\sqrt{n}} \tag{6.37}$$

或

$$M=\pm\sqrt{\frac{[v^2]}{n(n-1)}} \tag{6.38}$$

例 6.7 计算例 6.6 的最或是值的中误差。

解 根据式(6.37)，得

$$M=\pm\frac{m}{\sqrt{n}}=\pm\frac{2.2''}{\sqrt{5}}=\pm1.0''$$

从式(6.37)可以看出，最或是值的中误差与观测次数的平方根成反比，因此增加观测次数可以提高最或是值的精度。当观测值的中误差 $m=1$ 时，最或是值的中误差 M 与观测次数 n 的关系如图 6.4 所示。由图可以看出，当 n 增加时，M 减小；而当观测次数 n 达到一定数值后(如 $n=10$)，再增加观测次数，虽工作量增加，但提高精度的效果并不明显。故不能单纯以增加观测次数来提高测量成果的精度，应设法提高观测值本身的精度。例如，使用精度较高的仪器、提高技术水平、在良好的外界条件下进行观测等。

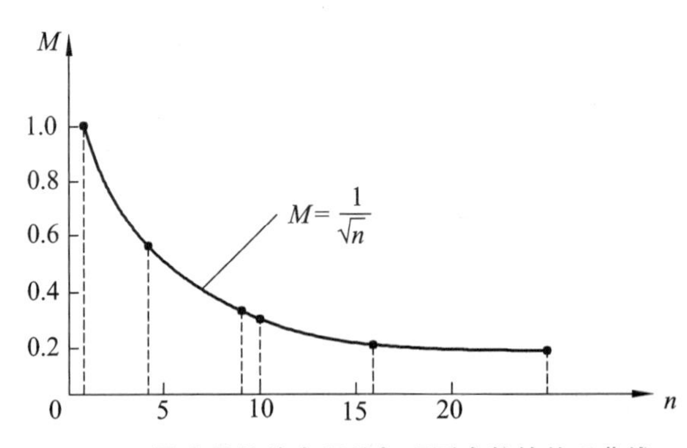

图 6.4　最或是值的中误差与观测次数的关系曲线

6.6　广义算术平均值及权

在对某一未知量进行不等精度观测时，各观测值具有不同的可靠性。因此，在求未知量的最可靠估值时，就不能像等精度观测那样简单地取算术平均值，因为较可靠的观测值，对测量结果的影响较大。

不等精度观测值的可靠性，可用一个比值来表示，这个比值称为观测值的权。观测值的精度越高，其权越大。例如，对某一未知量进行了两组多次观测，各次观测值精度相同。设第一组观测了 4 次，其观测值为 L_{11}、L_{12}、L_{13}、L_{14}；第二组观测了 3 次，观测值为 L_{21}、L_{22}、L_{23}，则各组算术平均值为

$$\hat{X}_1=\frac{L_{11}+L_{12}+L_{13}+L_{14}}{4},\quad \hat{X}_2=\frac{L_{21}+L_{22}+L_{23}}{3}$$

显然，算术平均值 $\hat{X}_1$、$\hat{X}_2$ 是不等精度的。因为全部观测为等精度观测，所以未知量的最或是值为

$$\hat{X}=\frac{[L]}{n}=\frac{(L_{11}+L_{12}+L_{13}+L_{14})+(L_{21}+L_{22}+L_{23})}{7}$$

上式可写成

$$\hat{X}=\frac{4\hat{X}_1+3\hat{X}_2}{4+3} \tag{6.39}$$

从不等精度观测平差的观点来看，观测值 $\hat{X}_1$ 是 4 次观测值的平均值，$\hat{X}_2$ 是 3 次观测值的平均值，$\hat{X}_1$ 和 $\hat{X}_2$ 的可靠性不一样，可取 4、3 为其相应的权，以表示 $\hat{X}_1$ 和 $\hat{X}_2$ 可靠程度的差别。

6.6.1　权与中误差的关系

一定的观测条件下，必然对应着一个确定的误差分布，同时也对应着一个确定的中误差。观测值的中误差越小，其值越可靠，权就越大。因此，可以根据中误差来定义观测值的权。

设 n 个不等精度观测值的中误差分别为 m_1，m_2，…，m_n，则权可以用下式来定义：

$$p_i=\frac{\lambda}{m_i^2}\quad (i=1,\ 2,\ \cdots,\ n) \tag{6.40}$$

式中：λ 为任意正数。

前面所举的例子，L_{11}、L_{12}、L_{13}、L_{14} 和 L_{21}、L_{22}、L_{23} 是等精度观测值。设观测值的中误差为 m，则根据式(6.37)可得

$$m_{\hat{X}_1}=\pm\frac{m}{\sqrt{4}},\ m_{\hat{X}_2}=\pm\frac{m}{\sqrt{3}}$$

将 $m_{\hat{X}_1}$ 和 $m_{\hat{X}_2}$ 分别代入式(6.40)中，得

$$p_1=\frac{\lambda}{m_{x_1}^2},\ p_2=\frac{\lambda}{m_{x_2}^2}$$

若取 $\lambda=m^2$，则 $\hat{X}_1$、$\hat{X}_2$ 的权分别为 $p_1=4$，$p_2=3$。

例 6.8 设分别以不等精度观测某角度，各观测值的中误差分别为 $m_1=\pm2.0''$，$m_2=\pm3.0''$，$m_3=\pm6.0''$。求各观测值的权。

解 由式(6.40)可得

$$p_1=\frac{\lambda}{m_1^2}=\frac{\lambda}{4},\ p_2=\frac{\lambda}{m_2^2}=\frac{\lambda}{9},\ p_3=\frac{\lambda}{m_3^2}=\frac{\lambda}{36}$$

若取 $\lambda=4$，则 $p_1=1$，$p_2=4/9$，$p_3=1/9$。若取 $\lambda=36$，则 $p_1=9$，$p_2=4$，$p_3=1$。

显然，选择适当的 λ 值，可以使权成为便于计算的数值。

例 6.9 对某一角度进行了 n 个测回的观测，求其最或是值的权。

解 设一测回角度观测值的中误差为 m，由式(6.37)知：最或是值的中误差为 $M=m/\sqrt{n}$，根据权的定义并设 $\lambda=m^2$，则一测回观测值的权为

$$p=\frac{\lambda}{m^2}=1$$

最或是值的权为

$$p_{\hat{X}}=\frac{\lambda}{m^2/n}=n$$

由上例可知，若取一测回角度观测值的权为 1，则 n 个测回观测值的最或是值的权为 n，即角度测量的权与其测回数成正比。在不等精度观测中引入权的概念，可以建立各观测值之间的精度比值，以便更合理地处理观测数据。

设每一个测回观测值的中误差为 m，其权为 p_0，当取 $\lambda=m^2$ 时，则有

$$p_0=\frac{\lambda}{m^2}=1$$

等于 1 的权称为单位权，权等于 1 的观测值的中误差称为单位权中误差，一般用 m_0 表示。对于中误差为 m_i 的观测值，其权 p_i 为

$$p_i=\frac{m_0^2}{m_i^2} \tag{6.41}$$

由式(6.41)可得出观测值或观测值函数的中误差的另一种表达式，即

$$m_i=m_0\sqrt{\frac{1}{p_i}} \tag{6.42}$$

6.6.2 加权平均值及其中误差

对同一未知量进行了 n 次不等精度观测，观测值为 L_1，L_2，…，L_n，其相应的权为 p_1，p_2，…，p_n，则加权平均值 $\hat{X}$ 为不等精度观测值的最或是值，计算公式为

$$\hat{X}=\frac{p_1L_1+p_2L_2+\cdots+p_nL_n}{p_1+p_2+\cdots+p_n} \tag{6.43}$$

或

$$\hat{X}=\frac{[pL]}{[p]} \tag{6.44}$$

校核计算式为

$$[pv]=0 \tag{6.45}$$

式中：$v=L-\hat{X}$，为观测值的改正数。

下面计算加权平均值的中误差 $M_{\hat{X}}$。

由式(6.44)，根据误差传播定律，可得 $\hat{X}$ 的中误差 $M_{\hat{X}}$ 为

$$M_{\hat{X}}^2=\frac{1}{[p]^2}(p_1^2m_1^2+p_2^2m_2^2+\cdots+p_n^2m_n^2) \tag{6.46}$$

式中：m_1，m_2，⋯，m_n 分别为 L_1，L_2，⋯，L_n 的中误差。

由式(6.42)知，$p_1m_1^2=p_2m_2^2=\cdots=p_nm_n^2=m_0^2$，所以

$$M_{\hat{X}}^2=\frac{m_0^2}{[p]} \tag{6.47}$$

应用等精度观测值中误差的推导方法，可推出单位权中误差的计算公式，即

$$m_0=\pm\sqrt{\frac{[pv^2]}{n-1}} \tag{6.48}$$

则加权平均值的中误差 $M_{\hat{X}}^2$ 为

$$M_{\hat{X}}^2=\pm\sqrt{\frac{[pv^2]}{[p](n-1)}} \tag{6.49}$$

例 6.10　在水准测量中，从三个已知高程点 A、B、C 出发，测定 D 点的高程。已知三个高程观测值 H_i 和各水准线的长度 S_i。求 D 点高程的最或是值 H_D 及其中误差 M_D。

解　取水准路线长度 S_i 的倒数乘以常数 C 为观测值的权，并令 $C=1$。计算在表 6.4 中进行。

表 6.4　不等精度直接观测平差计算

测段	高程观测值 H_i/m	路线长度 S_i/km	权 $p_i=1/S_i$	观测值的改正数 v/mm	pv	pv^2
A—D	42.347	4.0	0.25	17.0	4.2	71.4
B—D	42.320	2.0	0.50	−10.0	−6.0	50.0
C—D	42.332	2.5	0.40	2.0	0.8	1.6
			$[p]=1.15$		$[pv]=0$	$[pv^2]=123.0$

根据式(6.44)，D 点高程的最或是值为

$$H_D=\frac{0.25\times42.347+0.50\times42.320+0.40\times42.332}{0.25+0.50+0.40}=42.330\ \text{m}$$

根据式(6.48)，单位权中误差为

$$m_0=\pm\sqrt{\frac{[pv^2]}{n-1}}=\pm\sqrt{\frac{123.0}{3-1}}=\pm7.8\ \text{mm}$$

根据式(6.49)，最或是值的中误差为

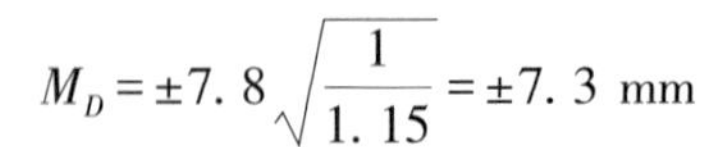

$$M_D = \pm 7.8\sqrt{\frac{1}{1.15}} = \pm 7.3 \text{ mm}$$

本章小结

观测者、仪器、外界条件是观测误差的三个主要来源，统称为观测条件。观测误差可以分为系统误差、偶然误差和粗差。偶然误差的极限分布是正态分布。测量中常用的衡量精度的指标是中误差。应用误差传播定律可求出观测值函数的误差。

习　题

1. 系统误差有何特点？它对测量结果产生什么影响？

2. 偶然误差能否消除？它有何特性？

3. 为什么选用参数标准差 σ 的估值作为评定精度的指标？

4. 什么是容许误差？它有什么作用？

5. 在水准测量中，设一个测站的高差中误差为±3 mm，1 km 线路有 9 站。求 1 km 线路高差的中误差和 K km 线路高差的中误差。

6. 从 A、B、C、D 四个已知高程点分别向待定点 E 进行水准测量，得到观测高程分别为 1 107.258 m(4 站)、1 107.247 m(8 站)、1 107.232 m(8 站)、1 107.240 m(12 站)。试求单位权中误差、E 点高程的最或是值及其中误差、一测站高差观测值的中误差。

第7章　小区域控制测量

学习目标

1. 了解控制测量的等级、交会定点的方法。
2. 熟悉控制测量的类型、任务和作用，导线的布设形式。
3. 掌握导线测量的内业计算方法以及三、四等水准测量和三角高程测量的原理和方法。

7.1　概　述

在工程测量中，必须遵循“从整体到局部，先控制后碎部”的原则。从而限制误差的积累，保证测绘成果的精度。测量工作中必须先进行控制测量，建立控制网，然后根据控制测量成果进行地形测量和施工放样。

控制网按性质可以分为平面控制网和高程控制网；按范围和用途分为国家控制网、城市控制网和小区域控制网。

在全国范围内建立的控制网，称为国家控制网。它是全国各种比例尺测图的基本控制基准，并为确定地球的形状和大小提供研究资料。

在城市地区，为测绘大比例尺地形图和施工放样，在国家控制网的基础上建立的控制网，称为城市控制网。

小区域控制网是指面积在较小范围内的控制网，包括为大比例尺地形图测绘建立的测图控制网和为工程建设服务的工程控制网。

直接供地形图测图使用的控制点，称为图根控制点，简称图根点。测定图根点位置的工作称为图根控制测量。图根控制点的密度(包括高级点)，取决于测图比例尺和地形复杂程度。平坦开阔地区图根点的密度一般不低于表7.1的规定；地形复杂地区和山区可适当增加图根点的密度。

表 7.1 平坦开阔地区图根点的密度要求

测图比例尺	1 : 500	1 : 1 000	1 : 2 000	1 : 5 000
图根点密度(点/km^2)	150	50	15	5

建立小区域控制网时，应尽量与国家(或城市)控制网联测，以使测区的坐标系和高程系与国家(或城市)统一，如果测区附近没有国家(或城市)控制点或附近有高级控制点但不便联测，可以建立测区独立控制网。此时，控制网的起算坐标和高程可自行假定，坐标方位角可用测区中央的磁方位角代替。

7.1.1 平面控制测量

确定控制点的平面位置称为平面控制测量。传统上我国国家级控制网基本上采用三角测量的方法建立，现在大都被全球导航卫星系统(GNSS)测量所取代。

三角网就是将控制点组成互相连接的三角形且扩展成网状，如图 7.1 所示，测定三角形的所有内角，并至少已知或测量一条基线边，然后通过计算确定控制点的平面位置。这种控制点称为三角点。也可以对所有边长进行测量，称为三边网；或者边角同测，称为边角网。

国家平面控制网是用精密测量仪器和方法建立的，遵循逐级控制、分级布设的原则，分一、二、三、四等 4 个等级，主要采用三角网布设。一等三角网沿经线和纬线布设成纵横交叉的三角锁系，是国家平面控制网的骨干；二等三角网布设于一等三角网内，是国家平面控制网的全面基础；三、四等三角网为二等三角网的进一步加密，以满足测图和施工的需要。

导线测量是建立国家基本平面控制的方法之一，同时也用于城市建设、工程建设和地形测图的平面控制。导线就是用直线将相邻控制点连成的折线，如图 7.2 所示。用精密仪器测定各边长(导线边)和相邻边水平角(转折角)之后，即可根据已知方向和已知坐标计算出各控制点(导线点)坐标。

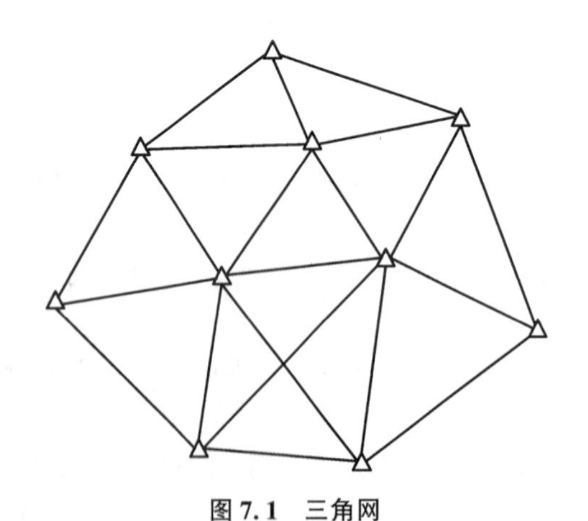

图 7.1 三角网

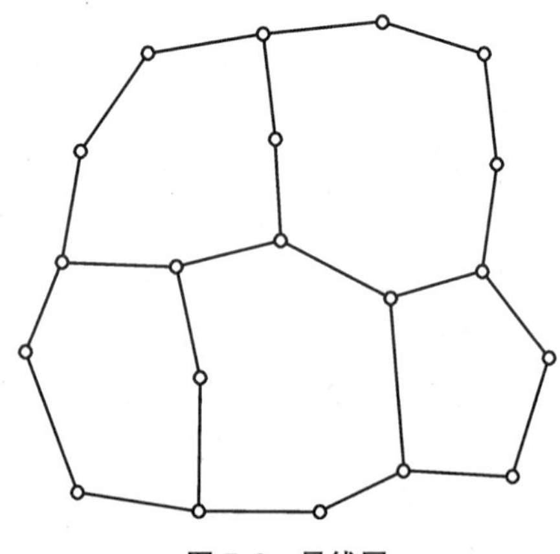

图 7.2 导线网

应用 GNSS 定位技术建立的控制网称为 GNSS 控制网。由于 GNSS 测量控制点之间不要求通视，它与常规测量方法建立控制网相比具有精度高、速度快、成本低、全天候作业、操作方便等优点。

按《城市测量规范》(CJJ/T 8—2011)，平面控制网的等级划分及技术要求见表 7.2~7.4。

表 7.2　GNSS 网的主要技术指标

等级	平均距离/km	固定误差/mm	比例误差系数(1×10^{-6})	最弱边相对中误差	闭合环或附合路线的边数/条
二等	9	≤10	≤2	1/120 000	≤6
三等	5	≤10	≤5	1/80 000	≤8
四等	2	≤10	≤10	1/45 000	≤10
一级	1	≤10	≤10	1/20 000	≤10
二级	<1	≤15	≤20	1/10 000	≤10

表 7.3　城市三角网及图根三角网的主要技术要求

等级		平均边长/km	测角中误差/(″)	起始边边长相对中误差	最弱边边长相对中误差	测回数			三角形最大闭合差/(″)
						DJ_1	DJ_2	DJ_6	
二等		9	±1	≤1/300 000	≤1/120 000	12	—	—	±3.5
三等	首级	5	±1.8	≤1/200 000	≤1/80 000	6	9	—	±7
	加密			≤1/120 000					
四等	首级	2	±2.5	≤1/120 000	≤1/45 000	4	6	—	±9
	加密			≤1/80 000					
一级		1	±5	≤1/40 000	≤1/20 000	—	2	6	±15
二级		0.5	±10	≤1/20 000	≤1/10 000	—	1	2	±30
图根		最大视距的 1.7 倍	±20	≤1/10 000				1	±60

表 7.4　城市导线及图根导线的主要技术要求

等级		导线长度/km	平均边长/km	测角中误差/(″)	测距中误差/mm	测回数			方位角闭合差 $f_{\beta容}$/(″)	导线全长相对闭合差 $K_{容}$
						DJ_1	DJ_2	DJ_6		
三等		15	3	±1.5	±18	8	12	—	$\pm3\sqrt{n}$	≤1/60 000
四等		10	1.6	±2.5	±18	4	6	—	$\pm5\sqrt{n}$	≤1/40 000
一级		3.6	0.3	±5	±15	—	2	4	$\pm10\sqrt{n}$	≤1/14 000
二级		2.4	0.2	±8	±15	—	1	3	$\pm16\sqrt{n}$	≤1/10 000
三级		1.5	0.12	±12	±15	—	1	2	$\pm24\sqrt{n}$	≤1/6 000
图根	首级	≤1.0M		±20		—	—	1	$\pm40\sqrt{n}$	≤1/2 000
	一般			±30					$\pm60\sqrt{n}$	

注：n 为测站数，M 为测图比例尺分母。

7.1.2 高程控制测量

确定控制点的高程称为高程控制测量。建立高程控制网的主要方法是水准测量，在山区或丘陵地区可采用三角高程测量的方法来建立高程控制网。

国家水准测量按精度分为一、二、三、四等，逐级布设。一、二等水准测量是用高精度水准仪和精密水准测量方法施测的，其成果作为全国范围高程控制的基础。三、四等水准测量除用于国家高程控制网的加密外，在小区域还用于建立首级高程控制网。

为了城市建设的需要所建立的高程控制网称为城市高程控制网，城市水准测量的等级分为二、三、四等及等外水准测量，技术要求见表 7.5。

表 7.5 水准测量的主要技术要求

等级	每千米高差中数中误差		测段、区段、路线往返测高差不符值	测段、路线左右路线高差不符值	附合路线或环线闭合差		监测已测测段高差之差
	偶然中误差（M_Δ）	全中误差（M_W）			平原、丘陵	山区	
二等	≤±1	≤±2	$\leqslant \pm 4\sqrt{L_S}$		$\leqslant \pm 4\sqrt{L}$		$\leqslant \pm 6\sqrt{L_i}$
三等	≤±3	≤±6	$\leqslant \pm 12\sqrt{L_S}$	$\leqslant \pm 8\sqrt{L_S}$	$\leqslant \pm 12\sqrt{L}$	$\leqslant \pm 15\sqrt{L}$	$\leqslant \pm 20\sqrt{L_i}$
四等	≤±5	≤±10	$\leqslant \pm 20\sqrt{L_S}$	$\leqslant \pm 14\sqrt{L_S}$	$\leqslant \pm 20\sqrt{L}$	$\leqslant \pm 25\sqrt{L}$	$\leqslant \pm 30\sqrt{L_i}$
等外					$\leqslant \pm 40\sqrt{L}$		

注：①L_S 为测段、区段或路线长度，L 为附合路线或环线长度，L_i 为监测测段长度，均以千米计。②山区是指路线中最大高差超过 400 m 的地区。

7.2 导线测量

导线测量是建立小区域平面控制网常用的一种方法，其主要优点是布置灵活，特别适用于地物分布较复杂的建筑区、视线障碍较多的隐蔽区和带状地区。用经纬仪测量转折角，用钢尺测定边长的导线，称为经纬仪导线；若用光电测距仪测定导线边长，则称该导线为电磁波测距导线。

导向测量

7.2.1 导线的布设形式

根据测区的地形条件和已知高级控制点的分布情况，单一导线可布设成以下三种形式。

1. 附合导线

如图 7.3 所示，从一个已知控制点出发，经历若干个待定点后到达另一个已知点的导线，称为附合导线。这种布设形式，具有检核观测成果的作用。

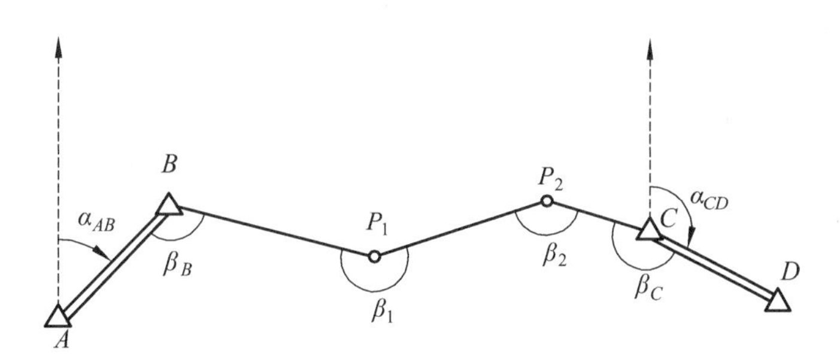

图 7.3　附合导线

2. 闭合导线

如图 7.4 所示，从一个已知点出发，经历若干个待定点后仍回到这一点的导线，即导线的起点和终点为同一已知点，称为闭合导线。这种导线同样具有检核作用。

3. 支导线

如图 7.5 所示，从一个已知点出发，经历若干个待定点后，既不回到原出发点，也不附合到其他已知点的导线，称为支导线。由于支导线没有检核条件，不易发现错误，故一般不宜采用。

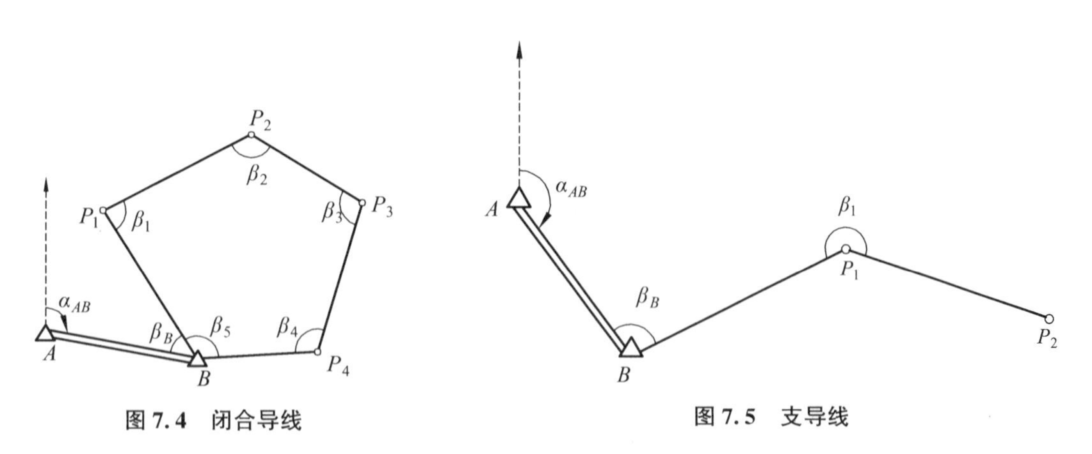

图 7.4　闭合导线　　**图 7.5　支导线**

以上单一的导线形式组合在一起可构成导线网。

7.2.2　导线测量的外业工作

作业前首先进行整体布置设计，然后在野外进行踏勘选点、桩定、埋石、量边、测角和联测工作。

1. 踏勘选点

在踏勘选点之前，应收集测区已有地形图、高级平面控制点和水准点等成果资料，在图上规划拟订出导线的布设方案，然后到实地踏勘、核对、修改，确定点位。选点时应注意以下几点：

①相邻导线点之间应通视良好，以便于角度测量和距离测量。

②点位应选在土质坚实、能长久保存和便于观测之处。

③导线点视野应开阔，便于测绘周围的地物和地貌。

④导线边长应大致相等，避免过长或过短，相邻边长之比不应超过 3。

⑤导线点应有足够密度，并均匀分布在测区，便于控制整个测区。

导线点位选定后，应在地面建立标志。在每一点位上打一木桩，其周围浇筑一圈混凝土，桩顶钉上一小钉，作为临时性标志。对需要长期保存的等级导线点，应按规范埋设混凝土桩。

导线点埋设后，应统一编号。为便于寻找，应在点位附近房角或电线杆等明显地物上用红油漆标明指示导线点的位置，并绘制导线点位置即“点之记”，如图 7.6 所示。

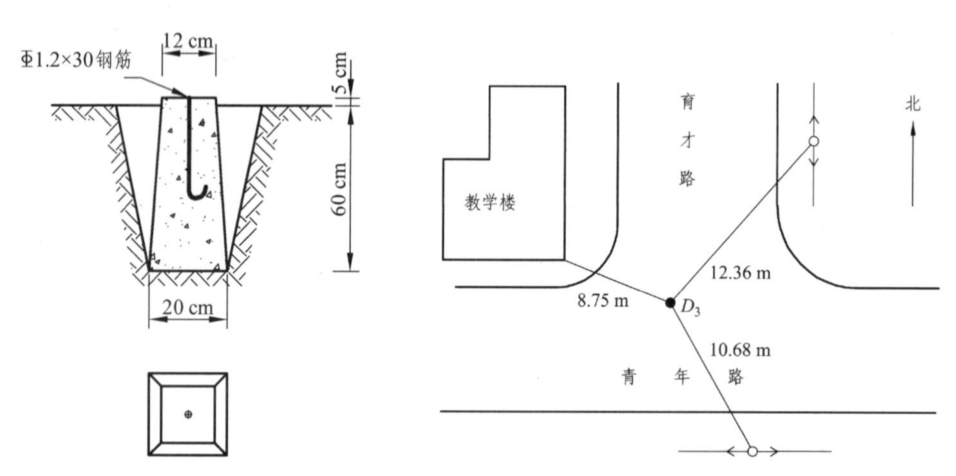

图 7.6　导线点及“点之记”

2. 量边

导线边长可用光电测距仪测定，测量时要同时观测竖直角，供倾斜改正之用。若用钢尺丈量，钢尺必须经过检定。对于一、二、三级导线，应按钢尺量距的精密方法进行丈量。对于图根导线，用一般方法往返丈量或同一方向丈量两次；当尺长改正数大于 1/10 000 时，应增加尺长改正；量距时平均尺温与检定时温度相差大于 8 ℃时，应进行温度改正；尺面倾斜大于 1.5%时，应进行倾斜改正；取往返丈量的平均值作为成果，并要求相对误差满足规范要求。

3. 测角

测角即导线转折角测量。导线转折角是指在导线点上由相邻导线边构成的水平角。导线转折角分为左角和右角，位于导线前进方向左侧的转折角称为左角，位于导线前进方向右侧的转折角称为右角。附合导线一般测左角，闭合导线均测内角(左角或右角)。不同等级导线的角度测量技术要求见表 7.4。图根导线，一般用 DJ_6 级光学经纬仪观测一个测回。若盘左、盘右测得的角值的较差不超过 40″，则取其平均值作为最终观测结果。

4. 联测

当测区内有高级平面控制点时，导线应与高级点联测，从而获得起始边方位角和起始点坐标。对闭合导线和支导线而言，在无高级控制点的测区，可以假定起始点坐标和假定方位角，也可以用罗盘仪测定磁方位角作为起算数据。

7.2.3　导线测量的内业计算

导线测量内业计算的目的就是计算出各导线点的坐标。

1. 坐标计算的基本公式

(1) 坐标正算

根据已知点的坐标、已知边长和已知坐标方位角计算待定点坐标的方法，称为坐标正算。

如图 7.7 所示，设 A 为已知点，B 为未知点，当 A 点的坐标（x_A、y_A）和边长 D_{AB}、坐标方位角 α_{AB} 均为已知时，则可求得 B 点的坐标（x_B、y_B）。由图可知：

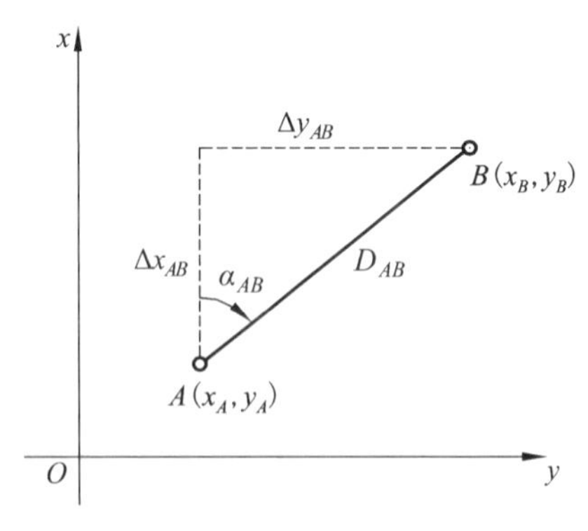

图 7.7　导线坐标计算示意图

$$\left.\begin{aligned} x_B &= x_A + \Delta x_{AB} \\ y_B &= y_A + \Delta y_{AB} \end{aligned}\right\} \tag{7.1}$$

式中：Δx_{AB}、Δy_{AB} 称为坐标增量，也就是直线两端点的坐标值之差。由此可知，要求待定点坐标，需先求出坐标增量。由图中的几何关系可写出坐标增量计算公式：

$$\left.\begin{aligned} \Delta x_{AB} &= D_{AB}\cos\alpha_{AB} \\ \Delta y_{AB} &= D_{AB}\sin\alpha_{AB} \end{aligned}\right\} \tag{7.2}$$

式中：Δx_{AB}、Δy_{AB} 的正负号应根据 $\cos\alpha_{AB}$、$\sin\alpha_{AB}$ 的正负号决定，所以式(7.1)又可写成

$$\left.\begin{aligned} x_B &= x_A + D_{AB}\cos\alpha_{AB} \\ y_B &= y_A + D_{AB}\sin\alpha_{AB} \end{aligned}\right\} \tag{7.3}$$

(2) 坐标反算

已知两点的平面直角坐标，反算其坐标方位角和边长，则称为坐标反算。

设 A、B 两点的坐标分别为（x_A，y_A）和（x_B，y_B），则坐标方位角 α_{AB} 和边长 D_{AB} 的计算公式为

$$\tan\alpha_{AB} = \frac{\Delta y_{AB}}{\Delta x_{AB}} = \frac{y_B - y_A}{x_B - x_A} \tag{7.4}$$

$$D_{AB} = \frac{\Delta y_{AB}}{\sin\alpha_{AB}} = \frac{\Delta x_{AB}}{\cos\alpha_{AB}} = \sqrt{\Delta x_{AB}^2 + \Delta y_{AB}^2} \tag{7.5}$$

按式(7.4)计算出来的坐标方位角是有正、负号的，因此，还应按坐标增量 Δx_{AB}、Δy_{AB} 的正、负号来确定 AB 边的坐标方位角值。α_{AB} 的具体计算方法如下：

先计算锐角 $\alpha_{AB锐} = \arctan\dfrac{|\Delta y_{AB}|}{|\Delta x_{AB}|}$，再根据 Δx_{AB}、Δy_{AB} 的正、负号来判断 α_{AB} 所在的象限，

确定 α_{AB} 的大小：

①$\Delta x_{AB}>0$ 且 $\Delta y_{AB}>0$ 则 α_{AB} 在一象限，$\alpha_{AB}=\alpha_{AB锐}$；

②$\Delta x_{AB}<0$ 且 $\Delta y_{AB}>0$ 则 α_{AB} 在二象限，$\alpha_{AB}=180°-\alpha_{AB锐}$；

③$\Delta x_{AB}<0$ 且 $\Delta y_{AB}<0$ 则 α_{AB} 在三象限，$\alpha_{AB}=180°+\alpha_{AB锐}$；

④$\Delta x_{AB}>0$ 且 $\Delta y_{AB}<0$ 则 α_{AB} 在四象限，$\alpha_{AB}=360°-\alpha_{AB锐}$；

⑤$\Delta x_{AB}=0$ 且 $\Delta y_{AB}>0$ 则 $\alpha_{AB}=90°$；

⑥$\Delta x_{AB}=0$ 且 $\Delta y_{AB}<0$ 则 $\alpha_{AB}=270°$。

2. 闭合导线坐标计算

计算前应检核外业观测成果有无错漏，是否符合各项限差要求，起算数据是否正确，然后绘制导线略图，将各项数据标注于图上相应位置，如图 7.8 所示。内业计算全部在表 7.6 中进行，闭合导线的内业计算步骤如下。

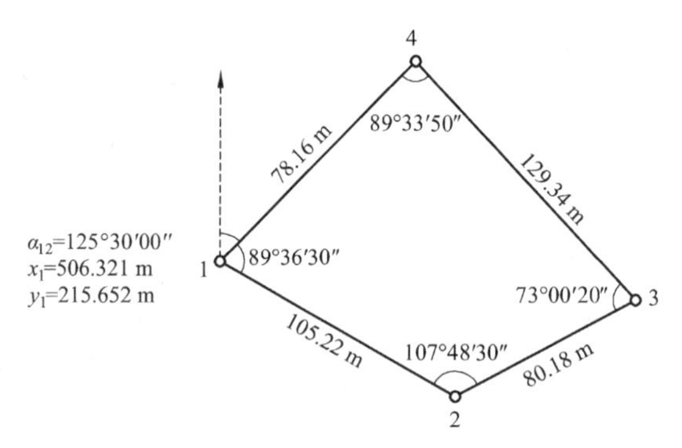

图 7.8　闭合导线略图

(1)填写已知数据

将导线略图中的外业观测数据(观测角、边长)和起算数据(起始点坐标、起始边方位角)填入闭合导线坐标计算表中，起算数据用双线标明。

(2)角度闭合差的计算及调整

由于闭合导线所测各转折角都是内角，根据几何原理，闭合导线形成的 n 边形内角和理论上应为

$$\sum\beta_{理}=(n-2)\times180° \tag{7.6}$$

由于观测角度不可避免地含有误差，因此闭合导线实测内角和 $\sum\beta_{测}$ 不等于理论值，其差值称为角度闭合差 f_β，即

$$f_\beta=\sum\beta_{测}-\sum\beta_{理}=\sum\beta_{测}-(n-2)\times180° \tag{7.7}$$

各级导线角度闭合差的容许值 $f_{\beta容}$ 见表 7.4。若 $f_\beta>f_{\beta容}$，则说明所测角度不符合要求，应重新测量角度；若 $f_\beta\leq f_{\beta容}$，则将闭合差按“反号平均分配”的原则分配到各观测角。角度改正数为

$$v_\beta=\frac{-f_\beta}{n} \tag{7.8}$$

表7.6　闭合导线坐标计算

点号	观测角（左角）/(° ′ ″)	改正数/(″)	改正角值/(° ′ ″)	坐标方位角α/(° ′ ″)	距离D/m	增量计算值		改正后增量		坐标值	
						Δx/m	Δy/m	Δx/m	Δy/m	x/m	y/m
1										506.321	215.652
				125 30 00	105.22	−2 −61.10	+2 +85.66	−61.12	+85.68		
2	107 48 30	+13	107 48 43							445.20	301.33
				53 18 43	80.18	−2 +47.90	+2 +64.30	−47.88	+64.32		
3	73 00 20	+12	73 00 32							493.08	365.64
				306 19 15	129.34	−3 +76.61	+2 −104.21	+76.58	−104.19		
4	89 33 50	+12	89 34 02							569.66	261.46
				215 53 17	78.16	−2 −63.32	+1 −45.82	−63.34	−45.81		
1	89 36 30	+13	89 36 43							506.321	215.652
				125 30 00							
2											
Σ	359 59 10	+50	360 00 00		392.90	+0.09	−0.07	0.00	0.00		
辅助计算	$f_\beta=\sum\beta_{测}-(n-2)\cdot 180°=-50''$ $f_{\beta容}=\pm 60''\sqrt{4}=\pm 120''$ $f_\beta<f_{\beta容}$					$f_x=\sum\Delta x_{测}=+0.09\ \text{m}$ $f_y=\sum\Delta y_{测}=-0.07\ \text{m}$ $f=\sqrt{f_x^2+f_y^2}=0.11\ \text{m}$			$K=\dfrac{0.11}{392.90}\approx\dfrac{1}{3\ 500}$ $K_{容}=\dfrac{1}{2\ 000}$ $K<K_{容}$		

注：改正角值=观测角+改正数。

将改正数加到各观测角 β_i 上，可得改正后的角度值 $\hat{\beta}_i$ 为

$$\hat{\beta}_i=\beta_i+v_\beta \tag{7.9}$$

为作计算校核，经改正后的内角之和应刚好等于其理论值，即

$$\sum\hat{\beta}_i=\sum\beta_{理}=(n-2)\times180° \tag{7.10}$$

(3)推算各边的坐标方位角

根据起始边的已知坐标方位角及改正后的角度值 $\hat{\beta}_i$，按下列公式推算其他各导线边的坐标方位角：

$$\alpha_{前}=\alpha_{后}+\hat{\beta}_{左}-180°(\text{适用于测左角}) \tag{7.11}$$

$$\alpha_{前}=\alpha_{后}-\hat{\beta}_{右}+180°(\text{适用于测右角}) \tag{7.12}$$

在推算过程中必须注意：

①如果算出的 $\alpha_{前}>360°$，则应减去 360°。

②如果 $\alpha_{前}<0°$，则应加 360°。

③最后推算出的起始边坐标方位角，应与原有的已知坐标方位角值相等，否则应重新检查计算。

(4)坐标增量的计算及其闭合差的调整

①坐标增量的计算。

根据推算出的各导线边坐标方位角及实测的边长，按坐标正算的方法，可计算出相邻点间的坐标增量。如点 1、2 的坐标增量 Δx_{12}、Δy_{12} 为

$$\left.\begin{aligned}\Delta x_{12}=D_{12}\cos\alpha_{12}\\ \Delta y_{12}=D_{12}\sin\alpha_{12}\end{aligned}\right\}$$

②坐标增量闭合差的计算及调整。

由于闭合导线的起点、终点为同一点，所以各导线边的纵、横坐标增量代数和的理论值应为零，即

$$\left.\begin{aligned}\sum\Delta x_{理}=0\\ \sum\Delta y_{理}=0\end{aligned}\right\} \tag{7.13}$$

由于导线边长观测值有误差，加之经改正后的内角仍有残余误差，因此，由边长和方位角计算出的坐标增量也具有误差，使坐标增量之和不为零，从而产生纵坐标增量闭合差 f_x 和横坐标增量闭合差 f_y，即

$$\left.\begin{aligned}f_x=\sum\Delta x_{测}-\sum\Delta x_{理}=\sum\Delta x_{测}\\ f_y=\sum\Delta y_{测}-\sum\Delta y_{理}=\sum\Delta y_{测}\end{aligned}\right\} \tag{7.14}$$

由于 f_x、f_y 的存在，导线不能闭合，如图 7.9 所示。1—1′的长度 f 称为导线全长闭合差，计算公式为

$$f=\sqrt{f_x^2+f_y^2} \tag{7.15}$$

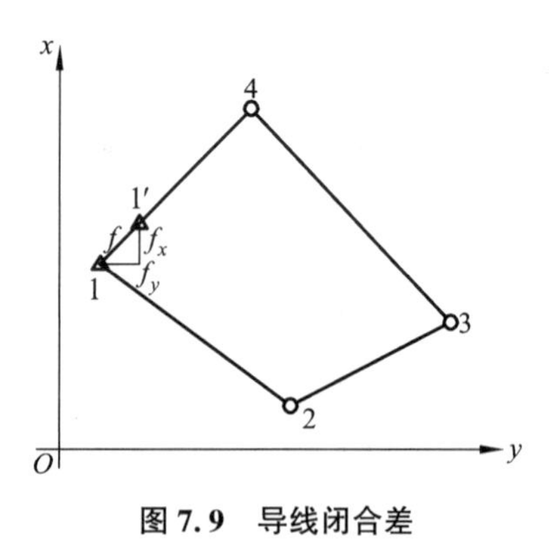

图 7.9　导线闭合差

f 值与导线长短有关。因此，用导线全长相对闭合差 K 来衡量导线测量的精度，计算公式为

$$K=\frac{f}{\sum D}=\frac{1}{\frac{\sum D}{f}} \tag{7.16}$$

K 值越小，精度越高。各等级导线全长相对闭合差的容许值 $K_{容}$ 见表7.4，凡计算出的导线全长相对闭合差，均不得大于此值；若 $K \leqslant K_{容}$，可将 f_x、f_y 按“反符号与边长成正比分配”的原则分配到各边对应的纵、横坐标增量中。纵、横坐标增量改正数为

$$\begin{cases} v_{xij}=-\dfrac{f_x}{\sum D}D_{ij} \\ v_{yij}=-\dfrac{f_y}{\sum D}D_{ij} \end{cases} \tag{7.17}$$

纵、横坐标改正数之和应满足下式：

$$\begin{cases} \sum v_x=-f_x \\ \sum v_y=-f_y \end{cases} \tag{7.18}$$

各坐标增量值加改正数，可得各边改正后的坐标增量：

$$\begin{cases} \Delta\hat{x}_{ij}=\Delta x_{ij}+v_{xij} \\ \Delta\hat{y}_{ij}=\Delta y_{ij}+v_{yij} \end{cases} \tag{7.19}$$

为作计算校核，改正后的纵、横坐标增量之和应分别为零，即

$$\begin{cases} \sum \Delta\hat{x}_{ij}=0 \\ \sum \Delta\hat{y}_{ij}=0 \end{cases} \tag{7.20}$$

(5)计算各导线点坐标

根据起始点的已知坐标和改正后的坐标增量，按下式依次计算各导线点的坐标：

$$\begin{cases} x_j=x_i+\Delta\hat{x}_{ij} \\ y_j=y_i+\Delta\hat{y}_{ij} \end{cases} \tag{7.21}$$

为检核坐标推算的正确性，最后还应推算起点1的坐标，其值应与原有的已知数值相等。

3. 附合导线坐标计算

附合导线计算的步骤和方法与闭合导线相同。仅因二者的布设形式不同，而使角度闭合差和坐标增量闭合差的计算稍有不同，下面着重介绍这两项闭合差的计算。

(1)角度闭合差的计算

①方法一。

如图7.10所示为附合导线，根据起始边已知坐标方位角 α_{AB} 和观测的左角(包括连接角 β_A、β_C)，可以推算出终边 CD 的坐标方位角 α'_{CD}：

$$\alpha'_{CD}=\alpha_{AB}-6\times180°+\sum\beta_{测}$$

写成一般公式为

$$\alpha'_{终}=\alpha_{始}-n\times180°+\sum\beta_{测} \tag{7.22}$$

若观测的是右角，则

$$\alpha'_{终}=\alpha_{始}+n\times180°-\sum\beta_{测} \tag{7.23}$$

由于测角有误差，因此导线终边坐标方位角的推算值 α'_{CD} 与已知值 α_{CD} 不相等，其差值

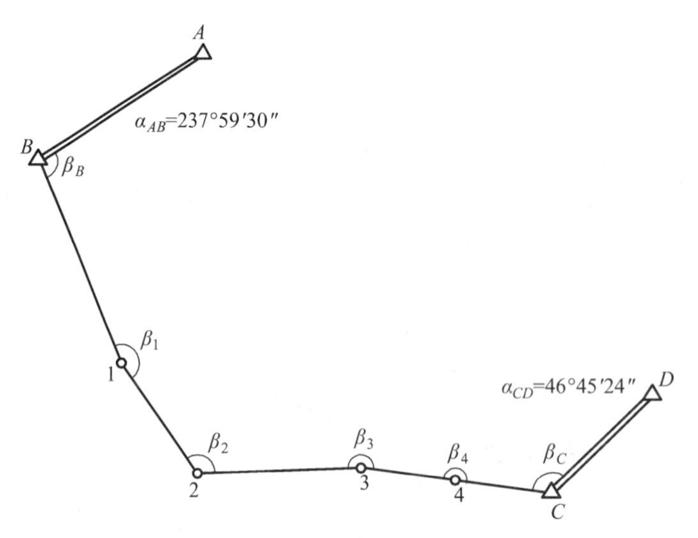

图 7.10　附合导线略图

就是角度闭合差f_β，即

$$f_\beta = \alpha'_{终} - \alpha_{终} \tag{7.24}$$

附合导线角度闭合差的容许值同闭合导线。若观测角为左角，闭合差的分配按“反号平均分配”的原则；若观测角为右角，则按“同号平均分配”的原则分配。

②方法二。

附合导线起始边方位角、终边方位角和各转折角的理论值应满足下列关系式：

$$\begin{cases} \alpha_{终} = \alpha_{始} - n\times180° + \sum\beta_{理(左)} \\ \alpha_{终} = \alpha_{始} + n\times180° - \sum\beta_{理(右)} \end{cases}$$

可得

$$\begin{cases} \sum\beta_{理(左)} = \alpha_{终} - \alpha_{始} - n\times180° \\ \sum\beta_{理(右)} = \alpha_{始} - \alpha_{终} + n\times180° \end{cases} \tag{7.25}$$

则角度闭合差f_β为

$$f_\beta = \sum\beta_{测} - \sum\beta_{理} \tag{7.26}$$

闭合差的分配按“反号平均分配”的原则。

(2) 坐标增量闭合差的计算

附合导线各边对应的纵、横坐标增量代数和的理论值应等于终点和起始点的已知坐标值之差，即

$$\left.\begin{aligned} \sum\Delta x_{理} = x_{终} - x_{始} \\ \sum\Delta y_{理} = y_{终} - y_{始} \end{aligned}\right\} \tag{7.27}$$

则纵、横坐标增量闭合差的计算式为

$$\left.\begin{aligned} f_x = \sum\Delta x_{测} - \sum\Delta x_{理} = \sum\Delta x_{测} - (x_{终} - x_{始}) \\ f_y = \sum\Delta y_{测} - \sum\Delta y_{理} = \sum\Delta y_{测} - (y_{终} - y_{始}) \end{aligned}\right\} \tag{7.28}$$

附合导线全长闭合差和全长相对闭合差的计算、全长相对闭合差的容许值、坐标增量闭合差的分配调整，与闭合导线相同。附合导线的计算过程见表 7.7。

表7.7　附合导线坐标计算

点号	观测角（左角）/(° ′ ″)	改正数/(″)	改正角值/(° ′ ″)	坐标方位角α/(° ′ ″)	距离D/m	增量计算值		改正后增量		坐标值	
						Δx/m	Δy/m	Δx/m	Δy/m	x/m	y/m
A										2507.69	1215.63
				237 59 30							
B	99 01 00	+6	99 01 06							2299.83	1303.80
				157 00 36	225.85	+5 −207.91	+4 +88.21	−207.86	+88.17		
1	167 45 36	+6	167 45 42							2186.29	1383.97
				144 46 18	139.03	+3 −113.57	−3 +80.20	−113.54	+80.17		
2	123 11 24	+6	123 11 30							2192.45	1556.40
				87 57 48	172.57	+3 +6.13	−3 +172.46	+6.16	+172.43		
3	189 20 36	+6	189 20 42							2179.74	1655.64
				97 18 30	100.07	+2 −12.73	−2 +99.26	−12.71	+99.24		
4	179 59 18	+6	179 59 24							2166.74	1757.27
				97 17 54	102.48	+2 −13.02	−2 +101.65	−13.00	+101.63		
C	129 27 24	+6	129 27 30								
				46 45 24							
D											
Σ	888 45 18	+36	888 45 54		740.00	−341.10	+541.78	−340.95	+541.64		

辅助计算：

$\alpha'_{CD} = \alpha_{AB} - 6 \times 180° + \sum \beta_{测} = 46°44'48''$

$f_\beta = \alpha'_{CD} - \alpha_{CD} = -36''$

$f_{\beta容} = \pm 60''\sqrt{6} = \pm 147''$

$f_\beta < f_{\beta容}$

$f_x = \sum \Delta x_{测} - (x_C - x_A) = -0.15\ \text{m}$

$f_y = \sum \Delta y_{测} - (y_C - y_A) = +0.14\ \text{m}$

$f = \sqrt{f_x^2 + f_y^2} \approx 0.20\ \text{m}$

$K = \dfrac{0.20}{740.00} = \dfrac{1}{3\,700}$

$K_{容} = \dfrac{1}{2\,000}$

$K < K_{容}$

注：改正角值=观测角+改正数。

7.2.4 导线测量错误的检查

在进行导线测量内业计算时，如果发现角度闭合差超限、导线全长相对闭合差超限，应首先检查外业记录手簿和内业计算成果，检查是否有记错、算错的数据。若没有错误，问题可能来自外业的角度和边长测量工作。如果仅仅存在一个角度或一条边长测量发生错误，可以采用以下方法查找测错的角度和边长。

1. 一个角度测量错误的查找方法

若为闭合导线，可按边长和角度，用一定的比例尺绘出导线图，如图 7.11 所示。在闭合差的中点作垂线，如果垂线通过或接近通过某导线点，则该点发生测角错误的可能性最大。

若为附合导线，先将两个端点展绘在图上，则分别自导线的两个端点按边长和角度绘出两条导线，如图 7.12 所示，在两条导线的交点处发生测角错误的可能性最大。如果误差较小，用图解法难以显示角度测错的点位，则可从导线的两端开始，分别计算各点的坐标，若某点两个坐标值相近，则该点就是测错角度的导线点。

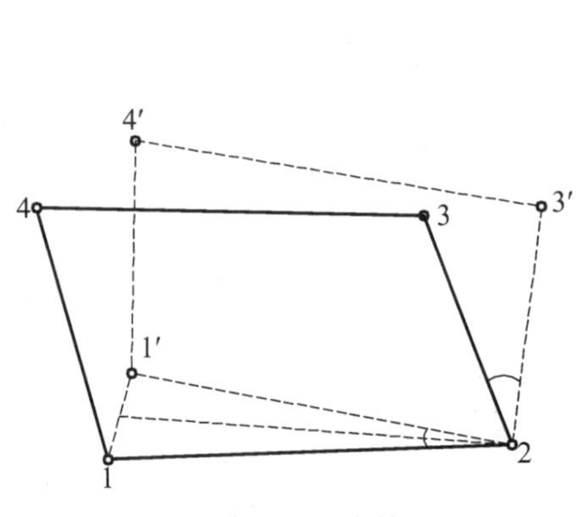

图 7.11　闭合导线一个转折角测错

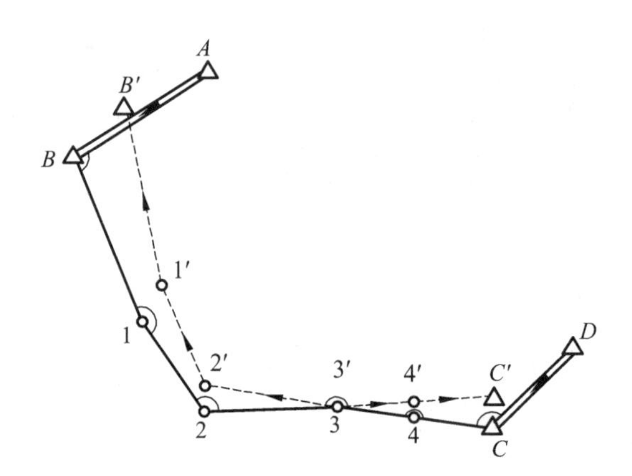

图 7.12　附合导线一个转折角测错

2. 一条边长测量错误的查找方法

角度观测无错误且只有一条边测错时，可先按边长和角度绘出导线图，则绘出的终点与已知点不重合，闭合差为 f，如图 7.13 所示，找出与闭合差 f 的方向平行或大致平行的导线边，则该导线边长测错的可能性最大。

也可用下式计算闭合差 f 的坐标方位角：

$$\alpha_f = \arctan \frac{f_y}{f_x} \tag{7.29}$$

如果某一导线边的坐标方位角与 α_f 很接近，则该导线边长发生测量错误的可能性最大。

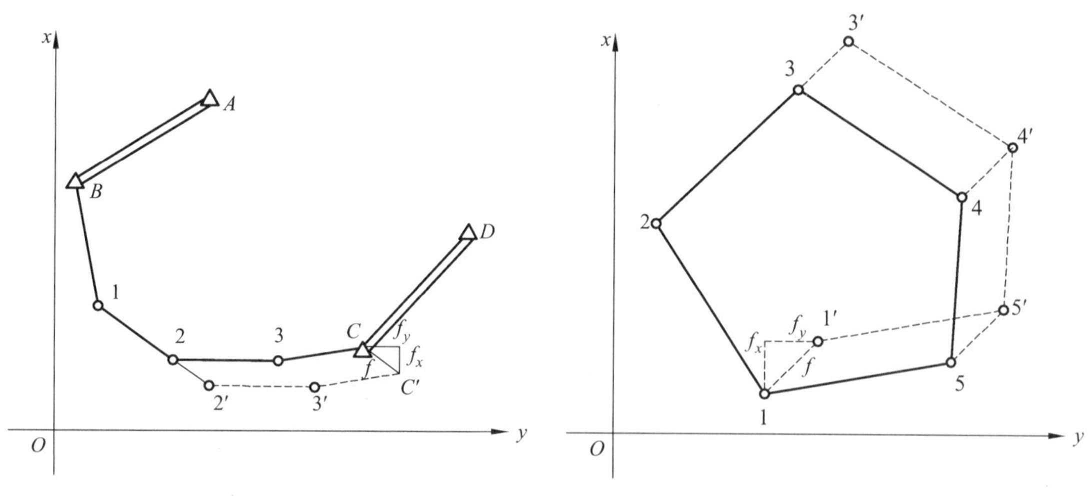

图 7.13　导线一条边测错

7.3　交会测量

当平面控制点的密度不能满足测图或施工放样的要求，需要加密的控制点不多时，可以采用交会法加密控制点。常用的交会定点方法有前方交会、侧方交会、后方交会和距离交会。

7.3.1　前方交会

在两已知点 A、B 上分别观测水平角 α、β，根据两已知点坐标和角度观测值计算待定点 P 的坐标，这样的定点方法称为前方角度交会，简称前方交会。如图 7.14 所示，P 点位置的精度除了与 α、β 角的观测精度有关外，还与 γ 角的大小有关。γ 角接近 90°时 P 点的精度最高，在不利的条件下，γ 角也不应小于 30°或大于 120°。为了进行检核和提高点位精度，在实际工作中，通常要在 3 个控制点上进行交会，用两个三角形分别计算待定点的坐标，既可取其平均值为所求结果也可以根据两者的差值判定观测结果是否可靠。

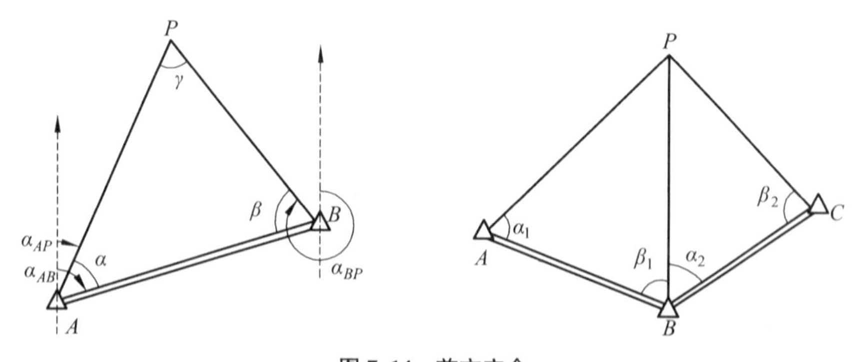

图 7.14　前方交会

要计算 P 点坐标，需要计算已知点到 P 点的坐标增量，而坐标增量的计算又需知道边长值及边的坐标方位角。因此，首先应根据两已知点间的方位角 α_{AB} 和测得的 α、β 角推算方位角 α_{AP}；再根据已知点间的距离 D_{AB}，应用正弦定理求得边长 D_{AP}；然后计算坐标增量，进而求得 P 点坐标。其公式推导如下：

$$
\begin{aligned}
x_P-x_A&=D_{AP}\cdot\cos\alpha_{AP}=\frac{D_{AB}\cdot\sin\beta}{\sin(\alpha+\beta)}\cdot\cos(\alpha_{AB}-\alpha)\\
&=\frac{D_{AB}\cdot\sin\beta}{\sin\alpha\cos\beta+\cos\alpha\sin\beta}\cdot(\cos\alpha_{AB}\cos\alpha+\sin\alpha_{AB}\sin\alpha)\\
&=\frac{\dfrac{D_{AB}\cdot\sin\beta}{\sin\alpha\cdot\sin\beta}}{\dfrac{\sin\alpha\cos\beta+\cos\alpha\sin\beta}{\sin\alpha\cdot\sin\beta}}\cdot(\cos\alpha_{AB}\cos\alpha+\sin\alpha_{AB}\sin\alpha)\\
&=\frac{D_{AB}\cdot\cos\alpha_{AB}\cdot\cot\alpha+D_{AB}\cdot\sin\alpha_{AB}}{\cot\beta+\cot\alpha}\\
&=\frac{\Delta x_{AB}\cdot\cot\alpha+\Delta y_{AB}}{\cot\alpha+\cot\beta}=\frac{(x_B-x_A)\cdot\cot\alpha+y_B-y_A}{\cot\alpha+\cot\beta}
\end{aligned}
$$

$$
x_P=x_A+\frac{(x_B-x_A)\cdot\cot\alpha+y_B-y_A}{\cot\alpha+\cot\beta}
$$

同理可得

$$
y_P=y_A+\frac{(y_B-y_A)\cdot\cot\alpha+x_A-x_B}{\cot\alpha+\cot\beta}
$$

整理后得

$$
\begin{cases}
x_P=\dfrac{x_A\cot\beta+x_B\cot\alpha-y_A+y_B}{\cot\alpha+\cot\beta}\\
y_P=\dfrac{y_A\cot\beta+y_B\cot\alpha+x_A-x_B}{\cot\alpha+\cot\beta}
\end{cases}
\tag{7.30}
$$

应用式(7.30)时，要注意 A、B、P 的点号须按逆时针次序排列(图7.14)。

7.3.2 侧方交会

侧方交会与前方交会相似。如图7.15所示，A、B 为已知点，侧方交会就是在一个已知控制点(如 A 点)和一个待定点 P 上安置经纬仪，观测水平角 α、γ 以计算待定点坐标的方法。为了进行检核，一般还要在待定点观测第3个控制点方向的水平角 θ。计算时，先计算出 $\beta=180°-(\alpha+\gamma)$，然后按照前方交会的计算方法求出 P 点的坐标并检核。

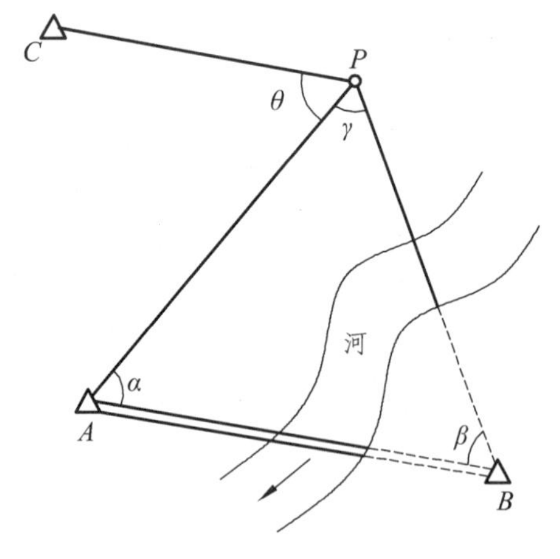

图7.15 侧方交会

7.3.3　后方交会

如图7.16所示，在待定点P上安置仪器，对三个已知点A、B、C进行观测，测得水平角α和$\beta(\gamma)$，根据已知点坐标和角度观测值计算P点坐标，这种方法称为后方交会。

这种方法的特点：不必在已知点上设站架仪器，野外工作量少；待定点P可以在已知点组成的$\triangle ABC$之内，也可以在其外。但当P点处于三个已知点构成的圆周上时，用后方交会方法将无法解出P点坐标，我们把由三个已知点构成的圆称为危险圆。因此，要避免将P选在危险圆附近。

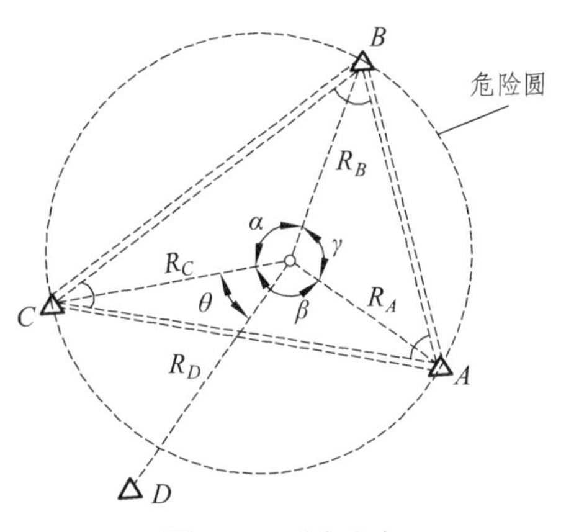

图7.16　后方交会

计算后方交会点的公式很多，且推导过程复杂，下面给出适宜计算器计算的公式。

设由A、B、C三个已知点构成的三角形的三内角为$\angle A$、$\angle B$、$\angle C$，在P点观测A、B、C三点的方向值R_A、R_B、R_C，构成的三个水平角α、β、γ为

$$\begin{cases}\alpha=R_B-R_C\\ \beta=R_C-R_A\\ \gamma=R_A-R_B\end{cases}$$

设A、B、C三个已知点的平面坐标为$(x_A,\ y_A)$、$(x_B,\ y_B)$、$(x_C,\ y_C)$，令

$$\begin{cases}P_A=\dfrac{1}{\cot\angle A-\cot\alpha}\\ P_B=\dfrac{1}{\cot\angle B-\cot\beta}\\ P_C=\dfrac{1}{\cot\angle C-\cot\gamma}\end{cases}$$

则P点坐标为

$$\begin{cases}x_P=\dfrac{P_Ax_A+P_Bx_B+P_Cx_C}{P_A+P_B+P_C}\\ y_P=\dfrac{P_Ay_A+P_By_B+P_Cy_C}{P_A+P_B+P_C}\end{cases}\tag{7.31}$$

如果把P_A、P_B、P_C看作是三个已知点A、B、C的权，则待定点P的坐标就是三个已知点坐标的加权平均值。

7.3.4　距离交会

如图7.17所示，分别测量了两个已知点A、B与待定点P之间的水平距离a、b，就可计算P点坐标，这种方法称为距离前方交会，简称距离交会。为了检核和提高P点的坐标精度，通常采用三边交会法。三边交会观测三条边，分两组计算P点的坐标，并进行检核，最

后取平均值作为 P 点的坐标。

通常，用测距仪测距比测角要简便、快捷、精度高，并且测距仪可根据实际情况或置于已知点或置于待定点上测距，因此距离交会已成为一种最常用的定点方法。

P 点坐标计算公式推导如下：

由已知点反算边的方位角 α_{AB}、α_{CB} 和边长 D_{AB}、D_{CB}。

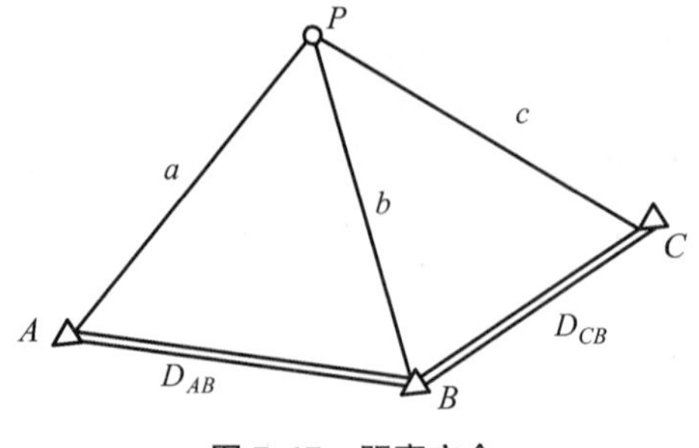

图 7.17　距离交会

在△ABP 中，

$$\cos\angle A=\frac{D_{AB}^2+a^2-b^2}{2\cdot D_{AB}\cdot a}$$

则

$$\alpha_{AP}=\alpha_{AB}-\angle A$$

$$\begin{cases}x'_P=x_A+a\cdot\cos\alpha_{AP}\\ y'_P=y_A+a\cdot\sin\alpha_{AP}\end{cases}\tag{7.32}$$

同样，在△CBP 中，

$$\cos\angle C=\frac{D_{CB}^2+c^2-b^2}{2\cdot D_{CB}\cdot c}$$

$$\alpha_{CP}=\alpha_{CB}-\angle C$$

$$\begin{cases}x''_P=x_C+c\cdot\cos\alpha_{CP}\\ y''_P=y_C+c\cdot\sin\alpha_{CP}\end{cases}\tag{7.33}$$

按式(7.32)和式(7.33)计算的两组坐标，其较差在容许限差内，则取它们的平均值作为 P 点的最后坐标。

7.4　三、四等水准测量

三、四等水准测量除用于国家高程控制网的加密外，还用于小区域首级高程控制网建立、建筑施工区内工程测量以及变形观测的基本控制。三、四等水准点的高程应从附近的一、二等水准点引测。独立测区可采用闭合水准路线。三、四等水准点应选在土质坚硬、便于长期保存和使用的地方，并应埋设水准标石。水准点应绘制“点之记”。

7.4.1　三、四等水准测量的技术要求

①三、四等水准测量使用的水准尺，通常是双面水准尺。

②视线长度和读数误差的限差见表 7.8。

③高差闭合差的规定见表 7.5。

表 7.8 三、四等水准测量的主要技术要求

等级	标尺类型	仪器类型	视线长度/m	前后视距差/m	前后视距累积差/m	红黑面读数差/mm	黑红面高差之差/mm
三等	双面	DS_3	≤65	≤3.0	≤6.0	≤2.0	≤3.0
	铟瓦	DS_1 DS_{05}	≤80				
四等	双面	DS_3	≤80	≤5.0	≤10.0	≤3.0	≤5.0
	铟瓦	DS_1	≤100				

7.4.2 三、四等水准测量的观测与计算方法

1. 每一测站上的观测顺序

三、四等水准测量每一测站上的观测顺序如下：

①照准后视尺黑面，读取下、上、中丝读数(1)、(2)、(3)；

②照准前视尺黑面，读取下、上、中丝读数(4)、(5)、(6)；

③照准前视尺红面，读取中丝读数(7)；

④照准后视尺红面，读取中丝读数(8)；

此观测顺序简称为“后—前—前—后”“黑—黑—红—红”，主要是为抵消水准仪与水准尺下沉产生的误差。

四等水准测量的观测顺序可简化为“后—后—前—前”“黑—红—黑—红”。

中丝读数是用来计算高差的。因此，在每次读取中丝读数前，都要注意使符合水准气泡居中。

2. 测站的计算、检核与限差

(1)视距计算

后视距离：(9)=(1)-(2)。

前视距离：(10)=(4)-(5)。

前、后视距差：(11)=(9)-(10)，三等水准测量不得超过±3 m，四等水准测量不得超过±5 m。

前、后视累积差：本站(12)=前站(12)+本站(11)，三等水准测量不得超过±5 m，四等水准测量不得超过±10 m。

(2)同一水准尺黑、红面读数差

前尺：(13)=(6)+K_1-(7)。

后尺：(14)=(3)+K_2-(8)。

三等水准测量不得超过±2 mm，四等水准测量不得超过±3 mm。K_1、K_2 分别为前尺、后尺的红、黑面常数差。

(3)高差计算

黑面高差：(15)=(3)−(6)。

红面高差：(16)=(8)−(7)。

检核计算：(17)=(14)−(13)=(15)−(16)±0.100。三等水准测量，不得超过 3 mm；四等水准测量，不得超过 5 mm。

高差中数：$(18)=\frac{1}{2}\{(15)+[(16)\pm 0.100]\}$。

上述各项记录、计算见表 7.9。观测时，若发现本测站某项限差超限，应立即重测；只有各项限差均检查无误后，方可移站。

3. 每页计算的检核

后视部分总和减前视部分总和应等于末站视距累积差，即

$$\sum(9)-\sum(10)=\text{末站}(12)$$

表 7.9　三、四等水准测量手簿

测站编号	点号	后尺 下丝 上丝	前尺 下丝 上丝	方向及尺号	中丝水准尺读数		K+黑−红/mm	平均高差/m	备注
		后视距	前视距		黑面	红面			
		视距差 d	累积差 $\sum d$						
		(1) (2) (9) (11)	(4) (5) (10) (12)	后 前 后−前	(3) (6) (15)	(8) (7) (16)	(14) (13) (17)	(18)	
1	BM_1 | TP_1	1426 0995 43.1 +0.1	0801 0371 43.0 +0.1	后 01 前 02 后−前	1211 0586 +0.625	5998 5273 +0.725	0 0 0	+0.6250	$K_{01}=4.787$ $K_{02}=4.687$ 已知 BM_1 的高程为 $H_1=56.345$ m
2	TP_1 | TP_2	1812 1296 51.6 −0.2	0570 0052 51.8 −0.1	后 02 前 01 后−前	1554 0311 +1.243	6241 5097 +1.144	0 +1 −1	+1.2435	
3	TP_2 | TP_3	0889 0507 38.2 −0.2	1713 1333 38.0 +0.1	后 01 前 02 后−前	0698 1523 −0.825	5486 6210 −0.724	−1 0 −1	−0.8245	
4	TP_3 | A	1891 1525 36.6 −0.2	0758 0390 36.8 −0.1	后 02 前 01 后−前	1708 0574 +1.134	6395 5361 +1.034	0 0 0	+1.1340	

续表7.9

校核计算	$\Sigma(9)=169.5$ $-)\ \Sigma(10)=169.6$ $=-0.1$ m	$\Sigma[(3)+(8)]=29.291$ $-)\ \Sigma[(6)+(7)]=24.935$ $=4.356$ m	$\Sigma[(15)+(16)]=+4.356$ m $\Sigma(18)=+2.178$ m $2\Sigma(18)=+4.356$ m
	总视距 $=\Sigma(9)+\Sigma(10)=339.1$ m		

$$\frac{1}{2}[\Sigma(15)+\Sigma(16)\pm 0.100]=\Sigma(18)$$

在每测站检核的基础上，应进行每页计算的检核。

$$\Sigma(15)=\Sigma(3)-\Sigma(6)$$

$$\Sigma(16)=\Sigma(8)-\Sigma(7)$$

$$\Sigma(9)-\Sigma(10)=\text{本页末站}(12)-\text{前页末站}(12)$$

测站数为偶数时：

$$\Sigma(18)=\frac{1}{2}[\Sigma(15)+\Sigma(16)]$$

测站数为奇数时：

$$\Sigma(18)=\frac{1}{2}[\Sigma(15)+\Sigma(16)\pm 0.100]$$

4. 水准路线测量成果的计算、检核

三、四等附合或闭合水准路线高差闭合差的计算、调整方法与普通水准测量相同(见第 3 章)。

当测区范围较大时，要布设多条水准路线。为了使各水准点高程精度均匀，必须把各线段连在一起，构成统一的水准网。采用最小二乘法原理进行平差，从而求解出各水准点的高程。

7.5　三角高程测量

当地形起伏较大、两点间的高差不便用水准方法施测时，可以采用三角高程测量的方法。三角高程测量常用于山区各种比例尺测图的高程控制，但必须用水准测量的方法在测区内引测一定数量的水准点，作为高程起算的依据。

7.5.1　三角高程测量原理

三角高程测量是根据两点间的水平距离或斜距离以及竖直角，按照三角公式求出两点间的高差。三角高程测量常用光电测距仪直接测定边长，用 DJ_2 级经纬仪测定竖直角。

如图 7.18 所示，已知 A 点高程 H_A，欲求 B 点高程 H_B。可将仪器安置在 A 点，照准 B 点

目标顶端 N，测得竖直角 α，测量仪器高 i 和目标高 v。

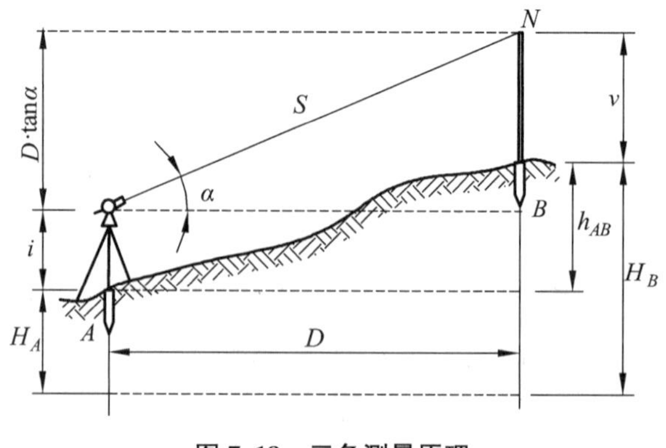

图 7.18　三角测量原理

若测出 A、B 两点间的水平距离 D，则可以算出 A、B 两点间的高差 h_{AB}：

$$h_{AB}=D\cdot\tan\alpha+i-v \tag{7.34}$$

如果用测距仪测得 A、B 两点间的斜距 S，则高差 h_{AB} 为

$$h_{AB}=S\cdot\sin\alpha+i-v \tag{7.35}$$

则 B 点的高程 H_B 为

$$H_B=H_A+h_{AB}$$

7.5.2　地球曲率和大气折光对高差的影响

上述测量原理是在假定地球表面为水平(即把水准面当作水平面)，认为观测视线是直线的条件下导出的，当地面两点间的距离小于 300 m 时是适用的，但当地面两点间的距离大于 300 m 时就要考虑地球曲率的影响，加曲率改正，称为球差改正，用符号 c 表示。同时，观测视线受大气垂直折光的影响而成为一条向上凸起的弧线，必须加大气垂直折光差改正，称为气差改正，用符号 γ 表示，如图 7.19 所示。以上两项改正合称为球气差改正，简称两差改正。

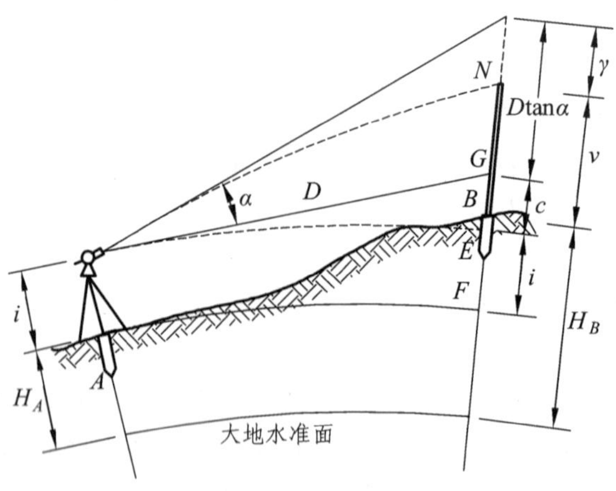

图 7.19　球气差对三角高程的影响

两差改正值为

$$f=c-\gamma\approx 0.43\frac{D^2}{R}=6.7D^2 \tag{7.36}$$

式中：f 为两差改正值，cm；D 为水平距离，km；R 为地球半径。

表 7.10 给出了 1 km 内不同距离的二差改正数。

表 7.10　二差改正数

D/km	0.1	0.2	0.3	0.4	0.5	0.6	0.7	0.8	0.9	1.0
$f=6.7D^2$/cm	0	0	1	1	2	2	3	4	6	7

顾及两差改正值 f，采用水平距离 D 或斜距 S 的三角高程测量的高差计算公式为

$$h_{AB}=D\cdot\tan\alpha+i-v+f \tag{7.37}$$

$$h_{AB}=S\cdot\sin\alpha+i-v+f \tag{7.38}$$

三角高程测量一般应进行往返观测，即由 A 点向 B 点观测(称为直觇)，再由 B 点向 A 点观测(称为反觇)，这样的观测方法称为对向观测，或称为双向观测。取对向观测所得高差绝对值的平均数可抵消两差的影响。

7.5.3　三角高程测量外业工作

当用三角高程测量方法测定平面控制点的高程时，控制点应布设成闭合或附合的三角高程测量路线，每边均取对向观测。三角高程测量的观测方法如下。

1. 安置仪器

安置经纬仪于测站上，测量仪高 i 和目标高 v，精确至 5 mm，两次的结果之差不大于 1 cm 时，取平均值。

2. 观测竖直角

当中丝瞄准目标时，将竖盘指标水准管气泡居中，读取竖盘读数。必须以盘左、盘右进行观测。竖直角观测测回数与限差应符合表 7.11 的规定。

表 7.11　竖直角观测的测回数与限差

等级	二、三等		四等，一、二级小三角		一、二、三级导线		图根控制
仪器	DJ_1	DJ_2	DJ_2	DJ_6	DJ_2	DJ_6	DJ_6
测回数	4		2	4	1	2	1
竖直角测回差 指标差较差/(″)	10	15	15	25	15	25	25

3. 距离测量

用电磁波测距仪测量两点间的倾斜距离 S 或用三角测量方法计算两点间的水平距离 D。

7.5.4 三角高程测量内业计算

1. 计算高差

按式(7.37)或式(7.38)计算高差，三角高程测量往返测所得的高差之差(经两差改正后)不应大于 $0.1D$ m(D 为边长，以 km 为单位)。

2. 高差闭合差的计算与调整

高差闭合差的计算与水准测量的方法相同，对于闭合导线或附合导线，其路线高差闭合差的容许值 $f_{h容}$ 按下式计算：

$$f_{h容}=\pm 0.05\sqrt{\sum D^2}\ \text{m}(D \text{以 km 为单位}) \tag{7.39}$$

若 $f_h < f_{h容}$，则将闭合差按与边长成正比反符号分配给各高差。

3. 计算各点高程

利用改正后的高差，由已知起始点的高程，推算各待定点的高程。

本章小结

本章主要讲述控制测量的原理和方法，重点介绍导线测量、交会测量原理和平差计算方法以及三、四等水准测量和三角高程测量原理及方法。

习 题

1. 测量控制网有哪几种？建立平面控制网的方法有哪些？各有何优缺点？
2. 导线布设形式有哪几种？选择导线点应注意哪些事项？导线的外业工作有哪些？
3. 简述导线计算的步骤，并说明闭合导线与附合导线在计算中的异同点。
4. 试根据图 7.20 中附合导线的观测数据列表计算点 1、2 的坐标，已知 $x_B=100.00$ m、$y_B=100.00$ m，$x_C=145.37$ m、$y_C=746.06$ m。

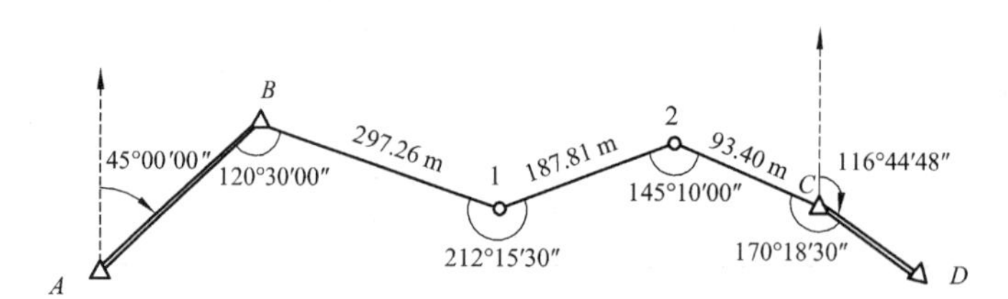

图 7.20 习题附合导线

5. 试根据图7.21中闭合导线的观测数据列表计算点2、3、4的坐标，已知$x_1=500.00\ \text{m}$、$y_1=1\ 000.00\ \text{m}$。

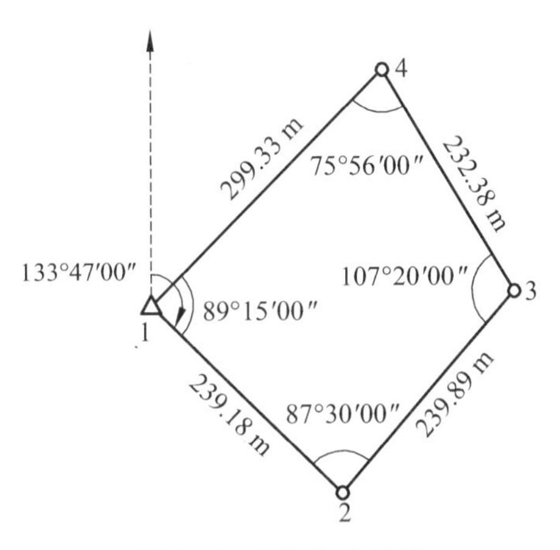

图7.21　习题闭合导线

6. 图7.22为前方角度交会示意图，已知数据和观测数据如下，试求P点的坐标。

已知数据：$x_A=3\ 646.35\ \text{m}$　　$x_B=3\ 873.96\ \text{m}$　　$x_C=4\ 538.45\ \text{m}$

$y_A=1\ 054.54\ \text{m}$　　$y_B=1\ 772.68\ \text{m}$　　$y_C=1\ 862.57\ \text{m}$

观测数据：$\alpha_1=64°03'30''$，$\beta_1=59°46'40''$，$\alpha_2=55°30'36''$，$\beta_2=72°44'47''$。

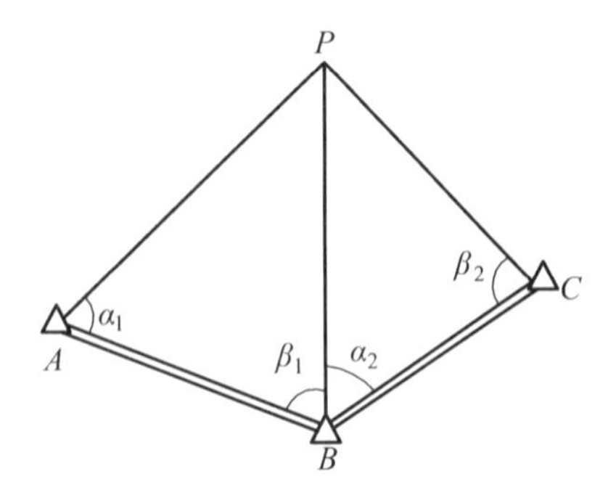

图7.22　习题前方角度交会示意图

7. 简述三、四等水准测量的观测方法。

8. 在什么情况下采用三角高程测量？如何测量？

第8章　大比例尺地形测量

学习目标

1. 了解地形图图式中符号分类，地形图的拼接整饰与检查内容，地形图测绘的新技术等。
2. 熟悉数字化测图的外业和内业工作。
3. 掌握地形图分幅和编号方法、大比例尺地形图测绘的方法。

8.1　地形图的基本知识

地图按其内容可以分为普通地图和专题地图两大类。普通地图是以相对平衡的详细程度综合反映地面上物体和现象一般特征的地图，其内容包括各种自然地理要素和社会经济要素。专题地图是根据专业方面的需要，突出反映一种或几种主题要素或现象的地图，如地质图、航海图、人口图。

地形图是普通地图的一种，是按一定比例尺，用规定的符号表示地物、地貌平面位置和高程的正射投影图。

地面上各种自然形成的或人工建成的有明显轮廓的物体，称为地物，如河流、湖泊、房屋、道路等。地球表面高低起伏的自然形态，称为地貌，如平原、盆地、丘陵和高山。地物和地貌统称为地形。

本节主要介绍地形图的比例尺、分幅与编号、地物与地貌符号等。

8.1.1　地形图的比例尺

地形图上任一直线的长度 d 与其地面上相应的实际水平距离 D 之比，称为地形图的比例尺。常用的地形图比例尺有数字比例尺和图示比例尺两种。

1. 数字比例尺

数字比例尺一般用分子为1、分母为整数的分数表示，即

$$\frac{1}{M}=\frac{d}{D}=\frac{1}{D/d} \tag{8.1}$$

比例尺大小是用它的比值来衡量的。比例尺分母越小，比例尺越大，称为大比例尺；分母越大，比值越小，称为小比例尺。

2. 图示比例尺

为了用图方便及减少由图纸伸缩而引起的误差，在绘制地形图时常在图上绘制图示比例尺，如图 8.1 所示。常用的图示比例尺为直线比例尺，如图 8.1 所示为 1∶1000 的直线比例尺，取 2 cm 为基本单位，从直线比例尺上直接量得基本单位的 1/10，估读到 1/100。

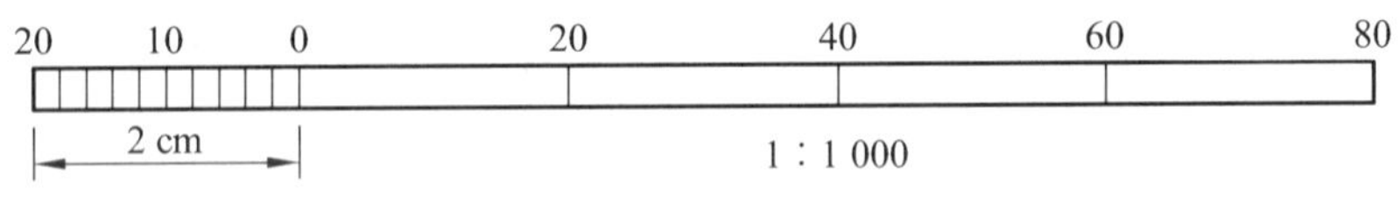

图 8.1　图示比例尺

我国地形图比例尺的划分有大、中、小三种，通常把 1∶500、1∶1 000、1∶2 000 和 1∶5 000 的比例尺称为大比例尺；把 1∶(1 万)、1∶(2.5 万)、1∶(5 万)和 1∶(10 万)的比例尺称为中比例尺；而把 1∶(20 万)、1∶(50 万)和 1∶(100 万)的比例尺称为小比例尺。地形图的比例尺不同，其功能和作用也不同。小比例尺图多用于宏观规划和行政管理；中比例尺图是国家的基本图，多用于军事和经济建设的规划和初步设计；大比例尺图是工程建设设计和施工的基础性资料。

3. 比例尺的精度

由于人眼能分辨的图上最小距离为 0.1 mm，因此我们把图上 0.1 mm 所代表的实地水平距离称为比例尺精度。显然，比例尺大小不同，比例尺精度也不同，如表 8.1 所示。

表 8.1　比例尺精度

比例尺	1∶500	1∶1 000	1∶2 000	1∶5 000	1∶10 000
比例尺精度/m	0.05	0.1	0.2	0.5	1.0

比例尺精度对测图和设计用图都有着重要的意义。测图时可根据比例尺精度确定必要的测量精度，决定地物的取舍。如在测量比例尺为 1∶1 000 的地形图时，实地量距只需精确到 ±0.1 m 即可，建筑物的形状凹凸变化如小于 0.1 m，可以忽略不计。根据设计图所需表述的最小尺寸来选用合适的比例尺，如某项工程设计要求在图上能反映地面上 0.2 m 的精度，则应选比例尺为 1∶2 000 的地形图。

比例尺越大的地形图，其表示的地物、地貌就越详细，精度也越高，但测量的工作量也会成倍地增加，从而增加测图成本。因此，应根据工程规划、实际用图的精度要求，合理地选择测图比例尺。

8.1.2 地形图的分幅与编号

为了便于测绘、管理和使用地形图，需要将大面积的各种比例尺地形图进行统一的分幅和编号。地形图分幅的方法有两种：一是按经纬度分幅的梯形分幅法；二是按坐标格网分幅的矩形分幅法。

1. 梯形分幅与编号

（1）1：（100 万）比例尺地形图的分幅与编号

1：（100 万）比例尺的地形图采用国际统一的分幅和编号方法。由经度 180°起，自西向东将地球表面分成 60 个 6°的纵列，分别以数字“1”～“60”表示。再从赤道起分别向南、向北至纬度 88°，以每隔 4°的纬度圈将南北半球划分成 22 横行。每一张 1：（100 万）比例尺的地形图就是由经差 6°的子午线和纬差 4°的纬线圈形成的梯形。梯形分幅是以经线和纬线为图廓的。

由于南、北两半球的经度相同，规定在南半球的图号前加一个“S”，北半球的图号前加“N”。由于我国完全位于北半球，所以省注“N”。

1：（100 万）比例尺地形图的梯形编号就是由横行的字母和纵列的数字组成，中间用短线连接。例如北京所在的 1：（100 万）比例尺地形图的梯形编号为 J-50，如图 8.2 所示。

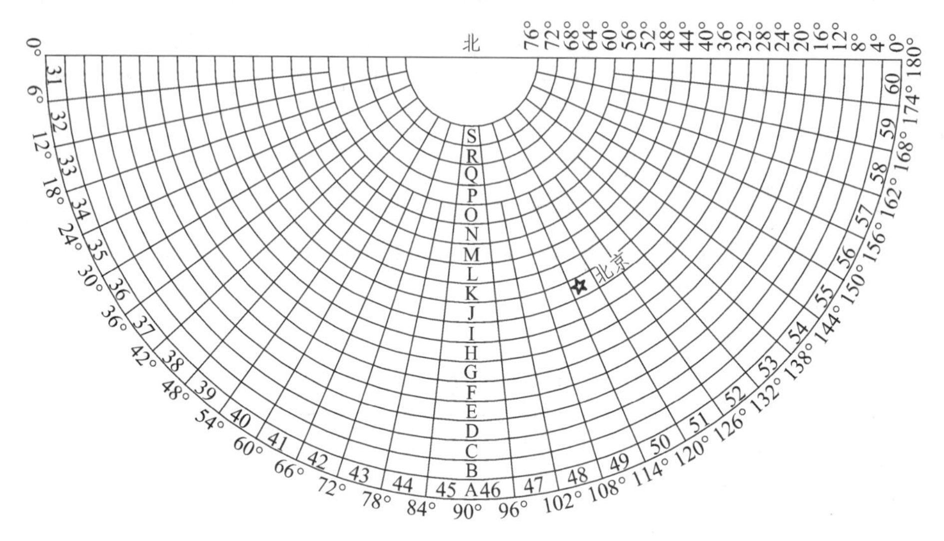

图 8.2　1：（100 万）比例尺地形图的分幅与编号（北半球）

（2）1：（50 万）、1：（20 万）比例尺地形图的分幅与编号

一幅 1：（100 万）比例尺的地形图分为 4 幅 1：（50 万）比例尺的地形图。每幅图经差 3°、纬差 2°，分别用“A”“B”“C”“D”表示，如图 8.3 所示。

1：（50 万）比例尺地形图的编号方法为，在 1：（100 万）地形图编号后加注“A”“B”“C”“D”。例如，某地所在 1：（50 万）比例尺地形图的编号为 J-50-B。

一幅 1：（100 万）比例尺的地形图分为 36 幅 1：（20 万）地形图，每幅图经差 1°、纬差 40′，分别用“（1）”“（2）”……“（36）”表示。

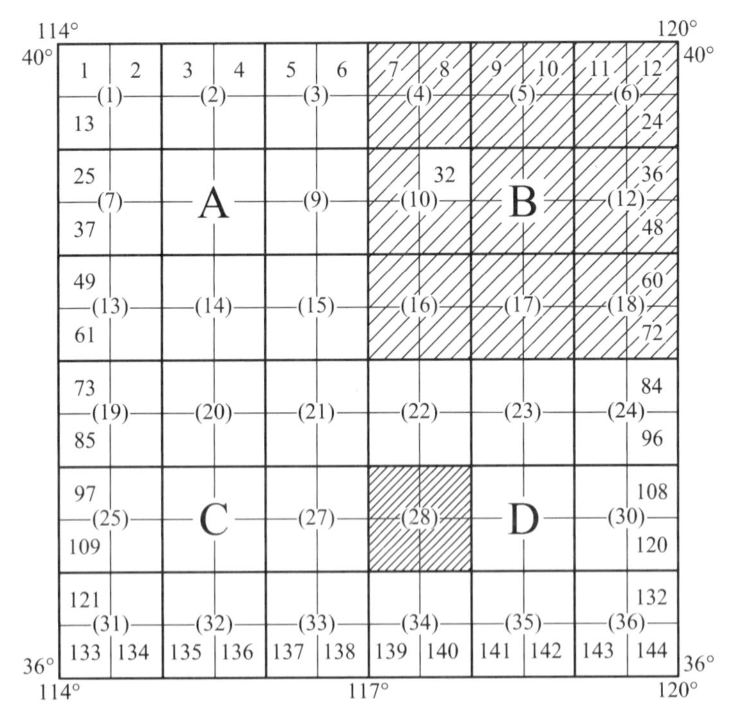

图8.3 1∶(50万)、1∶(20万)地形图的分幅与编号

1∶(20万)比例尺地形图的编号方法为，在1∶(100万)地形图编号后加注“(1)”“(2)”……“(36)”。例如，某地所在1∶(20万)比例尺地形图的编号为J-50-(28)。

(3)1∶(10万)、1∶(5万)、1∶(2.5万)比例尺地形图的分幅与编号

一幅1∶(100万)比例尺的地形图分为144幅1∶(10万)地形图，每幅图经差30′、纬差20′。比例尺代号为“D”，用“1”~“144”表示。

一幅1∶(100万)比例尺的地形图分为576幅1∶(5万)地形图，每幅图经差15′、纬差10′。比例尺代号为“E”。

一幅1∶(100万)比例尺的地形图分为2 304幅1∶(2.5万)地形图，每幅图经差7.5′、纬差5′。比例尺代号为“F”。

这三种比例尺地形图的编号方法为：1∶(100万)比例尺地形图编号+比例尺代号+行号+列号。

例如，某地所在三种比例尺地形图的编号为：

1∶(10万)比例尺地形图的编号：J50D003008。

1∶(5万)比例尺地形图的编号：J50E005015。

1∶(2.5万)比例尺地形图的编号：J50F009025。

(4)1∶(1万)比例尺地形图的分幅与编号

一幅1∶(10万)比例尺的地形图分为64幅1∶(1万)地形图，每幅图经差3′45″、纬差2′30″，分别用“(1)”“(2)”……“(36)”表示。

1∶(1万)比例尺地形图的编号方法为：1∶(100万)比例尺地形图编号-1∶(10万)比

例尺地形图代号-1：(1 万)比例尺地形图代号。

例如，某地所在 1：(1 万)比例尺地形图的编号为 J-50-6-(23)。

地形图的编号是根据各种比例尺地形图的分幅，对每一幅地图给予一个固定的号码，这种号码不能重复出现，并要保持一定的系统性。基本比例尺地形图的图幅大小及图幅间的数量关系如表 8.2 所示。

表 8.2　基本比例尺地形图的图幅大小及图幅间的数量关系

比例尺	图幅大小		图幅间的数量关系					
	经度	纬度						
1：(100 万)	6°	4°	1					
1：(50 万)	3°	2°	4	1				
1：(20 万)	1°	40′	36	9	1			
1：(10 万)	30′	20′	144	36	4	1		
1：(5 万)	15′	10′	576	144	16	4	1	
1：(2.5 万)	7.5′	5′	2 304	576	64	16	4	1
1：(1 万)	3′45″	2.5′	9 216	2 304	256	64	16	4

2. 矩形分幅与编号

《国家基本比例尺地图图示 第 1 部分：1：500 1：1000 1：2000 地形图图式》(GB/T 20257.1—2017)规定 1：500~1：2000 比例尺地形图一般采用 50 cm×50 cm 正方形分幅或 40 cm×50 cm 矩形分幅。根据需要，也可采用其他规格的分幅；1：2000 地形图也可采用经纬度统一分幅。大比例地形图的编号一般采用图廓西南角坐标千米数编号法，也可采用流水编号法(图 8.4)或行列编号法等(图 8.5)。

1 2 3 4
5 6 7 8 9
10 11 12 13 14

图 8.4　流水编号法

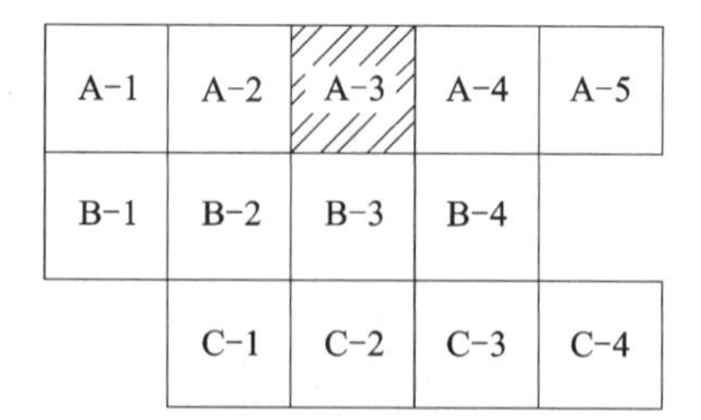

图 8.5　行列编号法

采用图廓西南角坐标千米数编号法时，x 坐标在前，y 坐标在后，中间用连字符连接。1：500 地形图取至 0.01 km(如 12.50-18.70)，1：1000、1：2000 地形图取至 0.1 km(如 11.5-13.0)。

对带状测区或小面积测区，可按测区统一顺序进行编号，一般从左到右，从上到下用数字 1、2、3、4……编定。

行列编号法：横行一般以 A、B、C……为代号从上到下排列，纵列以阿拉伯数字为代号从左到右排列，且先行后列，中间加上连字符，如图 8.5 中“A-3”。

8.1.3 地物的表示方法

地形图主要运用规定的符号反映地球表面的地物、地貌及相关信息，如表 8.3 所示。地形图的符号分为地物符号和地貌符号，所有地物符号在各种比例尺地形图图式中有所表示。图式由国家测绘局和有关部门统一制定，是测绘地形图的依据。

地物一般分为两类：一是自然地物，如河流、湖泊、森林等；二是人工地物，如房屋、体育场、道路、电力线等。同一种地物的表示符号与比例尺的大小有关。根据地物的类别、形状和大小的不同，可分别用比例符号、半比例符号、非比例符号和注记符号来表示。

1. 比例符号

当地物的轮廓较大，其形状和大小可以按测图比例尺用规定的符号缩小绘制在图纸上时，这种符号称为比例符号，如房屋、池塘、宽的道路等。如表 8.3 中，从编号 1~27 都是比例符号。

2. 半比例符号

对于道路、通信线、管道、垣栅等呈线状延伸的地物，其长度可按比例表示，而宽度无法按比例表示，这种符号称为半比例符号。半比例符号只能表示地物的中心位置，不能表示地物的形状和大小。如表 8.3 中，从编号 45~56 都是半比例符号。

3. 非比例符号

某些地物由于轮廓太小，不能用比例符号将其形状和大小在地形图上表示出来，但又有特殊的意义，如三角点、导线点、水准点、独立树、路灯、检修井等，此时可不考虑其实际大小，而采用规定的符号表示，这种符号称为非比例符号。如表 8.3 中，从编号 28~44 都是非比例符号。

非比例符号不表示地物的形状，按下列规则表示地物的中心位置：

①几何图形符号(圆形、矩形、三角形等)在其几何图形的中心。

②宽底符号在底线中心，如烟囱符号。

③底部为直角形的符号在直角的顶点，如独立树符号。

④几种几何图形组成的符号在图形的中心点或交叉点，如消防栓符号。

⑤下方没有底线的符号在下方两端的中心点，如窑洞符号。

4. 注记符号

有些地物除用一定的符号表示外，还需用文字、数字或特定的符号加以注记和说明，这类符号称为注记符号，如房屋的结构、层数，道路、河流名称和水流方向以及等高线的高程等。

表 8.3　常用地物、注记和地貌符号

编号	符号名称	1∶500　1∶1 000	1∶2 000
1	一般房屋 混—房屋结构 3—房屋层数	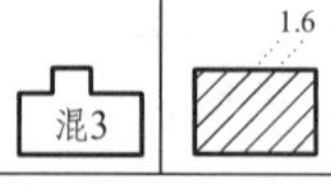 混3	1.6
2	简单房屋	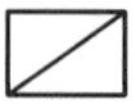	
3	建筑中的房屋	 建	
4	破坏房屋	 破	
5	棚房	 45° 1.6	
6	架空房屋	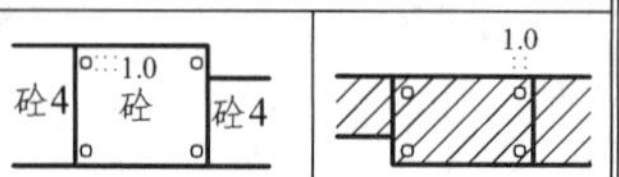 砼4 1.0 砼 砼4	1.0
7	廊房	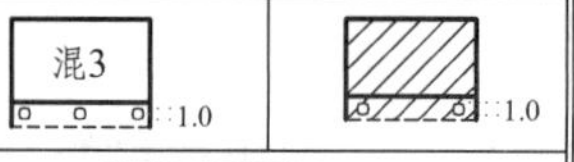 混3 1.0	1.0
8	台阶	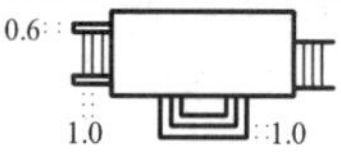 0.6 1.0 1.0	
9	无看台的 露天体育场	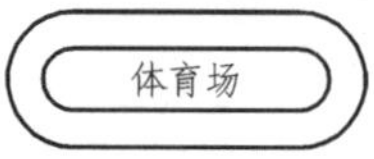 体育场	
10	游泳池	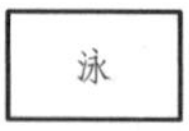 泳	
11	过街天桥	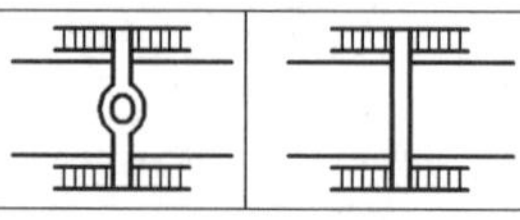	
12	高速公路 a.收费站 0—技术等级代码	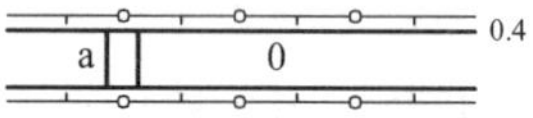 a 0 0.4	
13	等级公路 2—技术等级代码 (G325)—国道路线编码	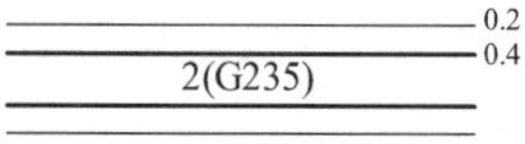 0.2 0.4 2(G235)	
14	乡村路 a.依比例尺的 b.不依比例尺的	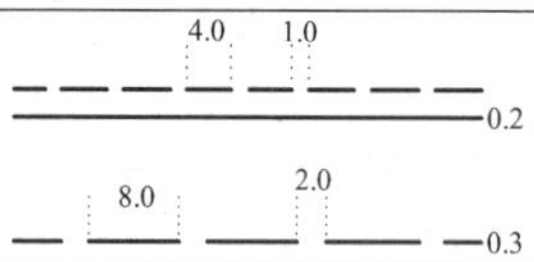 4.0 1.0 0.2 8.0 2.0 0.3	
15	小路	 1.0 4.0 0.3	
16	内部道路	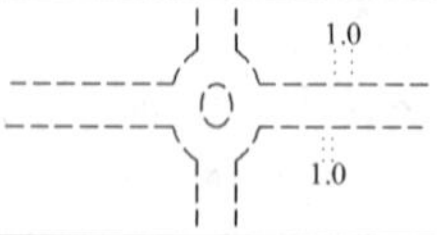 1.0 1.0	
17	阶梯路	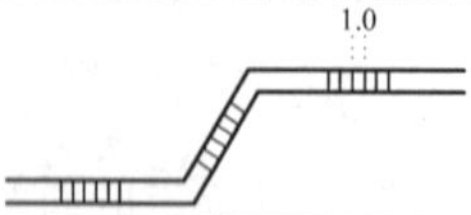 1.0	
18	打谷场、球场	 球	
19	旱地	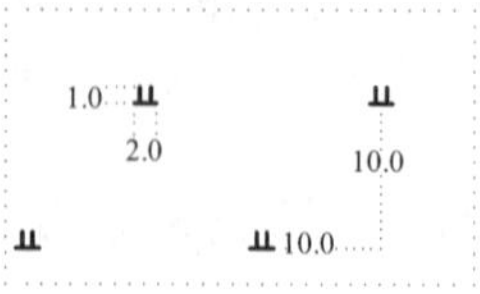 1.0 2.0 10.0 10.0	
20	花圃	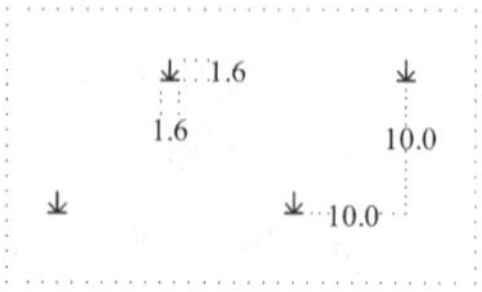 1.6 1.6 10.0 10.0	
21	有林地	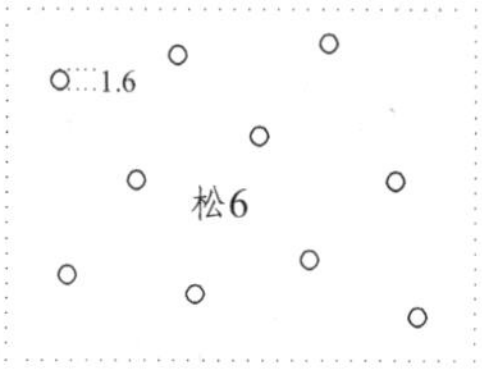 1.6 松6	
22	人工草地	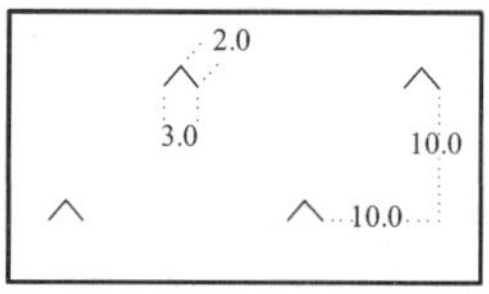 2.0 3.0 10.0 10.0	
23	稻田	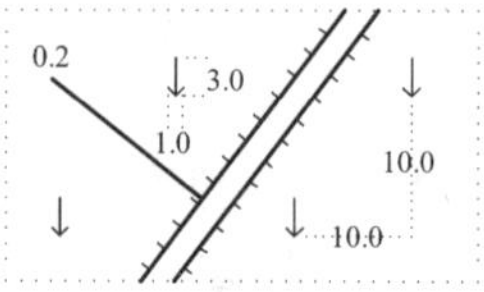 0.2 3.0 1.0 10.0 10.0	
24	常年湖	 青　湖	
25	池塘	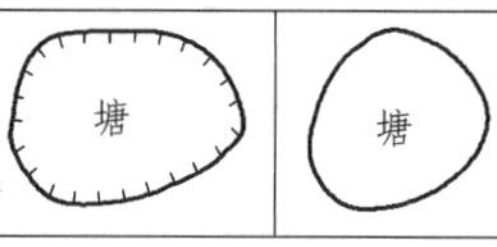 塘	塘
26	常年河 a.水涯线 b.高水界 c.流向 d.潮流向 涨潮 落潮	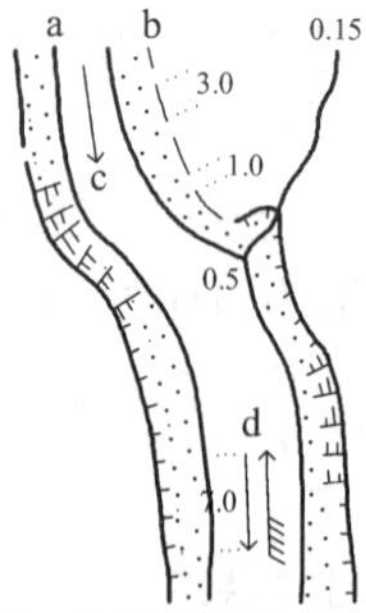 a b 0.15 3.0 1.0 c 0.5 d 1.0	
27	喷水池	 1.0 3.6	
28	GPS控制点	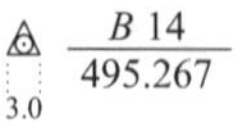 3.0 $\frac{B\ 14}{495.267}$	

续表8.3

编号	符号名称	1∶500 1∶1 000	1∶2 000
29	三角点 凤凰山—点名 394.468—高程	凤凰山 / 394.468 3.0	
30	导线点 I16—等级、点号 84.46—高程	2.0 I16 / 84.46	
31	埋石图根点 16—点号 84.46—高程	1.6 2.6 16 / 84.46	
32	不埋石图根点 25—点号 62.74—高程	1.6 25 / 62.74	
33	水准点 Ⅱ京石5—等级、点名、点号 32.804—高程	2.0 Ⅱ京石5 / 32.804	
34	加油站	1.6 3.6 1.0	
35	路灯	2.0 1.6 1.0	
36	独立树 a.阔叶 b.针叶 c.果树 d.棕榈、椰子、槟榔	a 1.6 2.0 3.0 1.0 b 1.6 3.0 1.0 c 1.6 3.0 1.0 d 2.0 3.0 1.0	
37	独立树 棕榈、叶子、槟榔	2.0 3.0 1.0	
38	上水检修井	2.0	
39	下水(污水) 雨水检修井	2.0	
40	下水暗井	2.0	
41	煤气、天然气检修井	2.0	
42	热力检修井	2.0	
43	电信检修井 a.电信人孔 b.电信手孔	a 2.0 b 2.0 2.0	
44	电力检修井	2.0	
45	地面下得管道	4.0 污 1.0	
46	围墙 a.依比例尺的 b.不依比例尺的	a 10.0 b 10.0 0.3 0.6	
47	挡土墙	1.0 0.3 6.0	
48	栅栏、栏杆	10.0 1.0	
49	篱笆	10.0 1.0	
50	活树篱笆	6.0 1.0 0.6	
51	铁丝网	10.0 1.0	
52	通讯线 地面上的	4.0	
53	电线架		
54	路灯	4.0	
55	陡坎 a.加固的 b.未加固的	2.0 a b	
56	散树、行树 a.散树 b.行树	a 1.6 b 10.0 1.0	
57	一般高程点记注记 a.一般高程点 b.独立性地物的高程	a 0.5 · 163.2 b 75.4	
58	名称说明注记	友谊路 中等线体4.0(18 K) 团结路 中等线体3.5(15 K) 胜利路 中等线体2.75(12 K)	
59	等高线 a.首曲线 b.计曲线 c.间曲线	a 0.15 b 0.3 c 1.0 6.0 0.15	
60	等高线注记	25	
61	示坡线	0.8	
62	梯田坎	56.4 1.2	

8.1.4 地貌的表示方法

地貌是指地球表面高低起伏的自然形态。地貌形态多种多样，对于一个地区，可按其起伏的变化分成以下四种地形类型：地势起伏小，地面倾斜角一般在2°以下，比高一般不超过20 m的称为平地；地面高低变化大，倾斜角一般在2°~6°，比高不超过150 m的称为丘陵地；高低变化悬殊，倾斜角一般为6°~25°，比高超过150 m的称为山地；倾斜角超过25°的称为高山地。

地形图上主要采用等高线法表示地貌，对于特殊地貌采用特殊符号表示。

1. 等高线定义

等高线是地面上具有相同高程的相邻各点连成的闭合曲线，也就是设想水准面与地表面相交形成的闭合曲线。

如图8.6所示，将地面上的各条等高线沿铅垂线方向投影到水平面 H 上，并按一定的比例尺缩绘到图纸上，即得到一张用等高线表示山体的地形图。

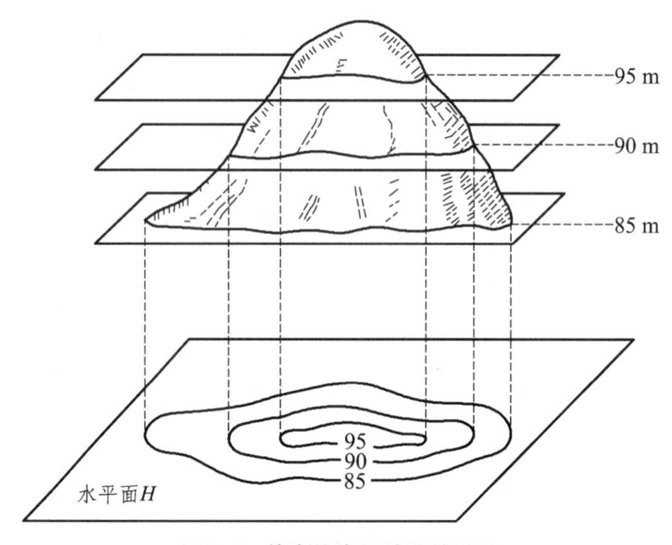

图8.6　等高线表示地貌的原理

2. 等高距和等高线平距

相邻等高线之间的高差称为等高距，常以 h 表示。图8.6中的等高距为5 m。在同一幅地形图上，应用同一个等高距。等高距越小，所反映的地貌就越详细；反之，就越粗略。但是，当等高距太小时，图上的等高线比较密集，从而影响图面的清晰度。因此，应根据地形类型和比例尺大小，并按国家规范要求等选择合适的等高距，如表8.4所示。

相邻等高线之间的水平距离称为等高线平距，常以 d 表示。在同一张地形图上，等高距是一个常数，而等高线平距随地面坡度大小变化而变化。地面坡度越陡，等高线平距 d 越小，等高线越密集；反之，平距越大，等高线越稀疏，地面坡度越平缓。地面两点之间的坡度可表示为

$$i=\frac{h}{D}=\frac{h}{d\times M} \tag{8.2}$$

表 8.4　大比例尺地形图的基本等高距　　单位：m

地形类别	比例尺			
	1∶500	1∶1 000	1∶2 000	1∶5 000
平坦地	0.5	0.5	1	2
丘陵	0.5	0.5	2	5
山地	1	1	2	5
高山地	1	2	1	5

3. 等高线的分类

为了用图方便，等高线按其用途分为首曲线、计曲线、间曲线和助曲线四类，如图 8.7 所示。

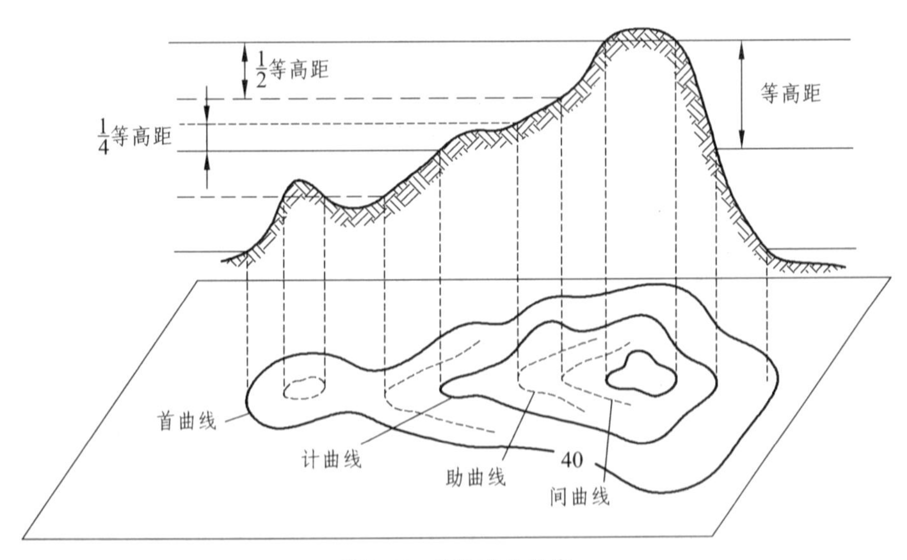

图 8.7　等高线的种类

①首曲线(也称基本等高线)：按基本等高距测绘的等高线。

②计曲线(也称加粗等高线)：每隔 4 条首曲线加粗的一条等高线，在其上注记高程。

③间曲线(也称半距等高线)：个别地方的地面坡度很小，用基本等高距的等高线不足以显示局部地貌特征时，可按 1/2 基本等高距用虚线加绘半距等高线。

④助曲线(也称 1/4 距等高线)：在某些局部地区，需要更详细地了解其地面的起伏状况，此时可按 1/4 基本等高距插绘等高线。

3. 典型地貌的等高线

(1)山头与盆地

如图 8.8 所示，分别为山头与盆地的等高线，它们都是由一组闭合曲线组成。它们的区别在于：山头的等高线内圈的高程比外圈的高，盆地的等高线内圈的高程比外圈的低。因此根据高程注记，可以区分山头与盆地。示坡线是指示斜坡向下的方向，在山头、盆地的等高线上绘出示坡线，有利于判读地貌。

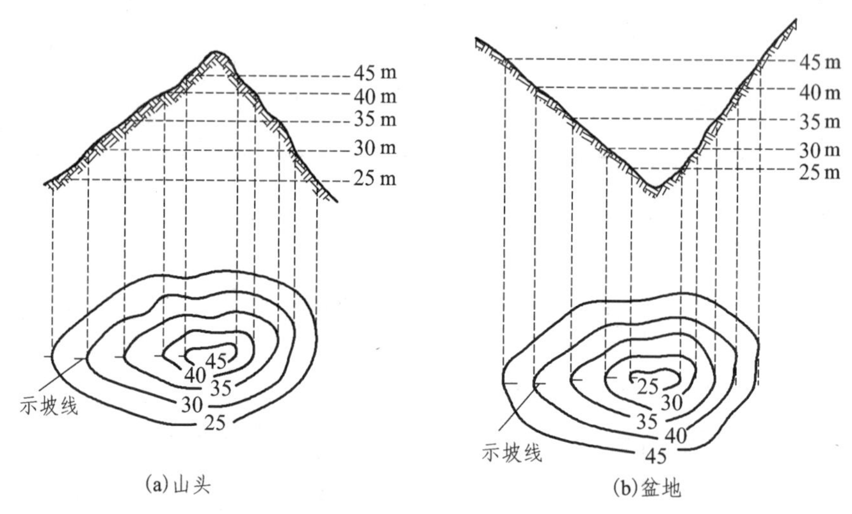

图 8.8　山头和盆地等高线

(2)山脊和山谷

山的最高部分为山顶，有尖顶、圆顶、平顶等形态；尖峭的山顶叫山峰。山顶向一个方向延伸的凸棱部分称为山脊，山脊的最高点连线称为山脊线。山脊等高线表现为一组凸向低处的曲线，如图 8.9 所示。相邻山脊之间的凹部是山谷，山谷中最低点的连线称为山谷线，如图 8.10 所示，山谷等高线表现为一组凸向高处的曲线。

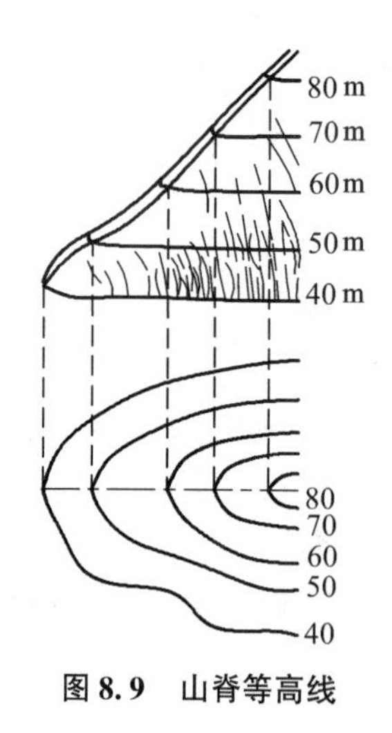

图 8.9　山脊等高线

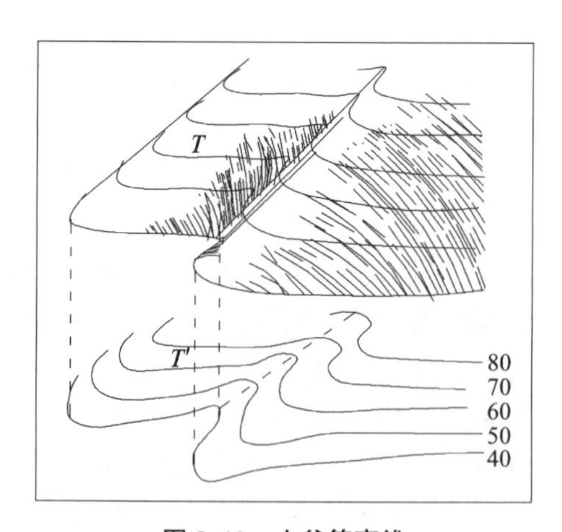

图 8.10　山谷等高线

在山脊上，雨水会以山脊线为分界线而流向山脊的两侧，所以山脊线又称为分水线。在山谷中，雨水由两侧山坡汇集到谷底，然后沿山谷线流出，所以山谷线又称为集水线。山脊线和山谷线合称为地性线。

(3)鞍部

鞍部是相邻两山头之间呈马鞍形的低凹部位，如图 8.11 所示。它左右两侧的等高线是对称的两组山脊线和山谷线。鞍部等高线的特点是在一圈大的闭合曲线内套有两组小的闭合曲线。

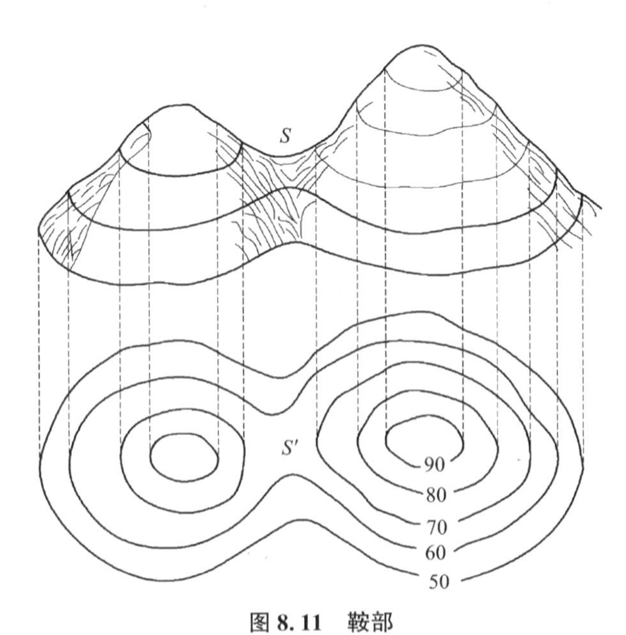

图 8.11　鞍部

(4)陡崖和悬崖

陡崖是坡度在 70°以上或为 90°的陡峭崖壁，若用等高线表示将非常密集甚至重合为一条线，因此采用陡崖符号来表示，如图 8.12 所示。

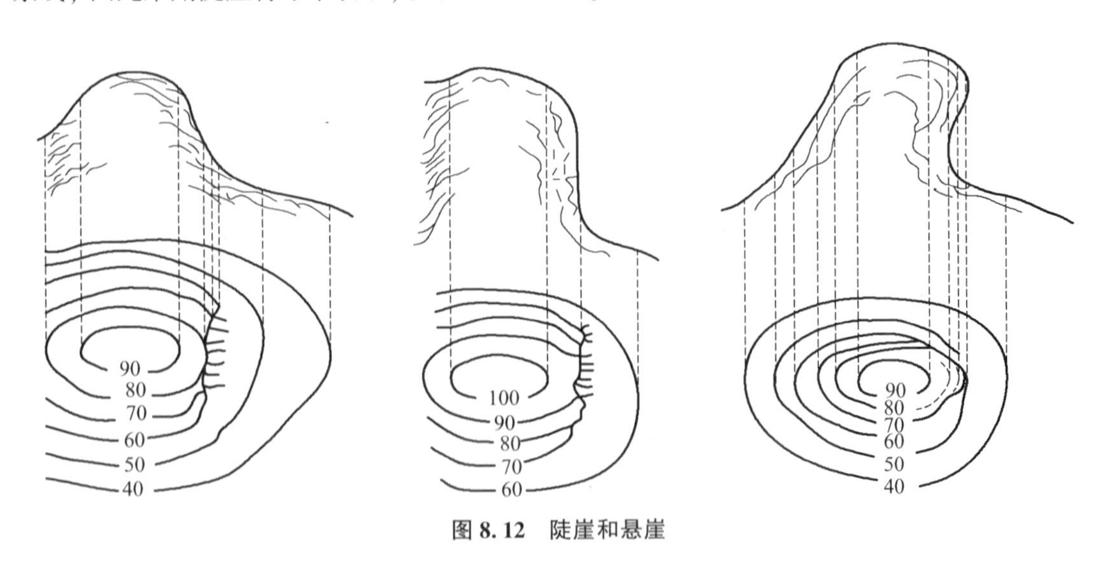

图 8.12　陡崖和悬崖

悬崖是上部突出、下部凹进的陡崖。悬崖上部的等高线投影到水平面时，与下部的等高线相交，下部凹进的等高线用虚线表示。

了解上述典型地貌的等高线表示方法以后，才能认识地形图上用等高线表示的复杂地貌。如图 8.13 所示为某一地区综合地貌，读者可将两图参照阅读。

图 8.13　某地综合地貌

5. 等高线的特性

根据等高线的概念，可归纳出等高线具有以下特性：

①同一条等高线上的点高程相等。

②等高线是闭合曲线，如果不在本幅图内闭合，一定在图外闭合。

③图上的等高线，只有在陡崖处才会重合、在悬崖处才会相交，其他情况下既不会相交也不会重合。

④等高线经过山脊或山谷时往往要改变方向，并与山脊线和山谷线正交。

⑤在同一幅地形图内，等高线的平距大小与地面坡度成反比，等高线越密集，地面坡度越陡；反之，等高线越稀疏，则地势越平缓。

8.2　大比例尺地形图测绘

测绘大比例尺地形图的测区面积较小时，一般采用白纸测图的方法；测区面积较大时，可以采用摄影测量和遥感的方法。传统的白纸测图方法包括平板仪测图、经纬仪测图等。随着全站仪的普及，数字测图发展很快，已逐步取代了传统的方法。数字测图中主要使用的仪器为经纬仪、全站仪和 RTK。

本节主要介绍白纸测图方法，下一节讲述数字测图。

白纸测图的方法，其作业内容包括测图前的准备(图纸的准备、坐标格网的绘制、图廓点及控制点的展绘和测站点的增设)、碎部点的测定、图形接边、图形整饰、检查验收等工序。

8.2.1　测图前的准备工作

1. 收集资料

测图前应收集测区的有关资料，了解测图的目的和要求，对测区进行踏勘，掌握测区情况和平面、高程控制网点的分布情况及其点位，然后因地制宜，做出切实可行的测图计划。

2. 图纸的准备

测绘地形图的图纸一般采用厚度为0.05~0.10 mm(通常以0.07 mm为宜)，经过热定形处理后伸缩率小于0.3‰且一面打毛的聚酯薄膜图纸。聚酯薄膜图纸具有透明度好、伸缩性小、怕潮湿、牢固耐用并可直接在底图上着墨复晒蓝图等优点，其缺点是易燃、易折，故在使用过程中应注意防火并妥善保管。

3. 绘制坐标方格网

由于展绘在图纸上的控制点将作为外业测量的依据，故展绘精度直接影响测图的质量。为此，必须首先按规定精确地绘制坐标方格网。

测绘专用的聚酯薄膜通常都已经绘有精确的坐标方格网，图纸常用的规格有40 cm×50 cm的矩形图幅和50 cm×50 cm的正方形图幅两种。若聚酯薄膜上无坐标方格网或采用普通绘图纸进行测图时，可使用坐标仪或坐标格网尺等专用工具绘制坐标方格网；当无上述专用设备时，可按下述对角线法绘制。现以绘制50 cm×50 cm的坐标方格网为例加以说明。

对角线法的具体做法：如图8.14所示，先在图纸上画出两条对角线，以其交点为圆心O，取适当长度为半径画弧，交对角线于A、B、C、D点，用直线相连得矩形$ABCD$。分别从A、B两点起沿AB和BC方向每隔10 cm定一点，共定出5点；再从A、D两点分别沿AD和DC方向每隔10 cm定一点，同样定出5点。连接对边的相应点，即得50 cm×50 cm的方格网。

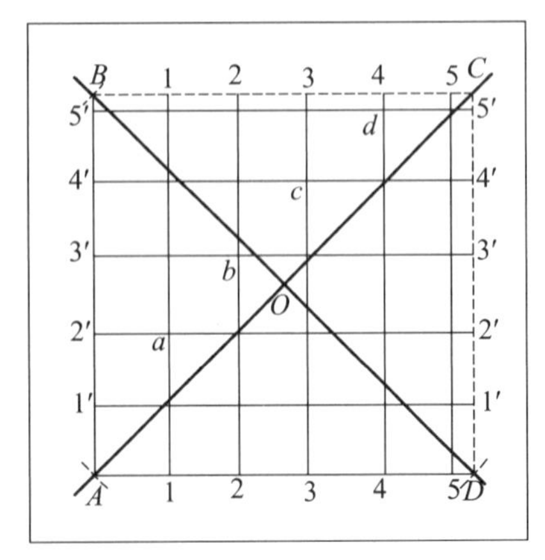

图8.14　对角线法绘制方格网

坐标格网绘好后，应立即用直尺做以下检查：

①检查各方格顶点是否在同一直线，其偏离值不应超过0.2 mm。

②用比例尺检查各方格边长与对角线长度，方格边长与其理论值之差不应超过0.2 mm，对角线长与其理论值之差不应超过0.3 mm。

③图廓对角线长度与理论值之差不应超过0.3 mm。

如果误差超过允许值，应重绘方格网。若印有坐标方格网的图纸经检查不合格，则应予以作废。

4. 展绘控制点

根据平面控制点的坐标值，在图纸上标出其点位，称为控制点的展绘。展点前应将坐标值注记在相应坐标格网边线的外侧，如图 8.15 所示。

展绘点的坐标时，先根据控制点的坐标确定其所在的方格。例如 A 点的坐标为 $X_A=214.60$ m，$Y_A=256.78$ m，A 点在方格 1234 中；然后计算点 2 与 A 点的坐标增量 $\Delta x_{2A}=214.60-200=14.60$ m，$\Delta y_{2A}=256.78-200=56.78$ m。从点 1、2 开始用比例尺分别向右量取 Δy_{2A}，定出 a、b 点；从点 2、4 开始用比例尺分别向上量取 Δx_{2A}，定出 c、d 点。连接 ab 与 cd 得到交点，即为 A 点的位置。同法，将其余控制点 B、C、D 点展绘在图上。最后检查展绘点精度，用比例尺量取相邻控制点间的长度，与相应的实际距离进行比较，其差值不应超过图上±0.3 mm；对超限的控制点应重新展绘。

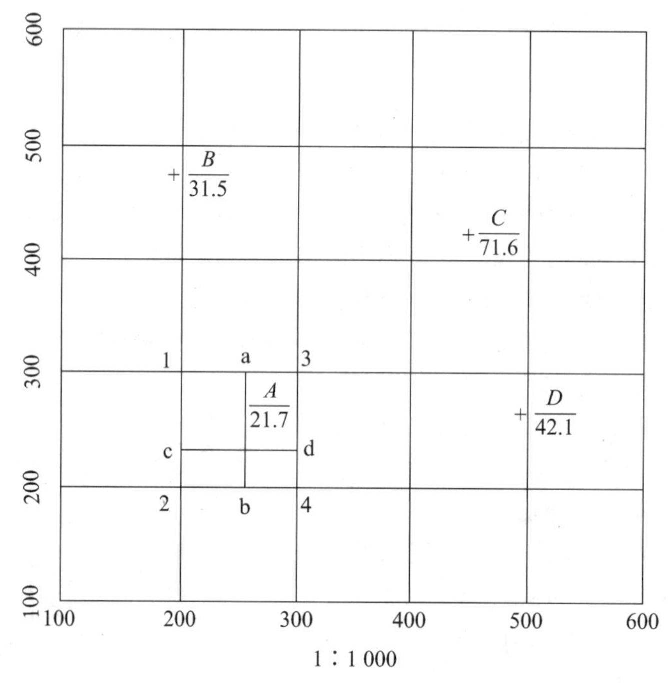

图 8.15 控制点的展绘(单位：m)

当控制点的平面位置展绘在图纸上以后，按图式要求绘出相应图根点的符号，并注记点号和高程，高程注记到 mm。为了保证地形图的精度，测区内应有一定数目的图根控制点，按照测量规范，测区内图根点的个数不能少于表 8.5 的规定。

表 8.5 一般地区解析图根点的个数

测图比例尺	图幅尺寸	解析图根点个数/个
1∶500	50 cm×50 cm	8
1∶1 000	50 cm×50 cm	12
1∶2 000	50 cm×50 cm	15

5. 测站点的加密

为了保证地形图的精度，测区内应有一定数目的图根控制点。测图控制点不能满足要求时，可根据图根控制点采用交会测量、导线测量等方式进行加密。

8.2.2　大比例尺地形图的测绘方法

大比例尺地形图测绘的主要工作就是测量地物、地貌的特征点，也称碎部点。

1. 碎部点的采集方法

白纸测图时，利用经纬仪配合平板进行碎部测量的特点是测点的数量多，远远超过图根控制点的个数；在白纸成图过程中由于受地形图比例尺精度的制约，碎部点的定位精度比控制点的定位精度要低得多。因此在实际工作中碎部点的测绘方法比较灵活，平面位置常用极坐标法、距离交会法和直角坐标法等测定，高程一般用三角高程测量。

(1)极坐标法

如图 8.16 所示，测定测站至碎部点方向与测站至后视点(另一个控制点)方向间的水平角和测定测站至碎部点的距离，便能确定碎部点的平面位置。极坐标法是碎部测量最基本的方法。

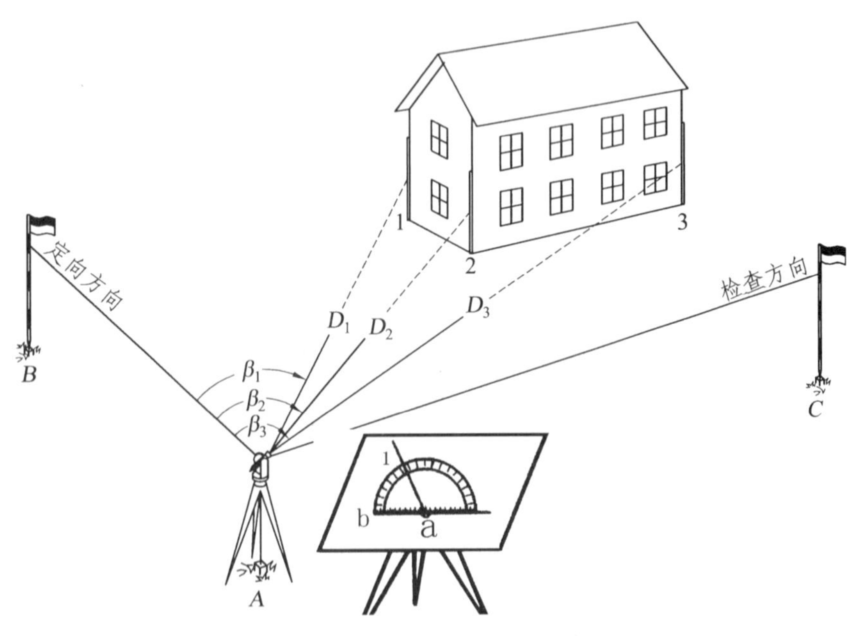

图 8.16　极坐标法测绘地物点

(2)距离交会法

如图 8.17 所示，测定已知点 1 至碎部点 M 的距离 D_1 以及已知点 2 至碎部点 M 的距离 D_2，便能确定该碎部点的平面位置。这就是距离交会法。此处已知点不一定是测站点，可能是已测定出平面位置的碎部点。

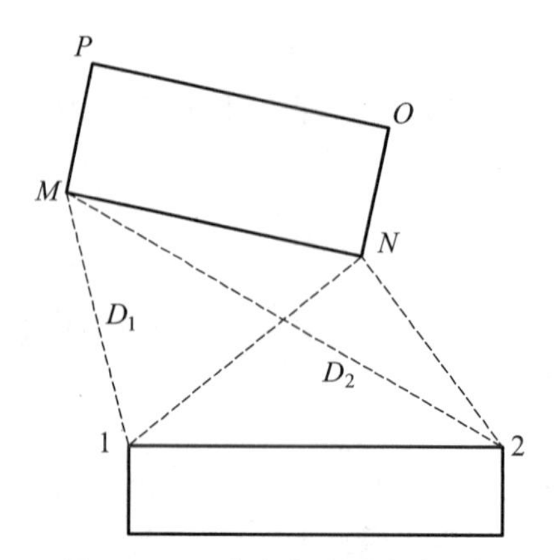

图 8.17　距离交会法测绘地物点

(3)直角坐标法

如图 8.18 所示，设 A、B 为控制点，碎部点 1、2、3 靠近 AB。以 AB 方向为 x 轴，找出碎部点在 AB 线上的垂足，用卷尺量出 x、y，即可定出碎部点。此法称为直角坐标法。直角坐标法适用于地物靠近控制点的连线、垂距 y 较短的情况。

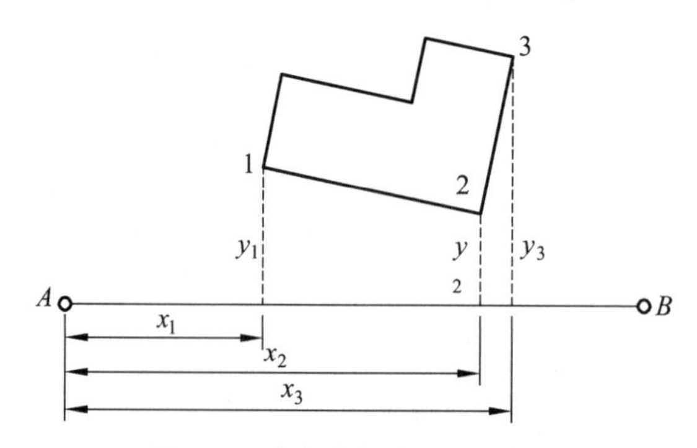

图 8.18　直角坐标法测绘地物点

2. 白纸测图的方法与步骤

白纸测图按极坐标法测定碎部点时，用经纬仪测定碎部点的平面定位元素——水平角和水平距离；用量角器和比例尺按观测数据在图纸上标定碎部点。同时，用经纬仪按照三角高程的方法测出该点的高程，并在图上该点的右侧注记高程。一般要求边测边绘，并对照实地勾绘地物轮廓或地貌等高线。其一个测站的测绘过程如下：

(1)安置仪器

将经纬仪安置在测站点 A 上，对中，整平，图板安置在仪器旁，如图 8.19 所示，量取仪器高 i，测出竖盘指标差 x，并记入表 8.6 的碎部观测手簿中。

(2)定向

以盘左位置，瞄准另一已知点 B，并将水平度盘配置为 0°00′00″，绘图员在图纸上绘出 AB 方向作为零方向线。

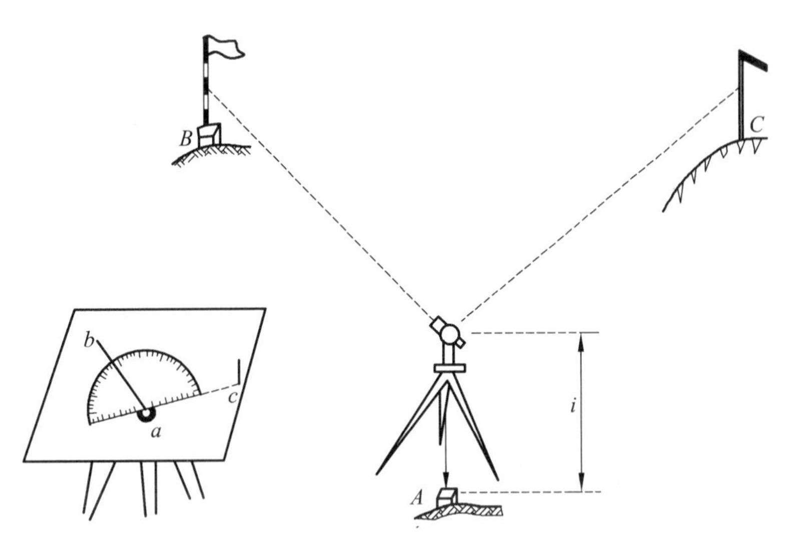

图 8.19　经纬仪测绘法的测站安置

(3)立尺

立尺员先观察测站附近的地形情况，与观测员共同商定跑尺的范围、路线，然后在选定的碎部点上立标尺，尽量做到跑尺有顺序、不漏点，一点多用，方便绘图。立尺点与测站间的视距长度应不超过表 8.7 中规定的最大视距。

(4)观测

观测员用经纬仪瞄准标尺，读取上丝、下丝、中丝读数，读取水平度盘、竖盘读数。在观测过程中，应检查定向是否为 0°00′，其不符值不得超过 4′，否则应重新定向。

(5)记录与计算

记录者将观测数据记入如表 8.6 所示的观测手簿中，并根据观测数据，分别计算水平距离 D 和碎部点的高程 H，并填入表 8.6 相应栏内。将展绘点所需数据立即报给绘图员。

表 8.6　碎部观测记录手簿

观测者＿＿＿＿＿＿＿＿　记录者＿＿＿＿＿＿＿＿　观测时间＿＿＿＿＿＿＿＿

测站 A　零方向 B　测站高程 47.36 m

检查方向 C　仪器高 1.51 m　指标差 $x=15$

测站	尺上读数/m			视距间隔/m	竖直角 α/(° ′)		水平角 β/(° ′)	水平距离 D/m	高差 h/m	测点高程 H/m	备注
	上丝	中丝	下丝		竖直读数	竖直角					
1	1.390	1.510	1.620	0.230	87 12	+2 48	136 24	22.94	1.12	48.48	
2	1.328	2.200	3.072	1.744	95 42	−5 42	45 36	172.68	−17.92	29.43	

表 8.7　一般地区地形点的最大间距和最大视距

比例尺	地形点最大间距/m	最大视距/m	
		主要地物点	次要地物点和地貌
1∶500	15	60	100
1∶1 000	30	100	150
1∶2 000	50	180	250
1∶5 000	100	300	350

注：①1∶500 比例尺测图时，在建成区、平坦地区及丘陵地区，地物点距离应采用皮尺量距或测距，皮尺丈量最大长度为 50 m。②山地、高山地地物点最大视距可按地形点要求确定。③当采用数字化成图或按坐标展点成图时，其视距最大长度可按上表地形点放长 1 倍。

(6)展绘碎部点

绘图员根据计算出的水平距离 D 和水平角，用量角器和比例尺按极坐标法在图纸上定出该碎部点，并在点的右侧注记高程，如图 8.20 所示。

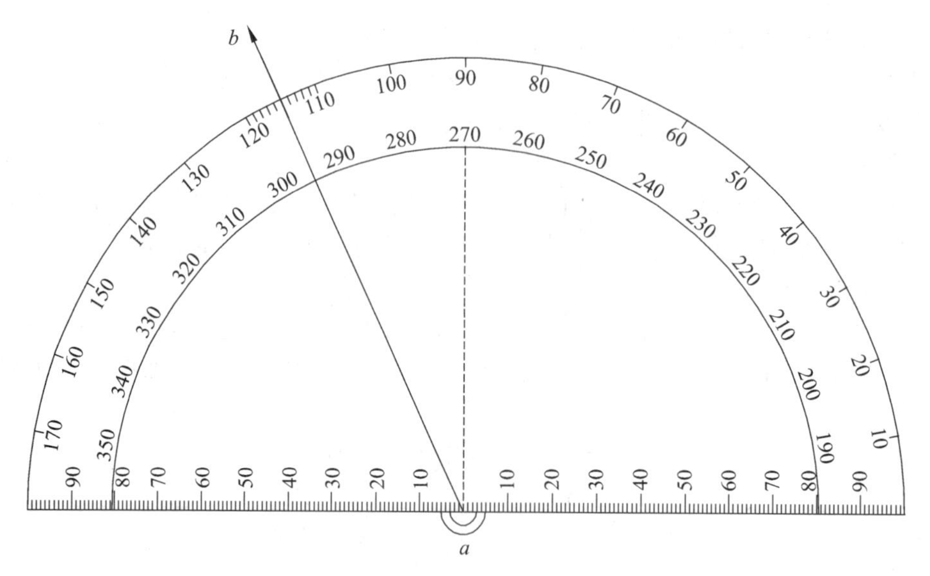

图 8.20　量角器展绘碎部点的方向

(7)测站检查

为保证测图正确，在一个测站上每测 20~30 个点后应重新对准定向点进行归零检查，归零差不应大于 4′；在测出部分碎部点后应及时根据现场实际情况勾绘出地物轮廓线和等高线，确认地物、地貌无错测或漏测时才可迁站；仪器安置在下一个测站时，要抽查上站已测过的若干碎部点，检查重复点精度在限差内后，才可在新的测站上开始测量。

3. 测站点的增补

由于测区内地形的隐蔽性，利用已有的图根控制点不可能把全部地形测绘成图，因此可临时增加测站点，以便安置仪器进行测绘。增设新图根控制点的方式比较灵活，可以采用支导线法、交会定点法。当解析图根点不能满足测图需要时，可增补少量图解交会点或视距支点。图解交会点和视距支点应符合下列要求：

①图解交会点必须选多余方向进行校核，相邻两线交角应在30°~150°。

②视距支点边长不宜大于相应比例尺地形点最大视距长度的2/3，一般地区地形点的最大间距和最大视距如表8.7所示。距离应采用往返视距测定，其较差不应大于边长的1/150。

8.2.3　大比例尺地形图测绘的基本要求

地形测图时仪器的设置及测站上的检查应符合下列规定：

①仪器对中的偏差，不应大于0.05 mm图上尺寸。

②以较远的一点标定方向，用其他点进行检核。采用平板仪测绘时，检核偏差不应大于0.3 mm的图上尺寸；采用经纬仪测绘时，其角度检核值与原角值之差不应大于2′。每站测图过程中，应随时检查定向点方向，采用平板仪测绘时，偏差不应大于0.3 mm的图上尺寸；采用经纬仪测绘时，归零差不应大于4′。

③检查另一测站高程，其较差不应大于1/5基本等高距。

④采用量角器配合经纬仪测图，当定向边长在图上短于10 mm时，应以正北或正南方向作为起始方向。

地形点、地物点的间距和视距最大长度应符合表8.7的规定。

高程注记点的分布应符合下列规定：

①地形图上高程注记点应分布均匀，丘陵地区高程注记点间距宜符合表8.8的规定。

表8.8　高程注记点间距

比例尺	1∶500	1∶1 000	1∶2 000
高程注记点间距/m	15	30	50

注：①平坦及地形简单地区可放宽至1.5倍，地貌变化较大的丘陵地、山地与高山地应适当加密。②山顶、鞍部、山脊、山脚、谷底、谷口、沟底、沟口、凹地、台地、河川湖池岸旁、水涯线上以及其他地面倾斜变换处，均应测高程注记点。③城市建筑区高程注记点应测设在街道中心线、街道交叉中心、建筑物墙脚和相应的地面、管道检查井井口、桥面、广场、较大的庭院内或空地上以及其他地面倾斜变换处。④基本等高距为0.5 m时，高程注记点应注至厘米；基本等高距大于0.5 m时可注至分米。

在测绘地物、地貌时，应遵循“看不清不绘”的原则。地形图上的线划、符号和注记应在现场绘制完成。

按基本等高距测绘的等高线为首曲线。计曲线加粗表示，并在计曲线上注明高程，字头朝向高处，但需避免在图内倒置。山顶、鞍部、凹地等不明显处等高线应加绘示坡线。当首曲线不能显示地貌特征时，可测绘1/2基本等高距的间曲线。

城市建筑区和高差很小的地方，可不绘等高线。

地形原图铅笔整饰应符合下列规定：

①地物、地貌各要素，应主次分明、线条清晰、位置准确、交接清楚。

②高程注记的数字，字头朝北，书写应清楚整齐。

③各项地物、地貌均应按规定的符号绘制。

④各项地理名称注记位置应适当，并检查有无遗漏或不明之处。

⑤等高线须合理、光滑、无遗漏，并与高程注记点相适应。

⑥图幅号、方格网坐标、测图者姓名及测图时间应书写正确、齐全。

8.2.4 地物测绘

在野外测图时，碎部点应选在地物和地貌的特征点上。对于地物，主要是测出地物轮廓线上的转折点，如房角点、道路中心线或边线的转折点和交叉点、河岸线的转折点以及独立地物的中心点等。由于受测图比例尺的限制，对地物的细部要进行综合取舍，一般规定如下。

1. 居民地和垣栅的测绘

①居民地的各类建筑物、构筑物及主要附属设施应准确测绘实地外围轮廓和如实反映建筑物结构特征。

②房屋的轮廓应以墙基外角为准，并按建筑材料和性质分类，注记层数。1∶500、1∶1 000 比例尺测图，房屋应逐个表示，临时性房屋可舍去；1∶2 000 比例尺测图可适当综合取舍，图上宽度小于 0.5 mm 的小巷可不表示。

③建筑物和围墙轮廓凸凹在图上小于 0.4 mm，简单房屋小于 0.6 mm 时，可用直线连接。

④1∶500 比例尺测图，房屋内部天井宜区分表示；1∶1 000 比例尺测图，图上 6 mm^2 以下的天井可不表示。

⑤测绘垣栅应类别清楚，取舍得当。城墙按城基轮廓依比例尺表示，城楼、城门、豁口均应实测；围墙、栅栏、栏杆等可根据其永久性、规整性、重要性等综合考虑取舍。

2. 工矿建(构)筑物及其他设施的测绘

①工矿建(构)筑物及其他设施的测绘，图上应准确表示其位置、形状和性质特征。

②工矿建(构)筑物及其他设施依比例尺表示的，应实测其外部轮廓，并配置符号或按图式规定依比例尺符号表示；不依比例尺符号表示的，应准确测定其定位点或定位线，用非比例尺符号表示。

3. 交通及附属设施的测绘

①交通及附属设施的测绘，图上应准确反映陆地道路的类别和等级、附属设施的结构和关系；正确处理道路的相交关系及与其他要素的关系；正确表示水运和海运的航行标志、河流的通航情况及各级道路的通过关系。

②铁路轨顶(曲线段取内轨顶)、公路路中、道路交叉处、桥面等应标注高程，隧道、涵洞应标注底面高程。

③公路与其他双线道路在图上均应按实宽依比例尺表示。公路应在图上每隔15~20 cm注出公路技术等级代码，国道应往出国道的路线编号。公路、街道按其铺面材料分为水泥、沥青、砾石、条石或石板、硬砖、碎石和土路等，应分别以“混凝土”“沥”“砾”“石”“砖”“渣”“土”等注记于图中路面上，铺面材料改变处应用点线分开。

④铁路与公路或其他道路平面相交时，铁路符号不中断，而将另一道路符号中断；城市道路为立体交叉或高架道路时，应测绘桥位、匝道与绿地等，多层交叉重叠，下层被上层遮住的部分不绘，桥墩或立柱视用图需要表示，垂直的挡土墙可绘实线而不绘挡土墙符号。

⑤路堤、路堑应按实地宽度绘出边界，并应在其坡顶、坡脚适当标注高程。

⑥道路通过居民地不宜中断，应按真实位置绘出。高速公路应绘出两侧围建的栅栏(或墙)和出入口，注明公路名称，中央分隔带视用图需要表示。市区街道应将车行道、过街天桥、过街地道的出入口、分隔带、环岛、街心花园、人行道与绿化带等绘出。

⑦跨河或谷地等的桥梁，应实测桥头、桥身和桥墩位置，加注建筑结构。码头应实测轮廓线，有专有名称的加注名称，无名称者注“码头”，码头上的建筑应实测并以相应符号表示。

4. 管线及附属设施的测绘

①永久性的电力线、电信线均应准确标示，电杆、铁塔位置应实测得出。当多种线路在同一杆架上时，只标示主要的。城市建筑区内电力线、电信线可不连线，但应在杆架处绘出线路方向。各种线路应做到线类分明、走向连贯。

②架空的、地面上的、有管堤的管道均应实测，分别用相应符号表示，并注记传输物质的名称。当架空管道直线部分的支架密集时，可适当取舍。地下管线检修井宜测绘表示。

5. 水系及附属设施的测绘

①江、河、湖、海、水库、池塘、沟渠、泉、井等及其他水利设施，均应准确测绘表示，有名称的加注名称。根据需要可标注水深，也可用等深线或水下等高线表示。

②河流、湖泊、水库等水涯线，宜按测图时的水位测定，当水涯线与陡坎线在图上投影距离小于1 mm时以陡坎线符号表示。河流在图上宽度小于0.5 mm、沟渠在图上宽度小于1 mm(1∶2 000地形图上小于0.5 mm)的用单线表示。

③海岸线以平均大潮、高潮的痕迹所形成的水陆分界线为准。各种干出滩在图上用相应的符号或注记表示，并适当标注高程。

④水位高及施测日期视需要标注。水渠应标注渠顶边和渠底高程；时令河应标注河床高程；堤、坝应标注顶部及坡脚高程；池塘应标注塘顶边及塘底高程；泉、井应标注泉的出水口与井台高程，并根据需要注记井台至水面的深度。

6. 境界的测绘

①境界的测绘，图上应正确反映境界的类别、等级、位置以及与其他要素的关系。

②县(区、旗)和县以上境界应根据勘界协议、有关文件准确清楚地绘出，界桩、界标应测坐标展绘；乡镇和乡级以上国营农、林、牧场以及自然保护区界线按需要测绘。

③两级以上境界重合时，只绘高一级境界符号。

7. 植被的测绘

①地形图上应正确反映出植被的类别特征和范围分布。对耕地、园地应实测范围，配置相应的符号表示。大面积分布的植被在能表达清楚的情况下，可采用注记说明。同一地段生长有多种植物时，可按经济价值和数量适当取舍，符号配置不得超过三种(连同土质符号)。

①旱地包括种植小麦、杂粮、棉花、烟草、大豆、花生和油菜等的田地，经济作物、油料作物应加注品种名称。有节水灌溉设备的旱地应加注“喷灌”“滴灌”等。一年分几季种植不同作物的耕地，应以夏季主要作物为准配置符号表示。

③田埂宽度在图上用大于 1 mm 的双线表示，小于 1 mm 的用单线表示。田块内应标注有代表性的高程。

测绘地形图时，地物测绘的质量取决于是否正确、合理地选择地物特征点，如房角、道路边线的转折点、河岸线的转折点、电杆的中心点等。主要的特征点应独立测定，一些次要的特征点可采用量距、交会、推平行线等几何作图方法绘出。

一般规定，主要建筑物轮廓线的凹凸长度在图上大于 0.4 mm 时，都要表示出来。如在 1∶500 比例尺的地形图上，主要地物轮廓凹凸大于 0.2 m 时应在图上表示出来。对于大比例尺测图，应按如下原则进行取点：

①有些房屋凹凸转折较多时，可只测定其主要转折角(多于 2 个)，取得有关长度，然后按其几何关系用推平行线法画出其轮廓线。

②对于圆形建筑物，可测定其中心并量取其半径绘图；或在其外廓测定 3 点，然后用作图法定出圆心，绘出外廓。

③公路在图上应按实测两侧边线绘出；大路或小路可只测其一侧的边线，另一侧按量得的路宽绘出。

④道路转折点处的圆曲线边线应至少测定 3 点(起、终和中点)绘出。

⑤围墙应实测其特征点，按半比例符号绘出其外围的实际位置。

对于已测定的地物点应连接起来的要随测随连，以便将图上测得的地物与地面上的实体对照。这样，测图时如有错误或遗漏，就可以及时发现，给予修正或补测。

8.2.5 地貌测绘

地貌测绘的取舍一般按如下原则进行：

①地貌的测绘，图上应正确表示其形态、类别和分布特征。

②自然形态的地貌宜用等高线表示，应测出最能反映地貌特征的山脊线、山谷线、山脚线等。此外，还应测出山顶、谷底、鞍部和其他地面坡度变化处的地貌特征点；崩塌残蚀地貌、坡、坎和其他特殊地貌应用相应符号或用等高线配合符号表示。

③各种天然形成和人工修筑的坡、坎，其坡度在 70°以上时表示为陡坎，70°以下时表示为斜坡。斜坡在图上投影宽度小于 2 mm，以陡坎符号表示。当坡、坎比高小于 1/2 基本等高距或在图上长度小于 5 mm 时，可不表示坡、坎密集时，可适当取舍。

④梯田坎坡顶及坡脚宽度在图上大于 2 mm 时，应实测坡脚；当 1∶2 000 比例尺测图梯田坎过密，两坎间距在图上小于 5 mm 时，可适当取舍。梯田坎比较缓且范围较大时，也可用等高线表示。

⑤坡度70°以下的石山和天然斜坡，可用等高线或等高线配合符号表示。独立石、土堆、坑穴、陡坎、斜坡、梯田坎、露岩地等应在上、下方分别标注高程或标注上(或下)方高程及量注比高。

⑥各种土质按图式规定的相应符号表示，大面积沙地应用等高线加注记表示。

在测出地貌特征点后，即开始勾绘等高线。勾绘等高线时，首先用铅笔轻轻描绘出山脊线、山谷线等地性线。由于所测地形点大多数不会正好就在等高线上，因此必须在相邻地形点间，先用内插法定出基本等高线的通过点，再将相邻不同高程的点参照实际地貌用光滑曲线进行连接，即勾绘出等高线。不能用等高线表示的地貌，如悬崖、峭壁、土堆、冲沟等，应用图示符号表示。等高线的内插如图8.21所示。

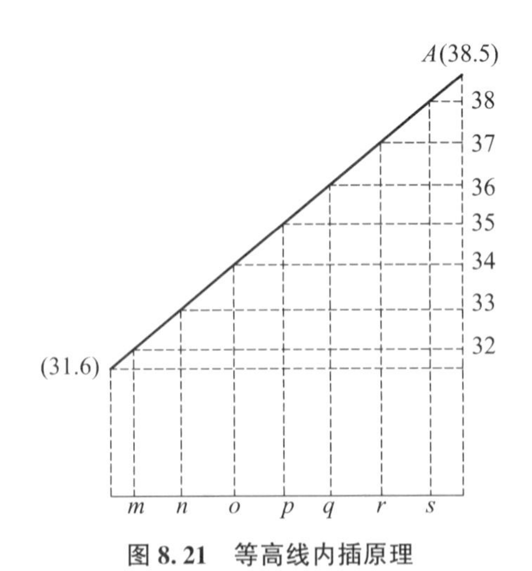

图8.21　等高线内插原理

等高线一般应在现场边测边绘，要运用等高线的特性，至少应勾绘出计曲线，从而控制等高线的走向，以便与实地地形相对照，当场发现错误和遗漏，及时纠正。等高线的勾绘如图8.22所示。

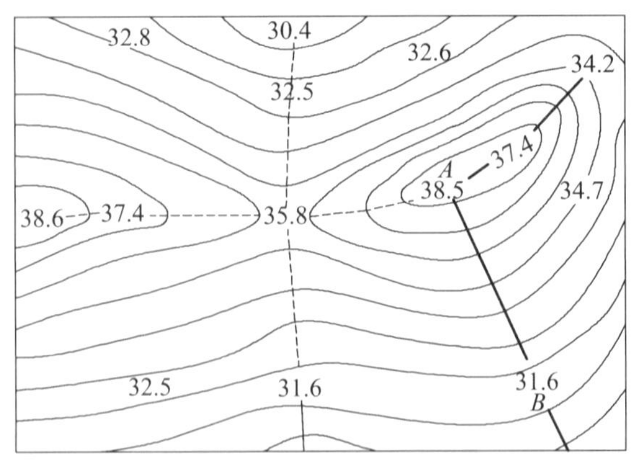

图8.22　等高线的勾绘

8.2.6 地形图的拼接、检查、整饰和提交资料

1. 地形图的拼接

当测区面积较大时，必须分幅测图。由于测量误差和绘图误差的影响，相邻图幅连接的同一地物、同名等高线往往不能准确相接。如图 8.23 所示，相邻左右两幅图的道路、房屋、同名等高线在图边处不完全吻合，因此必须对图边处的地物、地貌的位置作合理的修改。

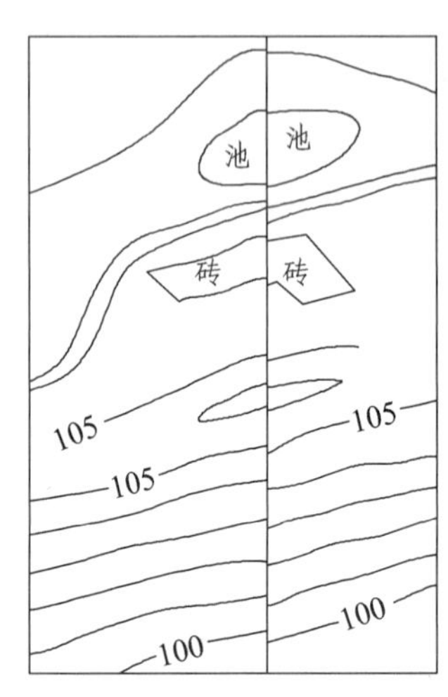

图 8.23 地形图拼接

按照有关规范要求，为了拼接图，每幅图应测出图廓外 5~10 mm，使相邻图幅的周边有一定的重叠。如果接边处两侧的同一地物或同名等高线的误差不大于限差，可平均分配，但应保持地物、地貌相互位置和走向的正确性；超过限差时应到实地检查纠正。

对于聚酯薄膜图纸，将相邻图幅的接边重合、坐标格网对齐，就可检查重叠处地物、地貌的吻合情况。对于纸质绘图纸，先用透明纸条把一幅图接边处的地物、地貌描下来，然后把透明纸条按坐标格网套在另一幅图的接边，进行检查、纠正工作。衔接处的地物和地貌所产生的偏差不得超过表 8.9 中规定的地物点位中误差和等高线高程中误差的 $2\sqrt{2}$ 倍，如偏差在容许范围内，则取平均值对相邻接边进行改正，使接边处完全吻合；若超限，应分析原因并到实地测量更正。

表 8.9 点位中误差规定

地区类别	地物点位中误差/mm（图上尺寸）	相邻地物点间距中误差/mm	等高线高程中误差（等高距）/mm			
			平地	丘陵	山地	高山地
山地、高山地	0.75	0.6	1/3	1/2	2/3	1
建筑区、平地及丘陵地	0.5	0.4				

2. 地形图的检查

(1) 室内检查

测图工作完成后，测图人员对测图全部资料进行检查，主要内容为：

①有关控制点的资料是否齐全、准确。

②图廓、方格网、控制点展绘是否合乎要求。

③地物、地貌测绘是否齐全，符号表达是否正确。

(2) 室外检查

对室内检查发现的问题，应到实地核查、修正。室外检查分为野外巡查和设站检查。

①野外巡查。到测区将地形图与实际地形进行对照检查，着重注意地物、地貌有无遗漏，取舍是否合理，等高线的勾绘是否合乎实际。

②设站检查。把测图仪器在选定的控制点上设站，对上述检查中发现的问题及测站附近重要的地物重新测量。设站抽查的误差应不超过有关规范的限差。

3. 地形图的整饰

铅笔原图经过拼接、检查和修正后，需要进行整饰，使地物符号、注记符号完全符合地形图图式的规定，等高线光滑、合理，最后形成正式的地形原图。

整饰的顺序：先图内后图外，先地物后地貌，先注记后符号。整饰的基本要求：

①地物、地貌均按地形图图式符号绘制，线条清晰、位置正确。

②文字注记一般字头朝北，要求书写清楚。

③等高线的注记字头应指向山顶或高地，不应朝向图纸的下方。

④等高线与高程注记点相符合。

⑤图名、图号、地形图比例尺、方格网坐标、坐标系、高程系和等高距、测图人员、测图时间书写正确、齐全。

3. 地形图的验收

验收是在委托人检查的基础上进行的，以鉴定各项成果是否合乎规范及满足有关技术指标的要求(或合同要求)。首先，检查成果资料是否齐全；然后，在全部成果中抽出一部分进行全面的内业、外业检查，其余则进行一般性检查，以便对全部成果质量作出正确的评价。对成果质量的评价一般分优、良、合格和不合格四级。对于不合格的成果成图，应按照双方合同约定进行处理，或返工重测，或经济赔偿，或既赔偿又返工重测。

8.3　数字化测图

8.3.1　数字化测图的概念

数字化成图

传统的地形测量是利用经纬仪、平板仪等仪器设备测定地球表面局部区域内的各种地物、地貌的空间位置和几何形状，并按一定的比例尺绘制成图。因其测量成果是由人工绘制到图纸上的，所以也称白纸测图。随着科学技术的发展，测绘技术逐渐向自动化、数字化方向发展，测量的成果也由原来的图纸演变为以数字形式存储在计算机中可以传输、处理、共享的数字地图。数字化测图实质是一种全解析的方法。所谓数字化测图，是指以电子计算机为核心，在外联输入、输出硬件设备和软件的支持下，对地形和地物空间数据进行采集、输入、成图、绘图、输出、管理的测绘方法。

从广义上说，数字化测图应包括：利用电子全站仪或其他测量仪器进行野外数字化测图；利用手扶数字化仪或扫描数字化仪对传统方法测绘的原图进行数字化处理；借助解析测图仪或数字摄影测量工作站对航空摄影、遥感像片进行数字化处理等。

数字化测图除了具有降低测绘人员的劳动强度、保证地形图绘制质量、提高绘图效率等优点外，还有更为广泛的用途，如可以直接建立数字地面模型；为建立地理信息系统提供可靠的原始数据，以满足国家、城市和行业部门的现代化管理需要；为工程设计人员进行计算机辅助设计(CAD)提供便利。与传统的白纸测图比，数字化测图有自动化程度高、精度高、整体性及适用性强、易于修改等优点。鉴于这些优点，数字化测图已得到各行各业的重视。

本节简要介绍利用全站仪在野外进行数据采集，并用相关的绘图软件绘制大比例尺地形图的过程(简称数字测图)。

8.3.2　数字测图的设备

全站仪结构及操作

数字测图的主要设备是全站仪。全站仪是一种可以同时进行角度测量(水平角和竖直角)和距离(斜距、平距、高差)测量，由机械、光学、电子元件组合而成的测量仪器。由于只要一次安置仪器便可以完成在该测站上所有的测量工作，故其被称为全站仪。全站仪的光波发射接收装置系统的光轴和经纬仪的视准轴组合为同轴的整体式，并且配置了电子计算机的中央处理单元、储存单元和输入输出设备，能根据外业观测数据(角度、距离)，实时计算并显示出所需要的测量成果：点与点之间的方位角、平距、高差或点的三维坐标等。通过输入输出设备，可以与计算机交互通信，使测量数据直接进入计算机，从而进行计算、编辑和绘图。测量作业所需要的已知数据也可以从计算机输入全站仪。这样，不仅使测量的外业工作高效化，而且可以实现整个测量作业的高度自动化。

全站仪已广泛应用于控制测量、细部测量、施工放样、变形观测等各个方面的测量工作中。

全站仪主要包括以下几个部分：

①电源：供给其他各部分电源，包括望远镜十字丝和显示屏的照明。

②测角部分：相当于电子经纬仪，可以测定水平角、竖直角和设置方位角。

③测距部分：相当于光电测距仪，一般用红外光源，测定到目标点的斜距，可归算为平距和高差。

④中央处理单元：接受输入指令，分配各种观测作业，进行测量数据的运算，如多测回取平均值、观测值的各种改正、极坐标法或交会的坐标计算，其包括运算功能更为完善的各种软件。

⑤输入输出设备：包括键盘、显示屏和接口，通过键盘可以输入操作指令、数据和设置参数，显示屏可以显示出仪器当前的工作方式、状态、观测数据和运算结果；接口使全站仪能与磁卡、磁盘、微机交互通信、传输数据。

图 8.24 为 NTS-550 系列全站仪，搭载智能操作系统，测量应用程序丰富，能结合高性能数据处理单元，实现复杂运算快速响应。其可用于测图作业，在采集地物要素时边测边自动连图，并同步赋予要素编码，免除画草图的麻烦，实现测图无纸化作业。

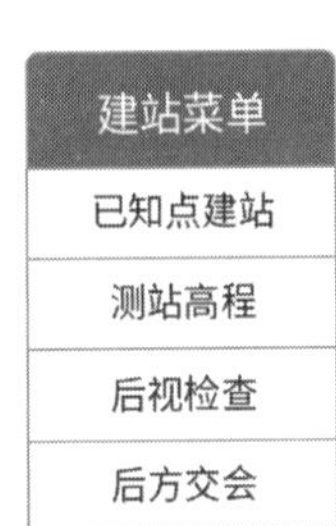

建站

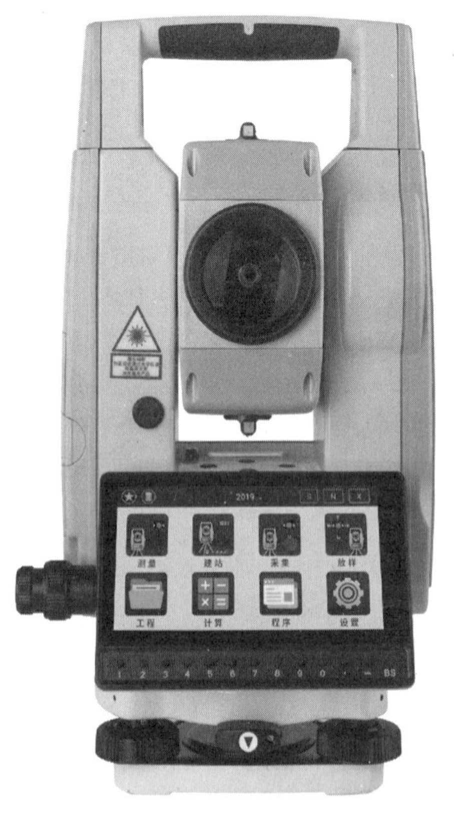

放样

放样菜单

放样菜单
点放样
角度距离放样
方向线放样
直线放样

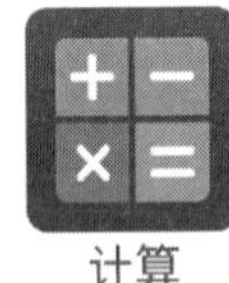

计算

计算菜单
坐标正算
坐标反算
面积周长
夹角计算
单位换算
角度换算
求平均值
计算等距点
三角形计算
计算器

采集

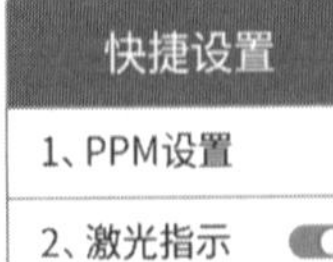

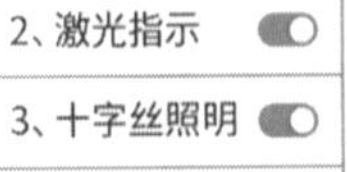

快捷设置

测量

测量　S　P　XY

角度　距离　坐标　PSM (-30.0) -- PPM (0.0)

V :	000°48′49″	镜高
HR :	010°12′53″	仪高
N :	2.511 m	建站
E :	0.452 m	测量
Z :	0.036 m	

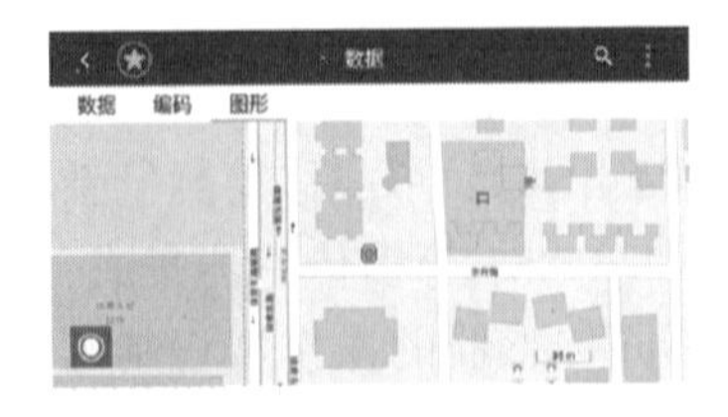

图形化

电子气泡

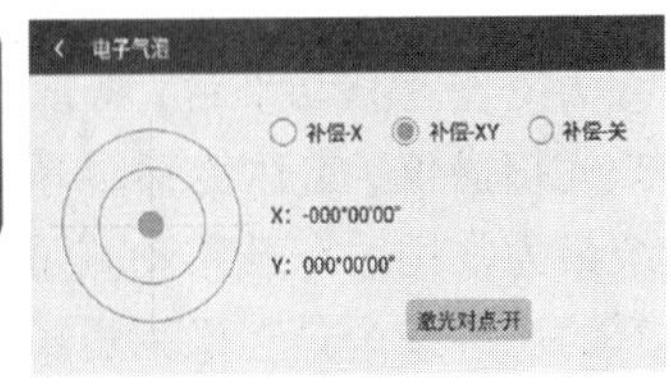

图 8.24　NTS-550 系列全站仪功能解析

8.4 大比例尺地形图测绘新技术

随着测绘技术向高科技化转变，低空摄影测量、机载激光雷达、三维激光扫描等新技术纷纷运用于地形测量生产中。这些技术大大降低了测绘工作人员的外业劳动强度。地形测量已经逐渐从后处理向实时处理转变，从离线向在线发展。

8.4.1 无人机低空摄影测量技术

无人机低空摄影测量一般分为垂直摄影测量和倾斜摄影测量两种方式。其进行大比例尺地形图测量的作业方法与数字航空摄影测量作业方法基本相同，但具有方便、机动、快速、经济等优势，能够在云层下飞行航拍，获取高分辨率影像，在阴天、轻雾天也可获得合格的彩色影像，配合采用全数字摄影测量系统进行作业，能获得数字线划地图(DLG)、数字正射影像图(DOM)、数字高程模型(DEM)、数字地表模型(DSM)、三维实景等产品。无人机低空摄影测量广泛地应用在快速监测、灾后重建、高危地区的地图数据获取、高精度大比例尺测图、地理数据局部快速更新，以及小区域三维模型的快速建立等诸多领域。

8.4.2 机载激光雷达

机载激光雷达(light detection and ranging，LiDAR)是激光测距技术、计算机技术、高动态载体姿态测定技术和高精度动态 GNSS 差分定位技术迅速发展的集中体现，核心部件可形象理解为高精度惯性导航系统(INS)、GNSS、激光扫描仪的合成体。它的传感器通过激光回波获取信息，属于主动遥感传感器，不受日照条件影响；发射的激光脉冲有一定的穿透性，能部分地穿透树林遮挡，直接获取高精度三维地表地形数据，然后可以快速生成高精度的数字高程模型、等高线图及正射影像图。

利用 LiDAR 技术一般能显著提高 DEM 成果精度。将 LiDAR 与摄影测量方法有效结合是这一技术应用的研究热点。

8.4.3 地面移动测量系统

地面移动测量系统基于三维激光扫描技术，集成了多种先进的传感器设备，主要由移动测量平台、导航定位传感器、测量传感器、控制系统和电源供应系统构成，可以汽车、轮船、人力等作为移动平台，将惯性导航系统、GNSS、车轮传感器作为导航定位传感器，利用相机、激光扫描仪、雷达传感器等传感器进行目标测量。在用于大比例尺测图时，车载移动测量系统最为常用。车载移动测量系统由三维激光扫描仪、惯性测量单元、GNSS 等多传感器集成，有的还搭载全景影像采集单元。进行外业数据采集时，需要根据不同传感器的操作规程制订合适的作业流程。

车载移动测量技术能够快速获取直接反映测量目标实时和真实形态特性的空间点云数据和全景影像数据，系统平面精度完全能够达到 1∶1000 地形图的平面精度要求，是一种新兴的快速、高效、无地面控制的测量技术。

本章小结

本章介绍了有关地形图的基本概念：比例尺、比例尺精度、地形图图式符号、地形图的分幅和编号的方法、等高线、等高距、等高线平距、等高线的类型等。

详细介绍了大比例尺地形图测绘的工作程序，大比例尺地形图地物、地貌的测绘方法；地形图测绘的基本要求，地物和地貌测绘的取舍规则以及地形图的拼接、检查、整饰和提交资料。

简要介绍了数字化测图的基本概念和新技术。

习　题

1. 什么叫平面图？什么叫地形图？

2. 什么叫比例尺精度？比例尺精度有什么用途？

3. 什么叫地物？什么叫地貌？

4. 地形图中表示的主要内容是什么？地物在地形图上是怎样表示的？它在地形图上表示的原则是什么？

5. 何谓等高线、等高距和等高线平距？在同一幅地形图上，等高线平距与地面坡度的关系如何？

6. 等高线有哪些特性？高程相等的点能否都在同一条等高线上？

7. 大比例尺地形图如何分幅和编号？

8. 测绘 1∶1 000 的地形图时，测量距离的精度只需精确到多少即可？设计时，若要求地形图能表示出地面 0.2 m 长度的物体，则所用的地形图比例尺不得小于多少？

9. 地形图有哪两种分幅方法？它们各自适用于什么情况？

第 9 章　地形图的应用

学习目标

1. 了解在地形图上确定点的概略坐标、水平距离、水平角和直线的方位的方法。
2. 熟悉从地形图上计算出面积和体积的方法。
3. 掌握在地形图上进行实地定向、确定点的高程和两点间高差的方法。

地形图是具有丰富地理信息的载体，它不仅包含自然地理要素，而且包含社会、政治、经济等人文地理要素。

地形图是工程建设必不可少的基础性资料。在开始每一项新的工程建设之前，都要先进行地形测量工作，以获得规定比例尺的现状地形图；同时还要收集有关的各种比例尺地形图和相关资料，使得可能从历史到现状的结合上、从整体到局部的联系上、从自然地理因素到人文地理因素的分析上开展研究。

在地形图上，可以直接确定点的概略坐标、点与点之间的水平距离和水平角、直线的方位，既能利用地形图进行实地定向或确定点的高程和两点间高差，也能从地形图上计算出面积和体积，还可以从图上决定设计对象的施工数据。无论是国土整治、资源勘查、土地利用及规划，还是工程设计、军事指挥等，都离不开地形图。

9.1　地形图的识读

为了正确地应用地形图，首先要求能够看懂地形图。地形图是用各种规定的符号和注记表示地物、地貌及其相关信息的，通过对这些符号和注记的识读，可使地形图成为展现在人们面前的实地立体模型，以判断其相互关系和自然形态。这就是地形图识图的主要目的。

等高线地形图的应用

9.1.1　图外注记识读

对于地形图，首先识读图廓外元素，包括图名、图号、接图表、坐标系统、高程系统、施测单位、测图时间、等高距、比例尺和所用图式版式，从而确定图幅所在的位置、面积、与相邻图幅的关系、现势性等。

对于比例尺小于 1 : 10 000 的地形图，一般采用的是“1954 北京坐标系”和“1956 黄海高程系统”；对于大比例尺地形图，目前一般采用“1980 西安坐标系”和“l985 国家高程基准”；少数城市采用城市独立坐标系。工程项目中可以采用施工坐标系，在使用地形图时应严加区分。地形图所使用的坐标系统和高程系统均用文字注明于地形图的左下角。

地形图的现势性直接影响其应用。地形图反映的是测绘时的现状，因此要知道图纸的测绘时间；对于未能在图纸上反映的地面上的新变化，应予以修测与补测，以免影响设计工作。

9.1.2　在地形图上确定判图者所在的位置

在野外进行地形图判图作业时，首先必须确定判图者所在的位置。

如图 9.1 所示，确定判图者所在位置的方法有以下几种：

①如果判图者站在了明显地物附近，必须在地形图上找到该明显地物，进而确定自己在地形图上所在的位置，如图 9.1 中的 a 点。

②如果判图者所站的位置没有明显地物，则应先确定地形图的方位，然后再利用较远的明显地物，以目测的形式确定判图者所在的地形图上的位置，如图 9.1 中的 b 点，可利用其附近的房角、桥梁、道路的转折点等来目估定位。

③如果判图者附近只有个别地物，则可直接丈量出地面点至站立者所在位置的距离，按比例尺确定其图上位置，如图中的 c 点，可结合交叉路口直接丈量出来。

④当判图者周围什么明显地物都没有时，可选择较远且具有图上点位的方位物，进行后方交会确定，如图 9.1 中的 d 点，就是利用 3 个明显地物点交会出来的。

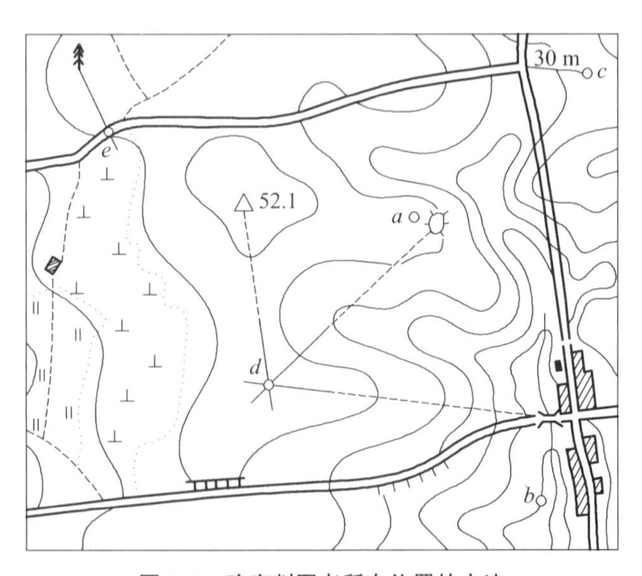

图 9.1　确定判图者所在位置的方法

在实际工作中，地形情况可能会更加复杂。

9.2 地形图在工程施工中的应用

9.2.1 求地面上任一点的坐标

如图 9.2 所示，欲求图上 A 点的坐标，则过 A 点作坐标格网线的平行线 ef 和 gh，然后依比例尺分别量取 ag = 73.36 m，ae = 36.50 m，再加上 A 点所在格网西南角坐标，即得 A 点坐标：

$$x_A = x_a + ag = 600 + 73.36 = 673.36 \text{ m}$$
$$y_A = y_a + ae = 400 + 36.50 = 436.50 \text{ m}$$

检核时，再量取 gb 和 ed，且 $ag+gb$ 与 $ae+ed$ 应等于方格网的边长。为了减小图纸的伸缩误差，在实际工作中，应按下式计算：

$$\begin{cases} x_A = x_a + \dfrac{10}{ab} \cdot ag \\ y_A = y_a + \dfrac{10}{ad} \cdot ae \end{cases} \tag{9.1}$$

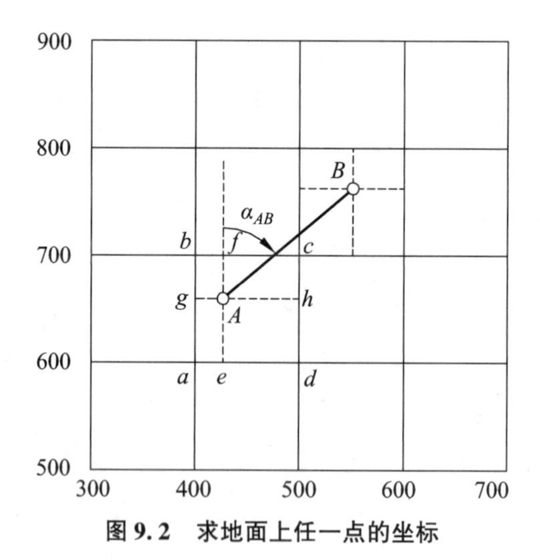

图 9.2 求地面上任一点的坐标

9.2.2 求图上两点间的水平距离和方位角

求两点间的距离和方位角有两种方法：一种方法是用两脚卡规或分度器在两点上直接量取两点间的距离和方位角；另一种方法是采用解析法，在图纸上解析出 A、B 两点的坐标(x_A，y_A)、(x_B，y_B)，再按下列公式计算：

$$\begin{cases} S_{AB}=\sqrt{(x_B-x_A)^2+(y_B-y_A)^2} \\ \alpha_{AB}=\arctan\dfrac{y_B-y_A}{x_B-x_A} \end{cases} \tag{9.2}$$

使用式(9. 2)计算方位角时，应考虑坐标增量的正、负号，然后根据 A、B 所在的象限求取方位角的大小。

9. 2. 3　在地形图上根据等高线确定点的高程

在地形图上，地面点的高程是用等高线和高程注记表示的。要确定的点的高程如果正好位于等高线上，则该点的高程就是等高线的高程，如图 9. 3 中的 A 点位于高程为 92 m 的等高线上，故 A 点的高程为 92 m。

如果地面点位于两等高线之间，如图 9. 3 中的 B 点，要求其高程，首先过 B 点作一条垂直于相邻两等高线的垂线 mn，分别量取 mB、mn 的图上长度，设 $mB=1.5$ mm，$mn=6.0$ mm，已知等高距 $h=1.0$ m，则 B 点的高程为

$$H_B=H_m+\frac{mB}{mn}\cdot h=94+\frac{1.5}{6}\cdot 1.0=94.25\ \text{m}$$

如果精度要求不高，可用目估确定点的高程。

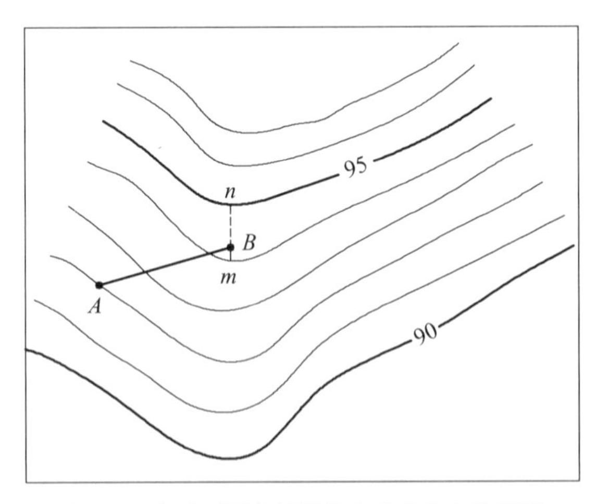

图 9. 3　在地形图上根据等高线确定点的高程

9. 2. 4　确定直线的坡度和地形图坡度尺的绘制

1. 确定直线的坡度

设两点间的水平距离为 D，高差为 h，则两点连线的坡度为

$$i=\frac{h}{D}=\tan\alpha \tag{9.3}$$

式中：α 为直线的倾斜角；i 为坡度，一般用百分数或千分数表示，“+”为上坡，“-”为下坡。

如图 9. 4 所示，仍取图 9. 3 中的 A、B 点，A、B 两点的高程已求出，$H_A=92$ m，$H_B=$

94.25 m，两点间的距离 AB 为 150 m，则直线 AB 的坡度为

$$i=\frac{H_B-H_A}{D_{AB}}=\frac{94.25-92}{150}=1.5\%$$

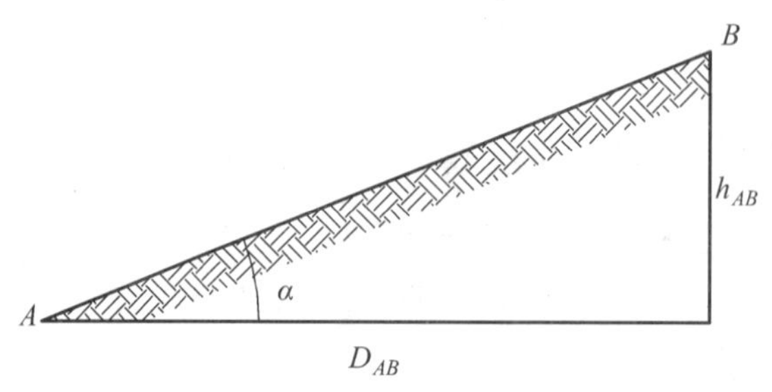

图 9.4　确定直线的坡度

2. 坡度尺的绘制

要确定自然地面的坡度，必须了解斜面上哪一个坡度能够代表自然地面的坡度，如图 9.5 所示，倾斜面 $ABCD$ 代替自然地面，过水平线 AB 上的 M 点分别向不同的方向作直线，与直线 CD 分别相交于 N、P、D 点，便得到倾斜直线 MN、MP、MD，其中 MN 垂直于 CD，它们的倾斜角分别为 α_1、α_2、α_3，由式(9.3)可知，倾斜直线 MN 的倾斜角 α_1 最大。具有最大倾斜角的直线称为地面的坡度线。

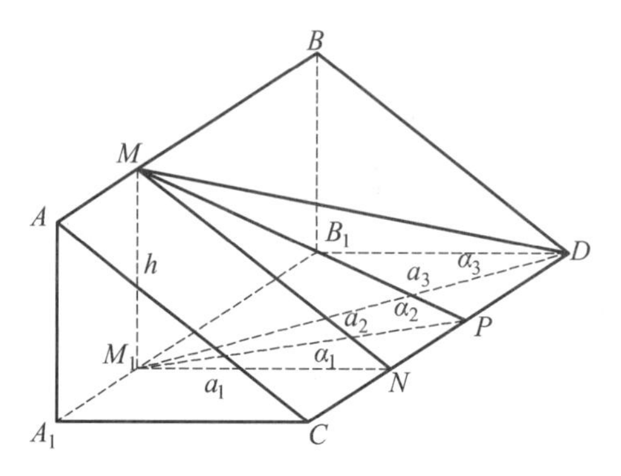

图 9.5　地面坡度的确定

通常以最大倾斜角的方向代表地面的倾斜方向，最大倾斜线的倾斜角，也就代表了该地面的倾斜角。

当根据地形图上的等高线来确定斜坡的坡度时，为了避免重复而繁杂的计算工作，可以按公式(9.3)绘制坡度尺。

先由公式(9.3)求得当 $\alpha=30'$，$1°$，$2°$，…，$20°$时，其相应的水平距离为 D_1，D_2，…，D_{20}。例如，当等高距为 2.0 m、倾斜角为 $30'$时，则平距 $D=2\times114.59=229.18$ m。同法，可求得不同坡度的相应平距。

表 9.1 为按等高距为 2 m 计算的不同坡度时的相应平距。

表 9.1　等高距为 2 m 时不同坡度的相应平距

倾斜角 α	30′	1°	2°	3°	4°	5°
等高线平距 D/m	229.18	114.58	57.3	38.2	28.6	22.9
倾斜角 α	10°	12°	15°	17°	20°	
等高线平距 D/m	11.3	9.4	7.5	6.5	5.5	

在纸上画一直线，以适当长度将直线从左至右等分为若干段，并依次在各分点上注写出倾斜角(或坡度)30′，1°，2°，…，20°等。再过各分点作垂线，按地形图比例尺在各垂线上自各分点开始分别截取相应 D_i 值的线段，并以圆滑曲线连接各线段顶端，这样就绘制好了一个相邻两等高线间坡度的坡度尺，如图 9.6 所示。再以相邻 6 根等高线之间的高差为准，自倾斜角 5°起，按式(9.3)算出不同倾斜角的相应平距。最后，依次在各垂线上截取 D 值，并以圆滑曲线连接各线段顶端，便得到相邻 6 根等高线间坡度的坡度尺，如图 9.6 右端的部分。

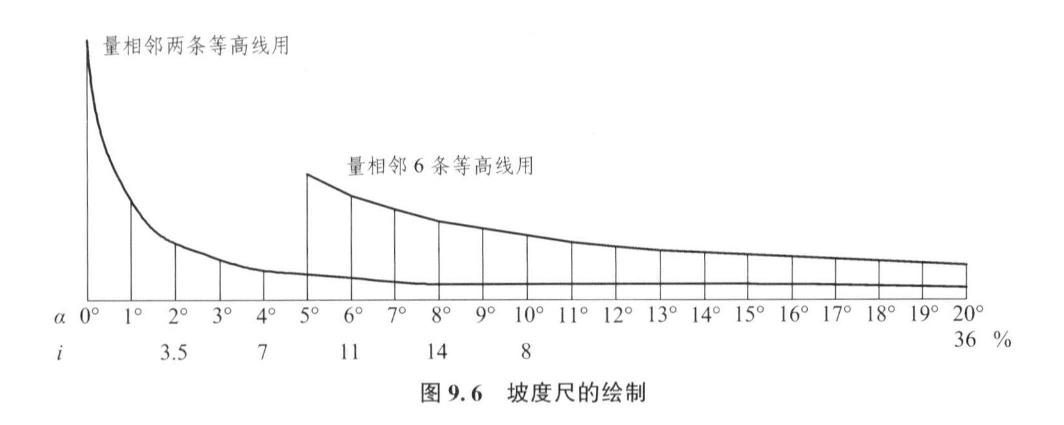

图 9.6　坡度尺的绘制

小比例尺地形图上一般绘有坡度尺。

9.2.5　根据设计坡度进行线路选线

按设计坡度在地形图上选定最短线路是道路、渠道、管线等设计的重要内容。在山区或丘陵地区进行各种道路和管道的工程设计时，对坡度都要求有一定的限制。比如，公路坡度大于某一值时，动力车辆将行驶困难；渠道坡度过小时，将影响渠道内水的流速。因此，在设计线路时，可按限定的坡度在地形图上选线，选出符合坡度要求的最短路线。按照技术规定选择一条合理的线路时，应考虑许多因素。这里只说明根据地形图等高线，按规定的坡度选定其最短线路的方法。

如图 9.7 所示，需要在图上 A 点至 B 点之间选出一条坡度不超过 3°的最短线路。首先，按式(9.3)计算出相邻两等高线间相应的水平距离，或用两脚规在坡度尺上量取坡度不超过 3°时的两相邻等高线的平距；然后，将两脚规的一脚尖立在图中的 A 点上，而另一脚则与相邻等高线交于 m 点；将两脚规的一脚立在 m 点上，另一脚尖又与相邻等高线相交于 n 点。如此继续逐段进行，直到 B 点。这样，由 Am、mn、no、op 等线段连接成的 AB 线路，就是所选定的、坡度不超过 3°的最短线路。

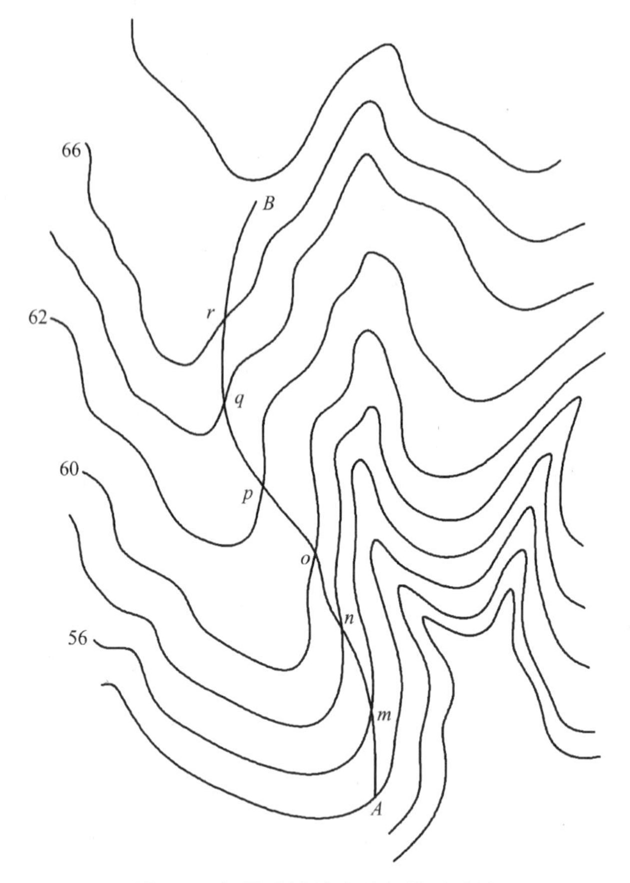

图 9.7　根据设计坡度进行线路选线

9.2.6　根据地形图绘制某一线路的断面图

在各种线路工程设计中，为了综合比较设计线路的长度和坡度，以及进行挖、填土方量的概算，需要详细了解设计沿线路方向的地面坡度变化情况，以便合理地选定线路的坡度。

断面图是以距离为横坐标、高程为纵坐标绘制的。断面图可以通过实测得到，也可以利用地形图上的等高线来绘制，为突出表示地面的起伏情况，一般取垂直比例尺为水平比例尺的 5~10 倍。

如图 9.8(a)所示，简要介绍方法如下：

①确定断面图的水平比例尺和高程比例尺。一般选的断面图的水平比例尺与地形图的比例尺一致。

②比例尺确定后，可在纸上绘出直角坐标轴线，如图 9.8(b)所示，横轴表示水平坐标线，纵轴表示高程坐标线，并在高程坐标线上依高程比例尺标出各等高线的高程。

③如图 9.8(a)所示，方向线 *AB* 被等高线所截，得各线段之长，即 *A*1，12，23，…，9*B* 的长度，在横轴上截取相应的点并作垂线，使垂线的长度等于各点相应的高程值，垂线的端点即是断面点，连接各相邻断面点，即得 *AB* 线路的纵断面图。

上述方法不但适用于直线段断面图的绘制，同样也适用于曲线线路。

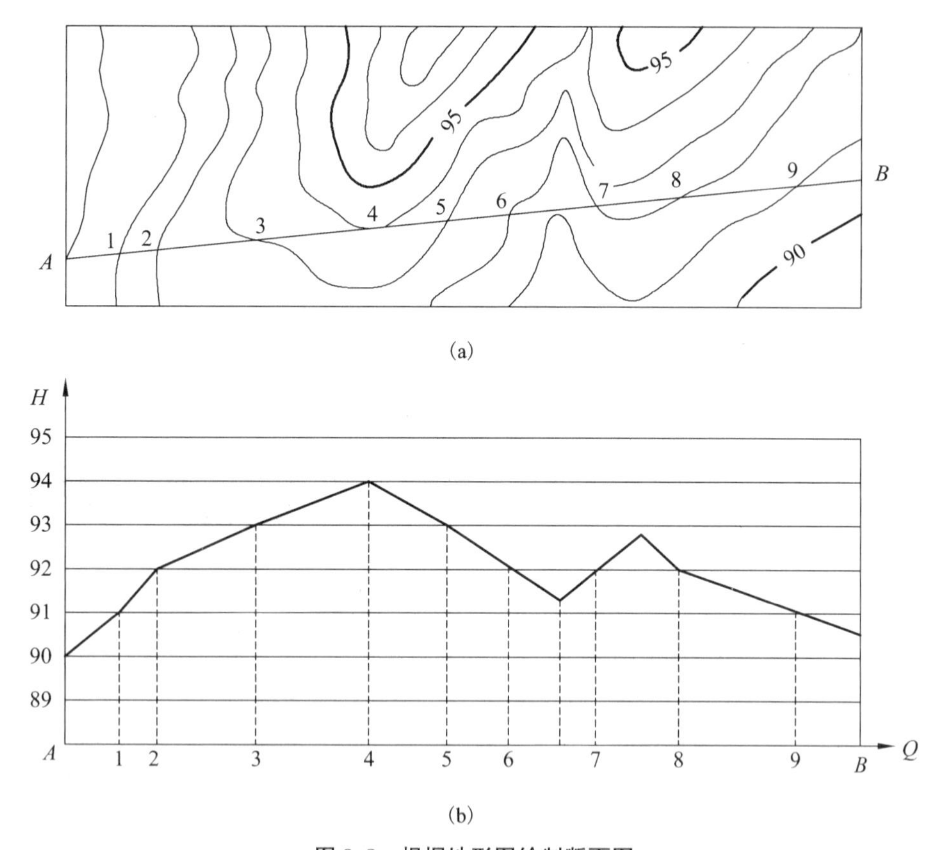

图 9.8 根据地形图绘制断面图

如图 9.9(a)所示，要绘制从 A 到 F 的道路断面图，则可选择道路上有代表性的特征点，如桥梁、路标、交叉路口、里程碑等，将道路分成若干直线段 AB，BC，…，并依其在断面图底线(PQ)上截得 a_1，b_1，…各点。然后按各段点高程，可得断面点 a'，b'，…。以平滑曲线连接各断面点，即得该道路的断面图，并在下方用箭头标明各点处道路转弯的方向，如图 9.9(b)所示。

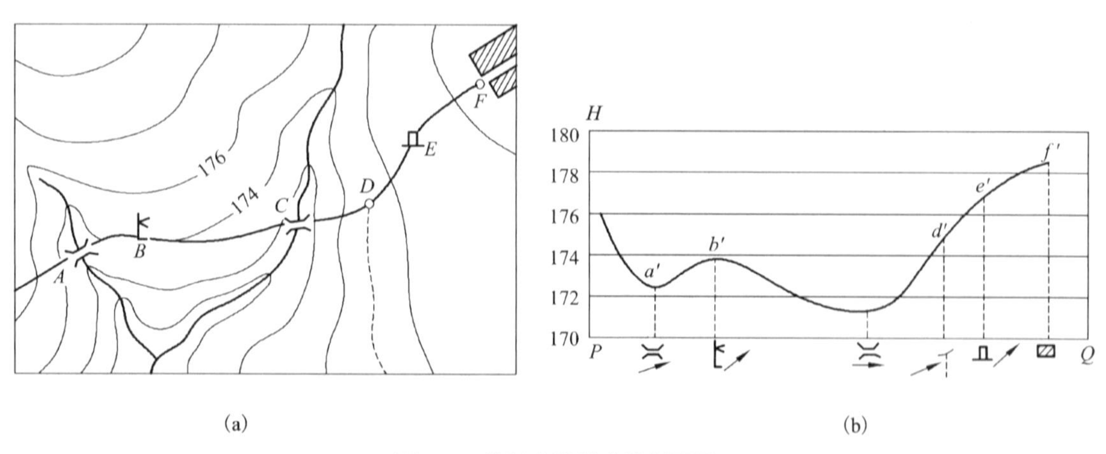

图 9.9 绘制曲线线路的断面图

9.2.7 在地形图上确定两点间是否通视

在进行控制测量方案设计等实践工作中，可以在地形图上判断地面两点间是否通视，方法如下。

对地形图上A、B两点连线，找出AB连线间的最高点C，若C点高程小于A、B高程或与其中较低一点同高，则可通视，如图9.10和图9.11所示；若C点高程大于A、B高程或与其中较高一点同高，则不可通视，如图9.12和图9.13所示；若C点高程介于A、B高程之间，则采用断面图法或计算法判断。

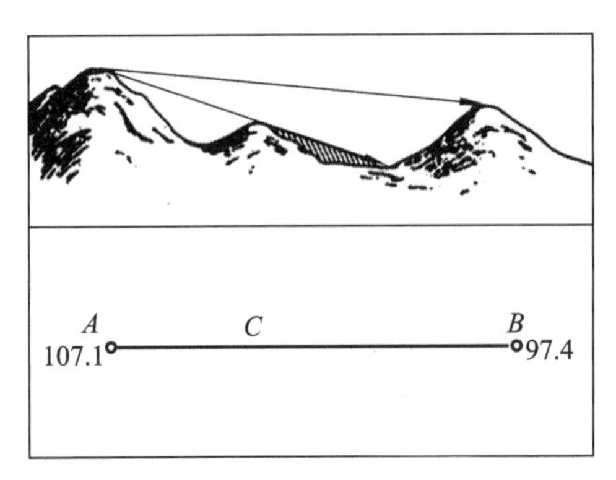

图9.10 C点高程小于A、B高程

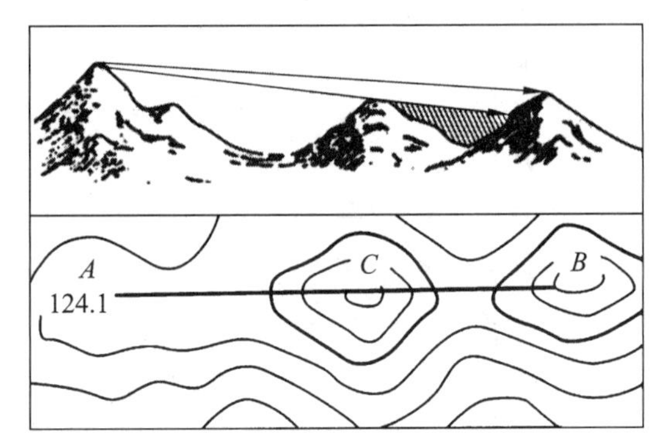

图9.11 C点与A、B较低一点同高

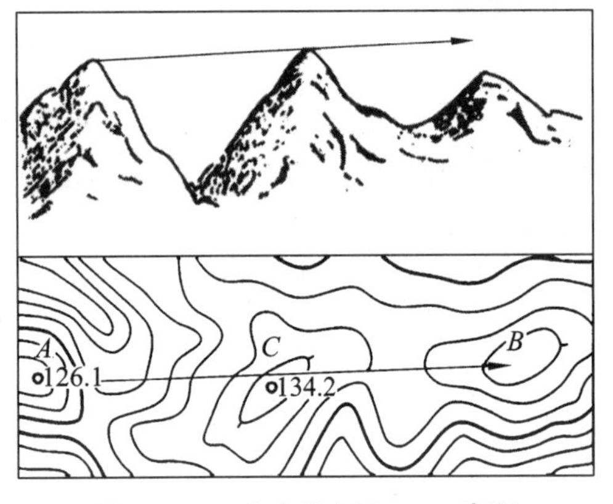

图9.12 C点高程大于A、B高程

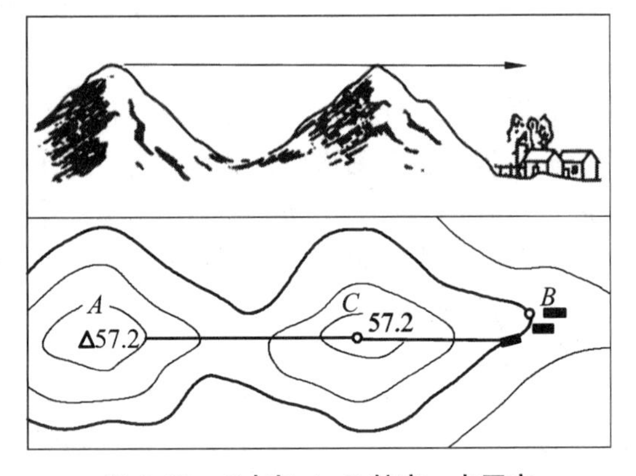

图9.13 C点与A、B较高一点同高

(1)断面图法

先作出AB方向断面图，连接断面图上A、B两点为一直线，若该直线高出断面图上C点，则A、B间通视，否则不通视，如图9.14所示。

(2)计算法

首先求出高差h_{AB}、h_{CB}和距离S_{AB}、S_{CB}。

$$\begin{cases} h_{AB}=H_B-H_A \\ h_{CB}=H_C-H_B \end{cases}$$

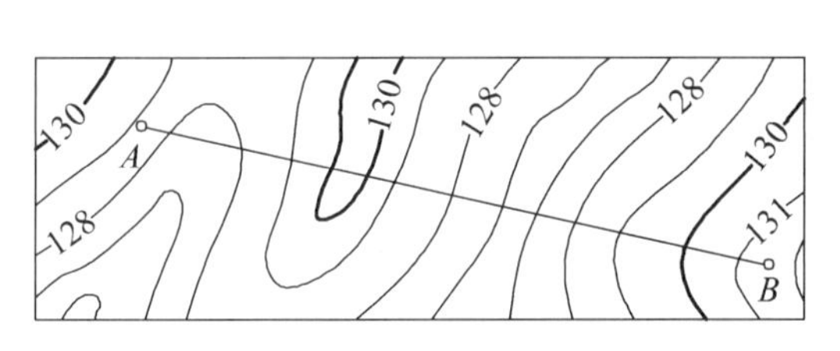

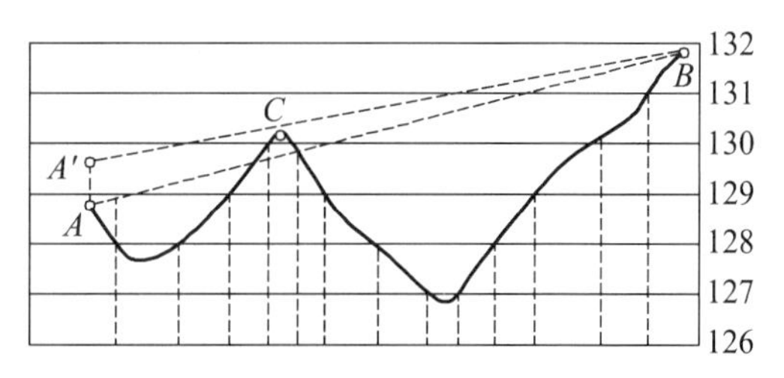

图 9.14 *C* 点高程介于 *A*、*B* 高程之间

式中，C 点的高程由图上内插求得，距离 S_{AB}、S_{CB} 由图上量取。

如果$\frac{h_{AB}}{S_{AB}} \geqslant \frac{h_{CB}}{S_{CB}}$，则 A、B 两点通视；如果$\frac{h_{AB}}{S_{AB}} < \frac{h_{CB}}{S_{CB}}$，则 A、B 两点不通视。

9.2.8 根据地形图平整场地

在工业与民用建筑工程中，通常要对拟建地区的自然地貌加以改造，整理为水平或倾斜的场地，使改造后的地貌适于布置和修建建筑物、便于排水、满足交通运输和铺设地下管线的需要，这些工作称为平整场地。在平整场地前，首先确定平整方案，估算开挖量，然后才进行土地平整的工作。平整方案应使挖方与填方基本平衡，同时要概算出挖或填土石方的工程量，并测设出挖、填方的分界线。场地平整的计算方法很多，其中设计等高线法是应用最广泛的一种。

下面介绍在地形图上用方格网法进行平整场地设计的方法和步骤。

1. 平整为水平面

如图 9.15 所示，要在图上进行土地平整设计，首先在图上准备平整的地块范围内绘上正方形方格网，每个方格的边长取决于地形的复杂程度和估算土方量的精度要求，一般可采用相当于实地 10 m、20 m、30 m 的边长，图 9.15 中方格边长为 20 m。然后根据等高线求出各方格 4 个顶点的高程，并将其标注在各点的右上方，再根据这些高程数据进行设计。

设计时，除要求将地面平整成水平面外，一般应使填、挖土方量大致平衡。设计可按下述步骤进行：

(1)确定设计高程

先求每一方格 4 个顶点高程的平均值作为每一方格的平均高程，再将各方格的平均高程总和除以方格数，即得平整后地面的设计高程 H_0。

显然，各方格 4 个顶点的高程在计算设计高程 H_0 的过程中，其参与计算的次数是有所不同的。例如，图 9.15 中 $A2$、$A5$、$B1$、$E1$、$E5$ 点(叫作角点)的高程 $H_{角}$ 仅各用 1 次；而 $A3$，$A4$，$B5$，…，$E4$ 点(叫作边点)的高程 $H_{边}$，各用 2 次；$B2$ 点(叫作拐点)的高程 $H_{拐}$用 3 次；其他 $B3$，$B4$，…，$D4$ 点(叫作中间点)的高程 $H_{中}$则用 4 次。所以，设计高程 H_0 的计算公式为

$$H_0 = \frac{\left(\frac{1}{4}\sum H_{角} + \frac{2}{4}\sum H_{边} + \frac{3}{4}\sum H_{拐} + \frac{4}{4}\sum H_{中}\right)}{n} \tag{9.4}$$

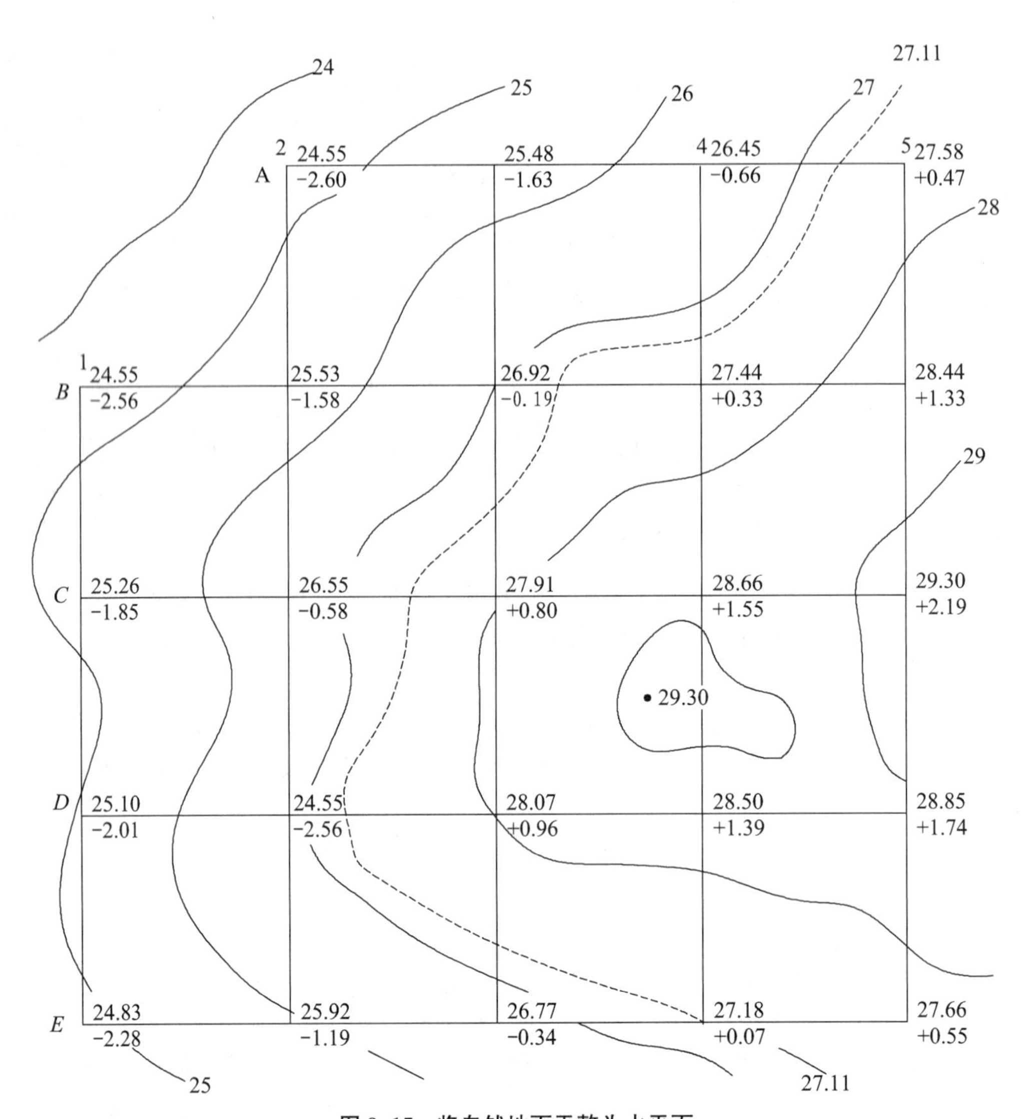

图 9.15　将自然地面平整为水平面

式中：n 为方格数。

按图 9.16 中的数据，根据式(9.4)可得

$$H_0=\frac{\frac{1}{4}\times 129.13+\frac{2}{4}\times 268.75+\frac{3}{4}\times 25.53+\frac{4}{4}\times 220.86}{15}=27.11\ \text{m}$$

然后，在图上插绘高程为 27.11 m 的设计高程曲线，如图 9.16 中的虚线。该曲线就是实地的填、挖分界线。

(2)计算填、挖高度

求得设计高程 H_0 后，便可按下式计算各网点的填挖高度 h：

$$h=H_i-H_0 \tag{9.5}$$

若 h 为正，为挖土深度；若 h 为负，为填土高度。每个方格网点的填挖高度已标注在图上，如图 9.16 所示。

(3) 计算填、挖土方量

设每个方格的实地面积为 S，则先将方格网点的填挖高度 h 按下式计算土方量：

角点：$h\times\frac{1}{4}S$。

边点：$h\times\frac{2}{4}S$。

拐点：$h\times\frac{3}{4}S$。

中间点：$h\times\frac{4}{4}S$。

设总的土方量为 V，则

$$V=\frac{1}{4}S\left(\sum h_{角}+2\sum h_{边}+3\sum h_{拐}+4\sum h_{中}\right) \tag{9.6}$$

然后，根据式(9.6)计算填方总量和挖方总量(m^3)。本图计算的填方总量为-3 174 m^3，挖方总量为+3 180 m^3。填、挖方量基本相等。

(4) 实地标注填挖高度

设计完成后，将图上各方格网点用木桩标识在相应的地面上，并在木桩上标注填挖高度，即可开工平整场地。

2. 平整为一定坡度的斜面

为了将自然地面平整为有一定坡度 i 的倾斜场地，并保证挖、填方量基本平衡，可按下述方法确定挖填分界线和求得挖填方量。

①根据场地自然地面的主坡倾斜方向绘制方格网。如图 9.16 所示，横格线即为斜坡面的水平线(其中一条应通过场地中心)，纵格线即为设计坡度的方向线。

②根据等高线按内插法求出各方格角顶的地面高程，标注在相应角顶的右上方；然后按式(9.4)计算场地重心(即中心)的设计高程 $H_{重}$。经计算，得 $H_{重}$ 为 63.5 m，标注在中心水平线下面的两端。

③计算坡顶线和坡底线的设计高程：

$$\begin{cases} H_{顶}=H_{重}+\dfrac{i\cdot D}{2} \\ H_{底}=H_{重}-\dfrac{i\cdot D}{2} \end{cases} \tag{9.7}$$

式中：D 为顶线至底线之间的距离；i 为倾斜面的设计坡度。

④确定填、挖分界线。如图 9.16 所示，当计算出坡顶线和坡底线的设计高程后，由设计坡度和顶、底线的设计高程按内插法确定与地面等高线高程相同的勾坡坡面水平线的位置，用虚线绘出这些坡面水平线，它们与地面相应等高线的交点即为挖、填分界点，将其依次连接即为挖、填分界线。

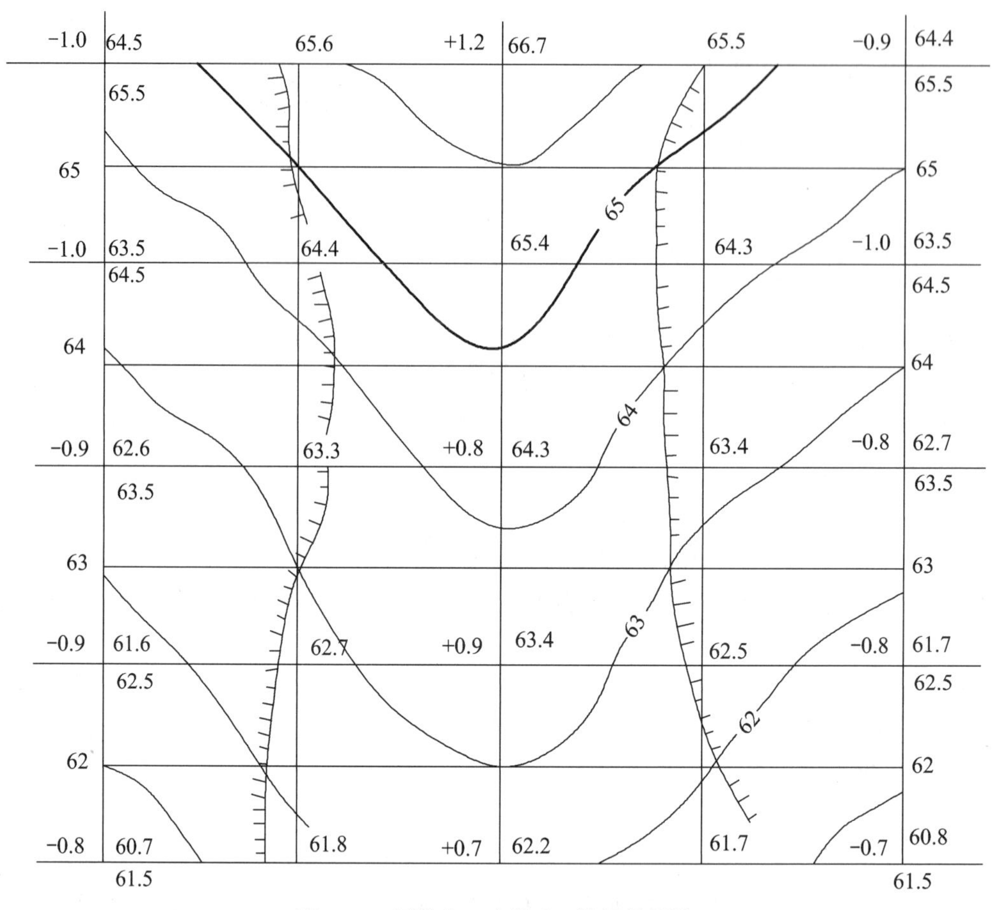

图 9.16　平整为一定坡度 i 的倾斜场地

⑤计算各格网桩的填、挖量。根据顶、底线的设计高程按内插法计算出各方格角顶的设计高程，标注在相应角顶的右下方；将原来求出的角顶地面高程减去它的设计高程，即得挖、填深度(或高度)，并标注在相应角顶的左上方。

⑥计算填、挖土方量。计算方法与上述相同，略。

9.2.9　面积量测

在工程建设中往往要测定地形图上某一区域的图形面积，如汇水面积计算、土地面积计算及宗地面积计算等，都有面积计算问题。面积计算的方法很多，对于规则的图形面积，将规则多边形划分成若干个规则的三角形、矩形、梯形等图形，在地形图上量取相应的线段长度后分别进行计算，最后进行叠加；对于不规则的图形面积，可采用近似计算的方法，主要有几何图形法、格网法、坐标法、求积仪法(电子求积仪、数字化仪等)几大类。这里仅介绍几何图形法、格网法、坐标法。

1. 几何图形法

如图9.17所示，几何图形法就是将不规则的几何图形分解为若干个三角形、矩形或梯形等，然后再进行面积计算，总面积就是各分块面积之和。

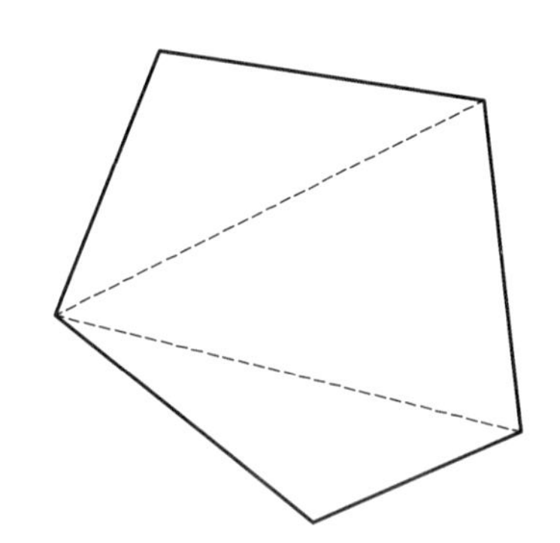
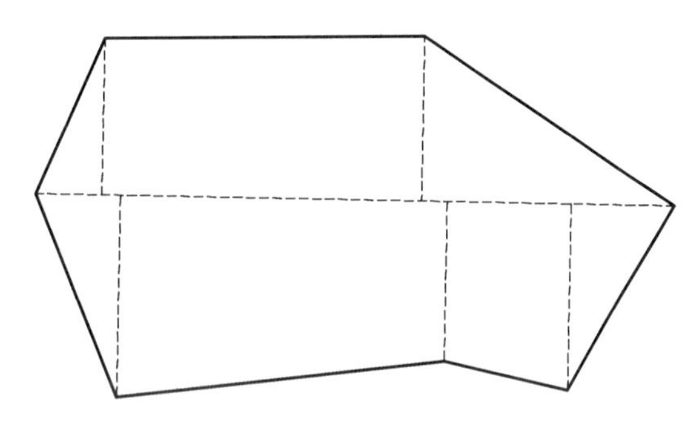

图9.17　几何图形法求面积

2. 格网法

格网法就是利用事先绘制好的平行线、方格网或排列整齐的正方形网点的透明膜片，将其蒙在需要量测的地形图上，从而求出不规则图形的面积。

(1)平行线法

如图9.18所示，将绘有间隔 $h=1$ mm或2 mm平行线的透明膜片蒙在被量测的图形上，则整个图形被分割成若干个等高梯形，然后用卡规或直尺量取各梯形中线长度，将其累加起来再乘以梯形高 h，即可求得不规则图形的面积。设不规则图形的面积为 P，则有

$$P=(ab+cd+ef+\cdots)\cdot h \tag{9.8}$$

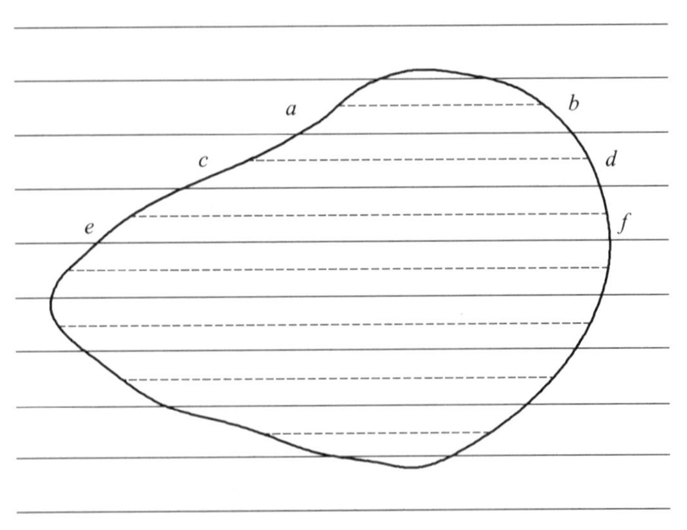

图9.18　平行线法求面积

(2)透明方格网法

如图9.19所示，将绘有边长为1 mm或2 mm正方形格网的透明膜片蒙在被量测的图形上，然后数出图形占据的整格数目n，将不完整方格数累计折成一整格数n_1。可按下式计算出该图形的面积P：

$$P=(n+n_1)aM^2 \tag{9.9}$$

式中：a为透明方格纸小方格的面积；M为比例尺的分母。

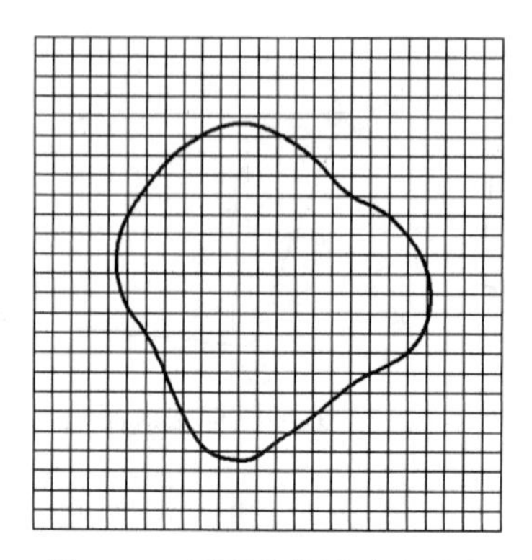

图9.19　透明方格网法求面积

3. 坐标法

如图9.20所示，坐标法是利用多边形顶点坐标计算其面积的方法。首先从地形图上用解析的方法求出各顶点的坐标，然后利用这些坐标计算面积的大小。任意四边形顶点A、B、C、D的坐标分别为(x_A, y_A)、(x_B, y_B)、(x_C, y_C)、(x_D, y_D)，由此可知四边形$ABCD$的面积P等于梯形$DAA'D'$的面积加上梯形$ABB'A'$的面积再减去梯形$DCC'D'$与梯形$CBB'C'$的面积。

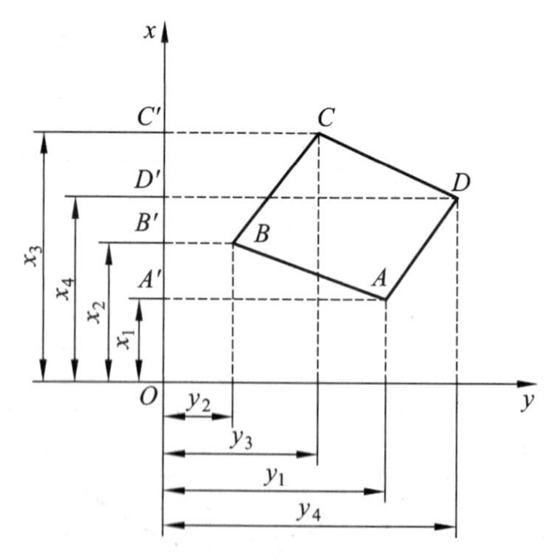

图9.20　坐标计算法求面积

对于任意多边形，设多边形各顶点(多边形顶点按顺时针进行编号)的坐标为(x_i, y_i)，多边形的面积为P，则有

$$P=\frac{1}{2}\sum_{i=1}^{n} y_i(x_{i-1}-x_{i+1}) \tag{9.10}$$

或

$$P=\frac{1}{2}\sum_{i=1}^{n} x_i(y_{i-1}-y_{i+1}) \tag{9.11}$$

由于计算面积属闭合图形，所以第 $n+1$ 点即为第一点。利用式(9.10)、式(9.11)可以进行检核计算。

9.2.10　建筑设计中的地形图应用

虽然现代技术设备能够推移大量的土石方，甚至可能将建设用地完全推平，但是剧烈改变地形的自然形态，仅在特殊场合下才可能是合理的，因为这种做法需要花费大量的资金，更主要的是破坏了周围的环境状态，如地下水、土层、植物生态和地区的景观环境。

在进行建筑设计时，应该充分考虑地形特点，进行合理的竖向规划。例如，当地面坡度为 2.5%~5%时，应尽可能沿等高线方向布置较长的建筑物。

地形对建筑物布置的间接影响是自然通风和日照效果方面的影响。由地形和温差形成的地形风，往往对建筑通风起着主要作用，常见的有山阴风、顺坡风、山谷风、越山风和山垭风等。在布置建筑物时，需结合地形并参照当地气象资料加以研究。

在建筑设计中，既要珍惜良田好土，尽量利用薄地、荒地和空地，又要满足投资省、工程量少和使用合理等要求。

建筑设计中所需要的这些地形信息，大部分都可以在地形图中找到。

9.2.11　数字地形图的应用

数字地形图是以磁盘为载体、用数字形式记录的地形信息，是信息时代的高科技产品。

通过地面数字测图、数字摄影测量和卫星遥感测量等方法，可以得到各种数字地形图。它已广泛地应用于国民经济建设的各个方面。

有了数字地形图，在 AutoCAD 软件环境下，可以绘制、输出各种比例尺的地形图和专题图。由此可以很容易地获取各种地形信息，量测各个点位的坐标、点与点之间的距离；也可以量测直线的方位角、点位的高程、两点间的坡度和在图上设计坡度线等。

有了数字地形图，利用 AutoCAD 的三维图形处理功能，可以建立数字地面模型(DTM)，即相当于得到了地面的立体的形态。利用该模型，可以绘制各种比例尺的等高线地形图、地形立体透视图、地形断面图，从而确定汇水范围和计算面积以及场地平整的填挖边界和计算土方量。在公路和铁路设计中，可以绘制地形的三维轴视图和纵、横断面图，进行自动选线设计。

数字地面模型(DTM)是地理信息系统(GIS)的基础资料，可用于土地利用现状分析、土地规划管理和灾情分析等。

随着科学技术的高速发展和社会信息化程度的不断提高，特别是随着数字城市建设步伐的进一步加快，数字地形图将会发挥越来越大的作用。

本章小结

地形图的基本应用包括根据地形图确定点的坐标、高程，确定直线长度、坡度和坐标方位角，绘制某方向断面图，选定已知坡度线路等。地形图在工程建设中的应用有利用地形图绘制断面图、平整土地、计算面积等。

了解等高线的特性对地形图的应用至关重要。

关于地形图在工程建设中的应用，本章着重介绍了按设计线路绘制纵断面图的方法，这种方法主要是利用地形图上的等高线来绘制设计线路纵断面图，以此反映该线路地面的起伏变化。

根据工程的需要，在山区或丘陵地区进行各种道路和管道施工时，对坡度可能会有一定的限制，以满足安全行车和过水等要求。在地形图上可以方便地按限制坡度选择出最短的路线。

在工业与民用建筑工程中，可以通过地形图进行平整场地的工作，能够满足挖方与填方基本平衡的原则，同时概算出填挖方工程量，并测设出挖、填土石方的分界线。其中，设计成水平场地是使用最广泛的一种方法，有时为了工程的需要，也可设计成具有一定坡度的倾斜地面。

习　题

1. 大比例尺地形图的图外要素有哪些？
2. 比例符号、非比例符号和半比例符号各在什么情况下应用？
3. 地形图的应用有哪些基本内容？
4. 为什么要在地形图上量算坐标和高程？
5. 简述阅读地形图的步骤和方法。
6. 简述利用地形图确定某点的高程和坐标的方法。
7. 简述利用地形图确定两点间的直线距离的方法。
8. 简述利用地形图确定某直线的坐标方位角的方法。
9. 简述利用地形图计算面积的方法。
10. 如何计算平整场地的设计高程？

第 10 章　测设的基本工作

学习目标

1. 掌握距离、角度和高程测设的方法。
2. 掌握点位平面位置测设的方法。
3. 掌握坡度测设的方法。

10.1　概　述

工程建设一般分为勘测设计、建筑施工和营运管理三个阶段，各种工程在施工阶段所进行的测量工作，称为施工测量。施工测量贯穿于整个施工过程。

施工测量的基本任务是按照设计和施工的要求，将图纸上设计好的各种建(构)筑物的平面位置和高程在实地标定出来，作为施工的依据。这一测量工作称为测设，也称为放样或施工放样，是施工测量的主要工作。

测设工作和测量工作有相似之处，但并不相同。测量工作是将地面上与长度、角度、高程或点位等相关的数据量测出来。而测设工作与其相反，它是将设计的建(构)筑物的相关长度、角度、高程或点位位置标定到相应的地面上。

测设的精度要求取决于建(构)筑物的大小、材料、用途和施工方法等因素。一般来讲，高层建筑的测设精度应高于低层建筑；钢结构厂房的测设精度应高于钢筋混凝土和砖石结构的厂房；连续性自动化生产车间的测设精度应高于普通车间；装配式建筑的测设精度应高于非装配式建筑；工业建筑的测设精度应高于民用建筑。总之，一个合理的设计方案，必须通过精心施工付诸实现，故应根据精度要求进行测设；否则，将直接影响施工质量，甚至造成工程事故。

施工现场有各种建(构)筑物，且分布面较广，往往又不是同时开工兴建。为了保证各个建(构)筑物在平面和高程上都能符合设计要求，互相连成统一的整体，因此，施工测量和测绘地形图一样，也要遵循“从整体到局部，先控制后碎部”的原则，即先在施工现场建立统一的平面控制网和高程控制网，然后以此为基础，测设出各个建(构)筑物的位置。

施工测量的检查与校核工作也是非常重要的，必须采用各种不同的方法加强外业和内业的校核工作。

10.2 测设的基本工作

点的位置是由平面位置和高程所确定的，而点的平面位置通常是由水平距离和水平角度来确定，所以测设的基本工作包括水平距离、水平角度和高程的测设。本章除着重介绍这三项基本工作的测设方法外，还介绍了点的平面位置和设计坡度线的测设方法。

10.2.1 水平距离的测设

已知水平距离的测设是从地面上一个已知点出发，沿给定的方向，量出已知(设计)的水平距离，在地面上定出另一端点的位置。具体测设方法如下。

1. 钢尺测设方法

(1)一般方法

当测设已知距离 $D_{AB}=D$ 时，线段的起点 A 和方向是已知的，如图 10.1 所示。在要求一般精度的情况下，可按给定的方向，根据所给定的距离值，将线段的另一端点 B 测设出来。具体的做法是：从 A 点开始，沿 AB 方向用钢尺丈量，按已知设计长度 D 在地面上临时标定出其端点 B'。为了校核，应再往返量取 A、B'之间的水平距离，往返丈量之差若在限差之内，取其平均值作为最后结果，并以此对 B'的位置进行改正，求得 B 点的位置。

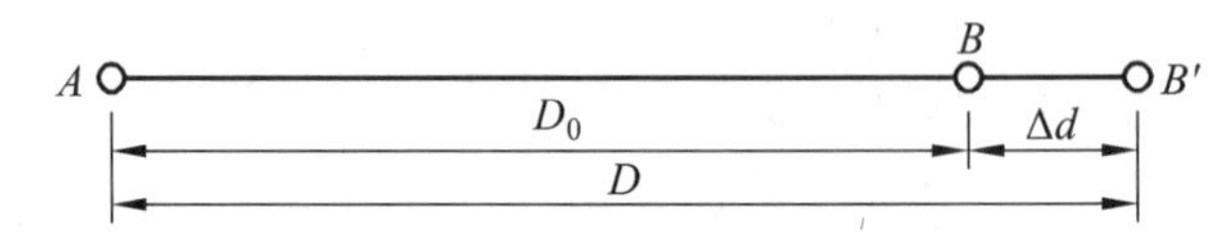

图 10.1 测设已知水平距离

(2)精确方法

当测设精度要求高时，应使用检定过的钢尺，并用经纬仪定线；同时还要考虑尺长不准、温度变化及地面倾斜的影响，分别给予改正后，才能提高测设距离的精度。具体作业步骤如下：

①在起点 A 上安置经纬仪，并标出给定直线 AB 的方向，沿该方向采用前述直接测设法概略测设出另一端点位置 B'。

②用检定过的钢尺精密测定 A、B'之间的距离，并加尺长改正 Δl_d、温度改正 Δl_t 和倾斜改正 Δl_h，得最后结果 D_0。

③将 D_0 与应测设距离 D 比较，得出较差 $\Delta d=D-D_0$，计算其应测设的距离 $\Delta d'$：

$$\Delta d'=\Delta d-\Delta l_d-\Delta l_t-\Delta l_h \tag{10.1}$$

④依据 $\Delta d'$，沿 AB 方向以 B'点为准进行改正，以确定 B 点的位置。当 $\Delta d'$为正时，向外改正；反之，向内改正。

2. 电磁波测距仪测设方法

由于电磁波测距仪的普及，目前水平距离的测设，尤其是长距离的测设，多采用电磁波测距仪。如图 10.2 所示，安置电磁波测距仪于 A 点，反光棱镜在已知方向上前后移动，使仪器显示值略大于测设的距离，定出 C'点。在点 C'上安置反光棱镜，测出竖直角 α 及斜距 L（测设精度要求较高时应加测气象改正数），计算水平距离 $D=L\cos\alpha$，求出 D'与应测设的水平距离 D 之差 ΔD，$\Delta D=D'-D$。根据 ΔD 的符号在实地用钢尺沿测设方向将 C'改正至 C 点，并用木桩标定其点位。为了检核，应将反光镜安置于 C 点，再实测 AC 距离，其差值应在限差之内，否则应再次进行改正，直至符合限差为止。

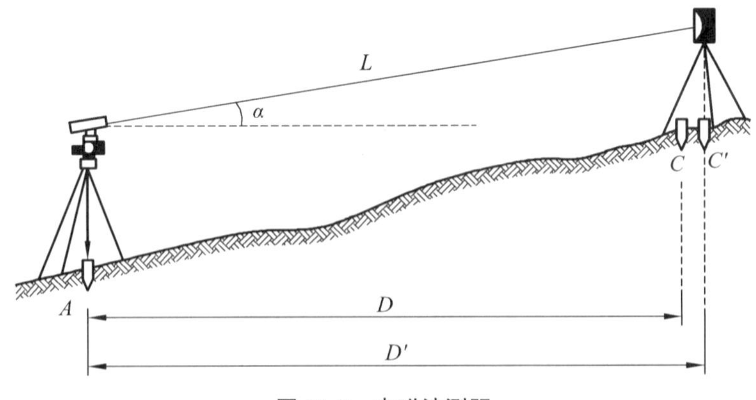

图 10.2　电磁波测距

全站仪具有电子测角、电子测距、电子计算和数据存储功能，测量结果能自动显示，并能与计算机实现数据交换。

用全站仪测设水平距离时，其竖直角 α、斜距 L 及水平距离 D 均能自动显示，给测设工作带来极大的方便。测设时，反光棱镜在已知方向上前后移动，使仪器显示值等于测设的距离即可。测设精度要求较高时应加气象改正。

10.2.2　水平角度的测设

已知水平角的测设，就是在已知角顶点根据地面已有的一个已知方向，将设计角度的另一个方向测设到地面上。根据精度要求的不同，一般有两种方法。

1. 一般方法

当测设水平角的精度要求不高时，可用盘左、盘右分中的方法测设。如图 10.3 所示，设 AB 为地面上的已知方向，β 为设计的角度，AP 为欲测定的方向线。放样时，在 A 点上安置经纬仪，盘左时，瞄准 B 点并置水平度盘读数为 $0°00'00''$，然后转动照准部，使水平度盘读数为 β，在视线方向上标定 P_1 点；用盘右位置重复上述步骤，标定 P_2 点。由于存在测量误差，P_1 与 P_2 点往往不重合，取 P_1P_2 连线的中点 P，则方向 AP 就是要求标定于地面上的设计方向，$\angle BAP$ 即为所要测设的 β 角。

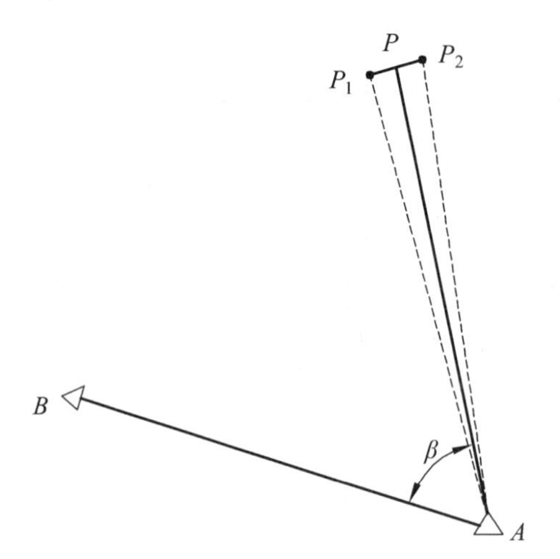

图 10.3　一般方法测设水平角

2. 精确方法

当测设水平角的精度要求较高时，如图 10.4 所示，可先用一般方法测设出概略方向 AP'，标定 P'点，再用测回法(测回数根据精度要求而定)精确测量∠BAP'的角值为 β'，并用钢尺量出 AP'的长度，则支距 $PP'=AP' \cdot \dfrac{\Delta\beta}{\rho''}$，其中 $\Delta\beta=\beta-\beta'$。以 PP'为依据改正点位 P'。若 $\Delta\beta>0$ 时，则按顺时针方向改正点位，即沿 AP'的垂线方向，从 P'起向外量取支距 $P'P$，以标定 P 点；反之，向内量取 PP'以定 P 点。则∠BAP 即为所要测设的 β 角。

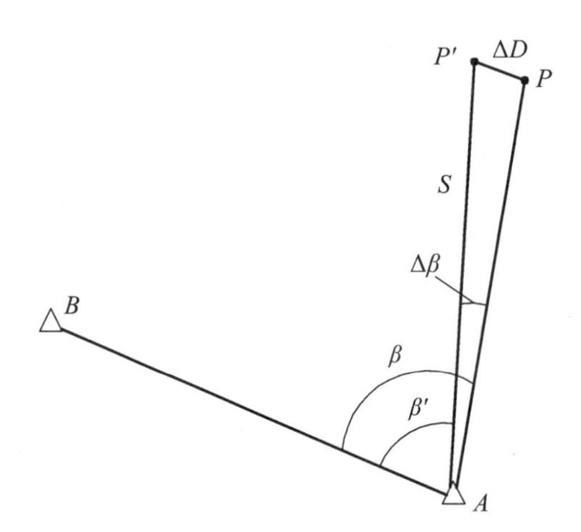

图 10.4　精确测设法测设水平角

10.2.3　高程的测设

根据附近的水准点将设计的高程测设到现场作业面上，称为高程测设。高程测设一般采用水准测量的方法，有时也用经纬仪或钢卷尺直接丈量。

1. 一般方法

如图 10. 5 所示，图中 A 为已知高程点，高程为 H_A。今欲测设 B 点，并使其高程等于设计高程 H_B，具体操作步骤如下：

①在 AB 间安置水准仪，读取后视 A 尺读数 a。

②计算前视 B 尺的读数 b。要使 B 点的高程为设计高程 H_B，则竖立于 B 点的水准尺读数 b 应为

$$b=H_A+a-H_B \tag{10.2}$$

③在 B 点木桩侧面竖立水准尺，指挥该尺上下移动，使中丝对准读数 b。此时，紧靠尺的底端在木桩侧面画一横线，此横线即为 B 点设计高程位置。

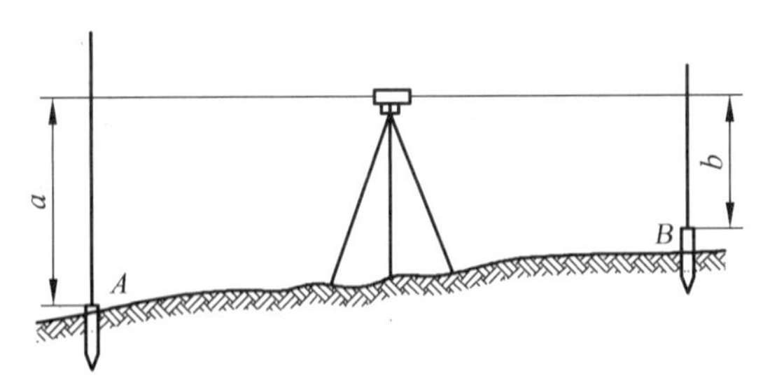

图 10. 5　高程测设的一般方法

2. 传递高程测设方法

若待测设高程点的设计高程与已知点的高程相差很大，设计高程点 B 通常远远低于视线，所以安置在地面上的水准仪看不到立在 B 点的水准尺，如测设较深的基坑高程或测设高层建筑物的高程。此时，可以利用两台水准仪并借助一把钢尺，将地面已知点的高程传递到坑底或高楼上，然后按一般高程测设法进行测设。

如图 10. 6 所示，地面已知点 A 的高程为 H_A，要在基坑内测设出设计高程为 H_B 的 B 点位置。在坑边支架上悬挂钢尺，零点在下端，在地面上和坑内分别安置水准仪，瞄准水准尺和钢尺读数(见图 10. 6 中 a、c 和 d)，则前视 B 尺应有的读数为

$$b=H_A+a-c+d-H_B \tag{10.3}$$

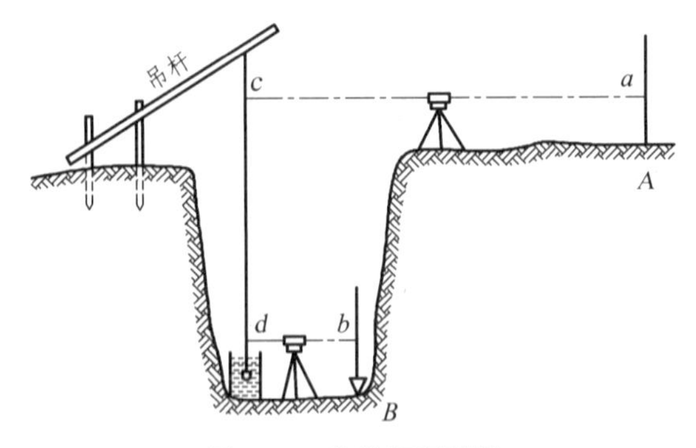

图 10. 6　传递高程测设

10.3 平面点位的测设方法

施工放样

施工之前需将图纸上设计建(构)筑物的平面位置测设于实地，其实质是将该房屋诸特征点(如各转角点)在地面上标定出来，作为施工的依据。测设时，应根据施工控制网的形式、控制点的分布、建(构)筑物的大小、测设的精度要求及施工现场条件等因素，选用合理的、适当的方法。

1. 直角坐标法

直角坐标法是根据已知点与待定点的坐标差 Δx、Δy 测设点位。此方法适用于施工控制网为建筑方格网或矩形控制网的形式且量距方便的地方。如图 10.7 所示，已知某厂房矩形控制网四角点 A、B、C、D 的坐标，设计总平面图中已确定某车间四角点 1、2、3、4 的设计坐标。现以根据 B 点测设点 1 为例，说明其测设步骤：

①计算 B 点与点 1 的坐标差：$\Delta x_{B1}=x_1-x_B$，$\Delta y_{B1}=y_1-y_B$。

②在 B 点安置经纬仪，瞄准 C 点，在此方向上用钢尺量 Δy_{B1} 得 E 点。

③在 E 点安置经纬仪，瞄准 C 点，用盘左、盘右位置两次向左测设 90°角，在两次平均方向 $E1$ 上从 E 点起用钢尺量 Δx_{B1}，即得车间角点 1。

④同上述操作，从 C 点测设点 2，从 D 点测设点 3，从 A 点测设点 4。

⑤检查车间的 4 个角是否等于 90°，各边长度是否等于设计长度，若误差在允许范围内，即认为测设合格。

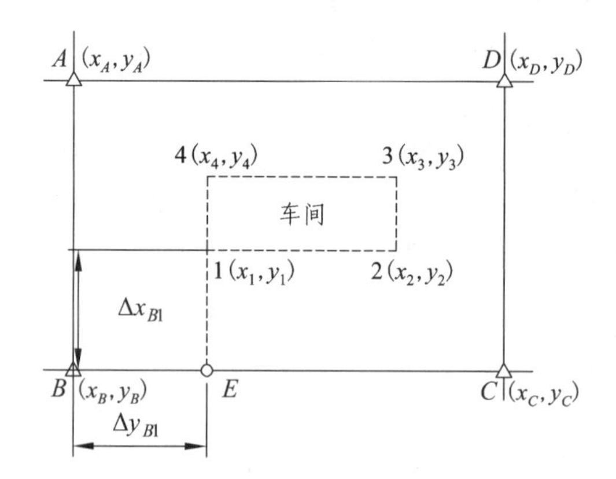

图 10.7 直角坐标法测设

2. 极坐标法

极坐标法是根据已知水平角和水平距离测设点的平面位置，它适用于量距方便，且测设点距控制点较近的地方。测设前须根据施工控制点(如导线点)及待测设点的坐标，按坐标反算公式求出一方向的坐标方位角和水平距离 D，再根据坐标方位角求出水平角。如图 10.8 所示，水平角 $\beta=\alpha_{AP}-\beta_{AB}$，水平距离为 D_{AP}。

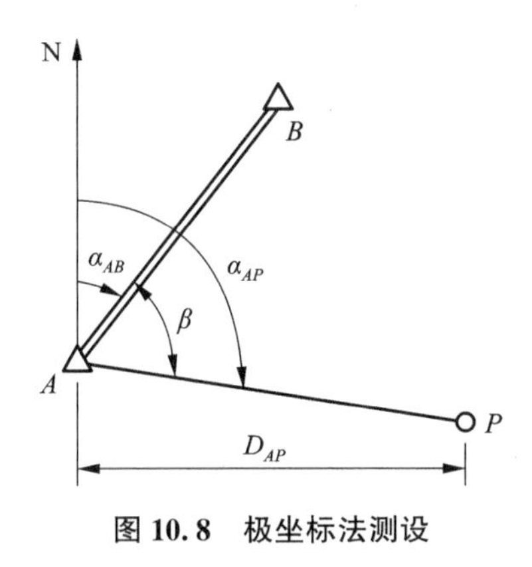

图 10.8　极坐标法测设

求出测设数据 β、D_{AP} 后，即可在控制点 A 上安置经纬仪，按上述角度测设的方法测设 β 角，以定出 AP 方向。在 AP 方向上，从 A 点用钢尺测设水平距离 D_{AP} 定出 P 点的位置。

3. 角度交会法

角度交会法适用于待测设点离控制点较远或不便于量距的场合，如测设桥墩中心、烟囱顶部中心等。前方交会法是角度交会法之一，通过在两个或多个已知点上安置经纬仪，测设两个或多个已知角度交会出待定点的平面位置。

如图 10.9(a)所示，A、B、C 为坐标已知点，P 为待测点，其设计坐标为 $P(X_P, Y_P)$，现根据 A、B、C 三点测设 P 点。

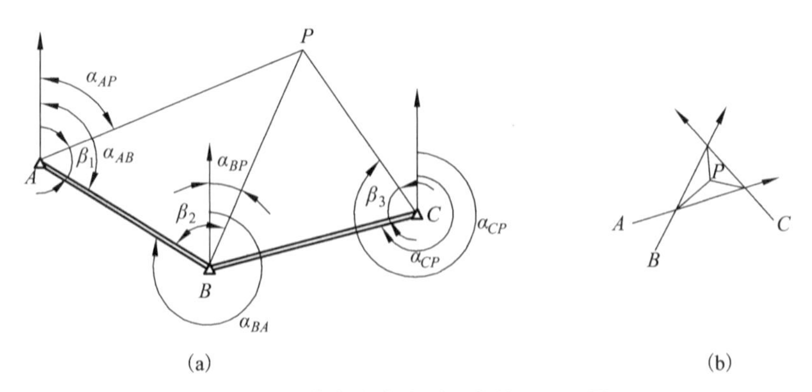

图 10.9　前方交会法测设点的平面位置

(1)计算测设数据

根据坐标反算公式分别计算出 α_{AB}、α_{AP}、α_{BP}、α_{CP}、α_{CB}，然后计算测设数据 β_1、β_2、β_3。

(2)测设点位的方法

在已知点 A、B 上安置经纬仪，分别测设出相应的 β 角，通过两个观测者指挥把标杆移到待定点的位置。当精度要求较高时，先在 P 点处打下一个大木桩，并在木桩上根据 AP、BP 绘出方向线及其交点 P；然后在已知点 C 上安置经纬仪，同样可测设出 CP 方向。若交会没有误差，此方向应通过前两方向线的交点，否则将形成一个“示误三角形”，如图 10.9(b)所示。若“示误三角形”的最大边长不超过 1 cm，则取三角形的重心作为待定点 P 的最终位置。若误差超限，应重新交会。

4. 距离交会法

距离交会法适用于待测设点离控制点的距离不超过 1 个尺段并便于量距的地方。如图 10.9 中，根据控制点 A、B 和待测设点 P 的坐标，反算出测设元素 D_{AP}、D_{BP}。测设时，用两把钢尺分别以 A、B 为圆心，以 D_{AP}、D_{BP} 为半径画弧，两弧的交点即为所需测设的 P 点。

当测设精度要求较高或测设距离超过 1 个尺段时，其距离交会应采用归化法。将上述方法测设出的点作为过渡点，以 P'表示，以必要的精度实测 AP'、BP'距离，进行归化改正。

10.4 已知坡度的直线测设

已知坡度的直线测没工作，实际上是连续测设一系列坡度桩，使之构成一定的坡度。其在道路、管道、地下工程、场地整平等工程施工中被广泛应用。

如图 10.10 所示，设 A 点为坡度的起点，其高程为 H；B 为放坡终点，高程待定。A、B 间的水平距离为 D，设计坡度为 i。

测设时，先根据 i 和 D 计算 B 点的设计高程，为

$$H_B = H_A + i \times D \tag{10.4}$$

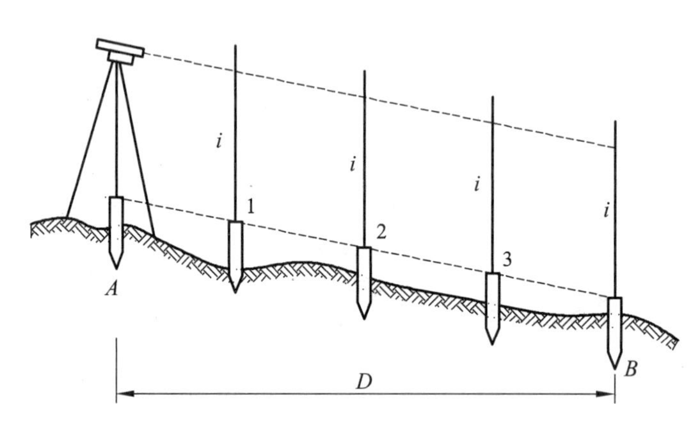

图 10.10　已知坡度的直线测设

按照测设高程的方法测设出 B 点，此时 AB 直线即构成坡度为 i 的坡度线。然后在 A 点安置水准仪，使任意两个脚螺旋的连线与 AB 方向垂直(另一个脚螺旋在 AB 直线上)，量取仪器高 i，用望远镜瞄准 B 点的水准尺，转动在 AB 方向线上的脚螺旋或微倾螺旋，使 B 点桩上水准尺的读数为仪器高 i，这时仪器的视线即为平行于设计坡度的直线。最后测设 AD 方向线上的各中间点，分别在点 1、2、3 处打下木桩，使各木桩上水准尺的读数均为仪器高 i，此时各桩的桩顶连线即为所需测设的坡度线。若设计坡度较大，测设时超出水准仪脚螺旋所能调节的范围，则可用经纬仪进行测设。

本章小结

本章介绍的施工测量的基本任务，是将图纸上设计好的各种建(构)筑物的平面位置和高程在实地标定出来，这一测量工作称为测设，也称为放样或施工放样。测设的主要方法可分为直接法和归化法。基本的测设工作包括水平距离、水平角和高程的测设。平面点位的测设主要有直角坐标法、极坐标法、角度交会法、距离交会法，其中极坐标法最为常用。

习　题

1. 什么是测设？测设的基本工作有哪些？

2. 测设点的平面位置有哪几种方法？各适用于什么情况？

3. 测设与测量有何不同？

4. 设放样的角值 $\beta=56°28'18''$，初步测设的角 $\beta'=\angle BAP=56°27'30''$，$AP$ 边长 $S=35$ m，试计算角差 $\Delta\beta$ 及 P 点的横向改正数，并画图说明其改正的方向。

5. 设 A、B 为已知平面控制点，其坐标值分别为 $A(20.00, 20.00)$、$B(20.00, 60.00)$，P 为设计的建筑物特征点，其设计坐标为 $P(40.00, 40.00)$。试用极坐标法测设 P 点的测设数据，并绘出测设略图。

6. 简述精密测设水平角的方法。

7. 已知水准点 BM_1 高程为 21.567 m，需要在 A 点墙面上测设出高程为 22.5 m 和 23 m 的位置，若在 BM_1 和 A 点间安置仪器，后视读数 $a=1.490$ m，如何测设出 A 点的设计高程？

8. 设地面上有一 A 点，高程为 72.420 m，已知 AB 方向，且已知 AB 间距离为 110 m。如果从 A 向 B 修一条路，坡度为−4%，要求每隔 20 m 设立一个中桩，试说明做法并绘图。

第 11 章　建筑工程施工测量

学习目标

1. 了解建筑工程施工控制测量的概念。
2. 熟悉施工坐标系和测量坐标系的转换。
3. 掌握一般工业与民用建筑工程的施工放样工作。

11.1　概　述

11.1.1　施工测量的定义

各种工程建设中，在施工阶段所进行的测量工作，称为施工测量。

在施工阶段，测量的主要任务是按设计和施工的要求，将图纸上设计的建(构)筑物的平面位置和高程在施工现场测设(放样)出来，作为施工的依据。施工测量贯穿于施工建设的始终。

施工测量的内容包括建立施工控制网、场地平整、测设建(构)筑物的主轴线和辅助轴线、测定建(构)筑物的细部点等。另外，构件与设备的安装也要进行一系列测量工作，以确保施工质量符合设计要求。施工中的每道工序完成后，都要通过测量检查工程各部位的实际平面位置和高程是否符合设计要求，无误后方可进行下一步施工。随着施工的进展，应对一些大型、高层或特殊建(构)筑物进行变形观测，作为鉴定工程质量和验证工程设计、施工是否合理的依据。工程竣工后，还要进行竣工测量，编绘和整理竣工图及相关资料，作为验收时鉴定工程质量和工程交付后管理、维修、扩建、改建的依据。

11.1.2　施工测量的特点

施工测量是直接为工程施工服务的，其工作直接影响工程质量及施工进度，故必须与施工组织计划相协调。测量人员应了解设计内容、性质及对测量精度的要求，熟悉有关图纸，了解施工的全过程，随时掌握工程进度及现场的变动，与设计、施工人员密切联系，保证测设的精度和速度满足施工的需求。

施工测量的精度取决于建(构)筑物的大小、用途、性质、材料、施工程序与施工方法等诸多因素。例如，高层建筑测设精度高于低层建筑；装配式建筑测设精度高于非装配式；连续性自动设备厂房测设精度高于独立厂房；钢结构建筑测设精度高于钢筋混凝土结构、砖石结构。施工测量精度不够，将造成质量事故；精度要求过高，则导致人力、物力及时间的浪费。

受建筑施工的影响，测量标志很容易受到破坏，因此施工测量的控制点从选点到埋设，除考虑技术因素以外，还应特别考虑如何妥善保护。使用过程中应加强检查，如有破坏，应及时恢复。

施工测量前应做好一系列准备工作：认真核算图纸上的尺寸与数据、检校好仪器和工具、制订合理的测设方案。在测设过程中，应采取安全措施，以防止发生事故。

11.2　施工控制测量

在工程勘测设计阶段布设的测图控制网主要是为测图服务的，控制点的点位、密度和精度是根据地形条件、测量技术的要求和测图比例尺的大小来确定的，难以满足施工阶段放样的要求。因此，在施工放样前，一般要重新建立施工控制网，作为施工放样的依据。

11.2.1　施工控制网的特点

施工控制网与测图控制网相比，具有以下特点：

1. 控制范围小，控制点密度大，精度要求高

与测图范围相比，施工的范围总是比较小的。各种建筑物错综复杂地分布在较小的范围内，这就要求必须有较多的控制点来满足施工放样的需要。

施工控制网点主要用于建筑物轴线的放样。这些轴线位置的放样精度要求较高，例如，工业厂房主轴线的定位精度要求为 2 cm。因此，施工控制网的精度要高于测图控制网的精度。

2. 使用频繁

在工程施工过程中，控制点常用于直接放样。伴随工程的进展，各种放样工作往往需要反复多次进行。从施工到竣工，控制点的使用是非常频繁的，这就要求控制点稳定、使用方便，在施工期间不易受破坏。

3. 易受施工干扰或破坏

建筑工程通常采用交叉作业方法施工，这就使得建筑物不同部位的施工高度有时相差悬殊，常常妨碍控制点之间的相互通视。随着施工技术现代化程度的不断提高，施工机械也往往成为视线的严重阻碍。有时施工干扰或重型机械的运行，可能造成控制点位移动甚至破坏。因此，施工控制点的位置应分布恰当，具有足够的密度，以便在放样时有所选择。

11.2.2　施工控制网的布设形式

施工控制网和测图控制网一样，也分为平面控制网和高程控制网两种。施工测量的平面

控制网，应根据总平面图和施工地区的地形条件来确定。当厂区地势起伏较大、通视条件较好时，采用三角网的形式扩展原有控制网；若地形平坦，但通视困难时，可采用导线网；对于建筑物多为矩形且布置比较规则和密集的工业场地，可布置成建筑方格网；对于一般民用建筑，布置一条或几条建筑基线即可。

高程控制网可根据施工要求布设四等水准或图根水准网。随着测量仪器的发展，施工控制网已广泛采用边角网、测边网、导线网以及 GNSS 定位等测量方法。

平面控制网一般分两级布设，首级网作为基本控制，目的是放样各个建筑物的主要轴线；第二级网为加密控制，它直接用于放样建筑物的特征点。

高程控制网一般也分两级布设，基本高程控制布满整个测区，加密高程控制的密度应达到只设一个测站就能进行高程放样的程度。

布设施工控制网时，必须考虑施工的程序、方法以及施工场地的布置情况。为防止控制点被破坏或丢失，施工控制网的设计点位应标在施工设计的总平面图上，以便破坏后重新布点。

11.2.3 施工控制点的坐标换算

在设计的总平面图上，建筑物的平面位置一般采用施工坐标系的坐标表示。所谓施工坐标系，就是以建筑物的主轴线为坐标轴建立起来的坐标系统。为了避免整个工程区域内坐标出现负值，施工坐标系的原点应设置在总平面图的西南角之外，纵轴记为 A 轴，横轴记为 B 轴，用 A、B 坐标标定建筑物的位置。

施工坐标系统与测图坐标系统是有区别的，当施工控制网与测图控制网发生联系时，就要进行坐标换算：把一个点的施工坐标换算成测图坐标系中的坐标，或是将一个点的测图坐标系坐标换算成施工坐标系中的坐标。

如图 11.1 所示，AOB 为施工坐标系，xO_1y 为测图坐标系。设 I 为建筑基线上的一个主点，它在施工坐标系中的坐标为(A_I, B_I)，在测图坐标系中的坐标为(x_I, y_I)。(x_0, y_0)为

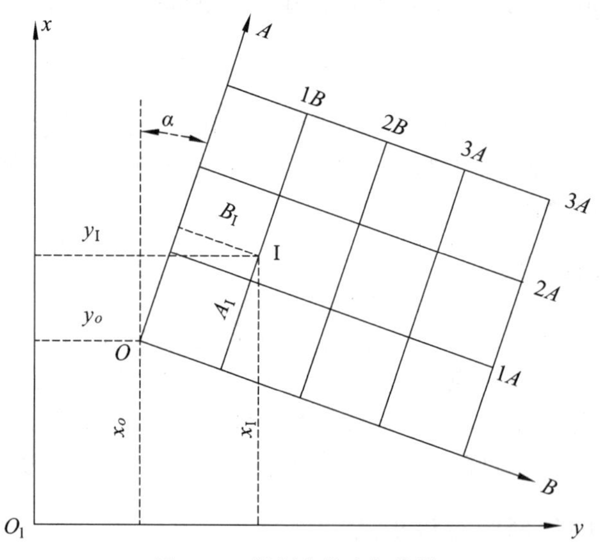

图 11.1 控制点的坐标换算

施工坐标系原点 O 在测图坐标系中的坐标，α 为 x 轴与 A 轴之间的夹角。将Ⅱ点的施工坐标换算成测图坐标，其计算公式为

$$\left.\begin{aligned} x_{\mathrm{I}} &= x_0 + A_{\mathrm{I}}\cos\alpha - B_{\mathrm{I}}\sin\alpha \\ y_{\mathrm{I}} &= y_0 + A_{\mathrm{I}}\sin\alpha + B_{\mathrm{I}}\cos\alpha \end{aligned}\right\} \tag{11.1}$$

若将测图坐标换算成为施工坐标，其计算公式为

$$\left.\begin{aligned} A_{\mathrm{I}} &= (x_{\mathrm{I}} - x_0)\cos\alpha + (y_{\mathrm{I}} - y_0)\sin\alpha \\ B_{\mathrm{I}} &= (x_{\mathrm{I}} - x_0)\sin\alpha + (y_{\mathrm{I}} - y_0)\cos\alpha \end{aligned}\right\} \tag{11.2}$$

11.2.4　建筑基线

1. 建筑基线的布置

施工场地范围不大时，可在场地上布置一条或几条基准线，作为施工场地的控制，这种基准线称为“建筑基线”。如图 11.2 所示，建筑基线的布设，是根据建筑物的分布、场地地形等因素确定的，常用的形式有“一”字形、“L”形、“T”形和“十”字形。

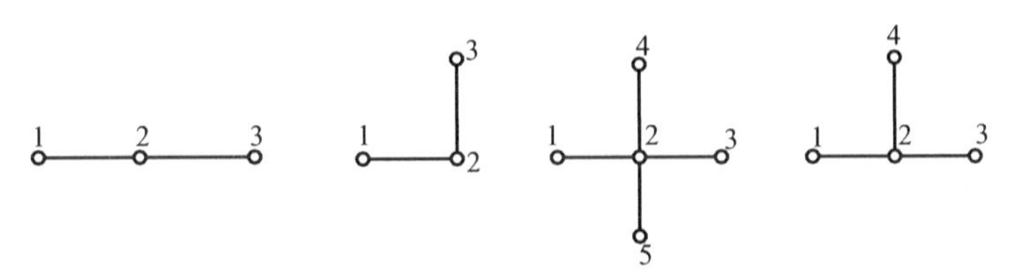

图 11.2　建筑基线的布置

建筑基线应平行于拟建的主要建筑物的轴线，尽可能与施工场地的建筑红线相联系。当建筑场地面积较小时也可直接用建筑红线作为现场控制。建筑基线相邻点间应互相通视，点位不受施工影响，为能长期保存，应埋设永久性的混凝土桩。为便于复查建筑基线是否有变动，基线点不得少于 3 个。

2. 建筑基线的测设方法

建筑基线可以根据建筑红线测设，也可以根据附近已有控制点测设。

(1)用建筑红线测设

如图 11.3 所示，Ⅰ、Ⅱ、Ⅲ点是在现场地面上标定出来的边界点，其连线ⅠⅡ、ⅡⅢ通常是正交的直线，称为“建筑红线”。一般情况下，建筑基线与建筑红线平行或垂直，故可根据建筑红线用平行推移法测设建筑基线 OA、OB。当在地面上用木桩标定 A、O、B 三点后，将经纬仪安置于 O 点，检查 $\angle AOB$ 是否等于 90°，要求其误差应在±20″以内；测量 OA、OB 的距离是否等于设计长度，其误差应不大于 1/10 000。若误差在允许范围内，则适当调整 A、B 点的位置；若误差超限，应检查推平行线时的测设数据。

(2)用附近的控制点测设

若在建筑场地中没有建筑红线，可依据建筑基线点的设计坐标和附近已有控制点的关系放样。如图 11.4 所示，A、B 均为已有的控制点，Ⅰ、Ⅱ、Ⅲ为选定的建筑基线点。首先，根

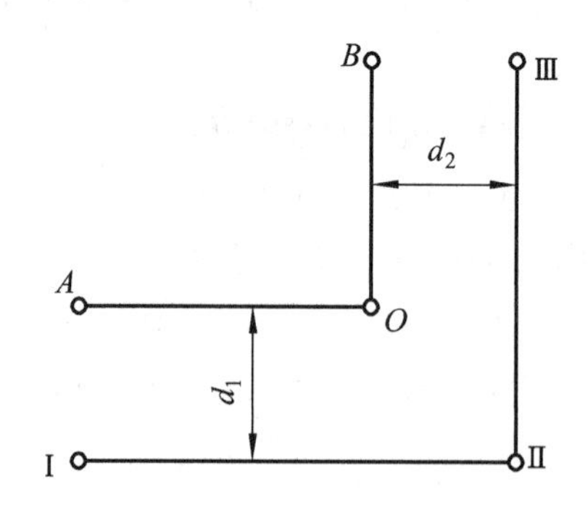

图 11.3 根据建筑红线测设建筑基线

据已知控制点和待定点的坐标关系，反算出测设数据β_1、S_1，β_2、S_2，β_3、S_3；然后，用极坐标法(或其他方法)测设Ⅰ、Ⅱ、Ⅲ点。因存在测量误差，测设的基线点往往不在同一直线上，如图 11.5 中的Ⅰ′、Ⅱ′、Ⅲ′，所以，还需在Ⅱ′点安置经纬仪，精确地检测出∠Ⅰ′Ⅱ′Ⅲ′。若此角值与 180°之差超过±15″，则应对点位进行调整。调整时，应将Ⅰ′、Ⅱ′、Ⅲ′点沿与基线垂直的方向各移动相同的调整值 δ。其计算公式如下：

$$\delta=\frac{ab}{a+b}\left(90°-\frac{\angle\alpha}{2}\right)\frac{1}{\rho} \tag{11.3}$$

式中：δ 为各点的调整值；a、b 分别为ⅠⅡ、ⅡⅢ的长度；$\angle\alpha$ 为∠Ⅰ′Ⅱ′Ⅲ′。

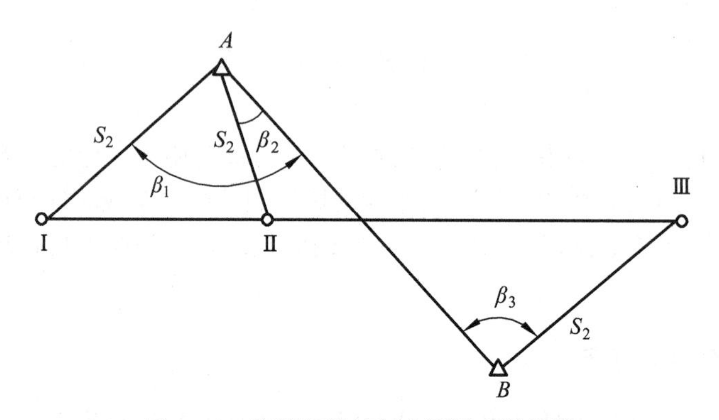

图 11.4 用附近的控制点测设建筑基线

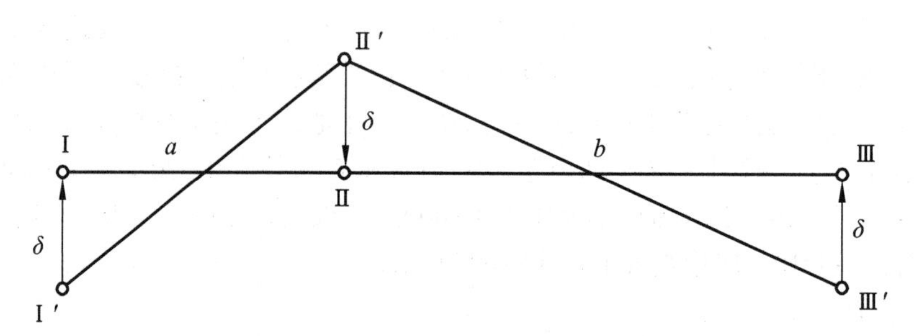

图 11.5 用附近的控制点测设建筑基线

除了调整角度之外，还应调整Ⅰ、Ⅱ、Ⅲ点之间的距离。若丈量长度与设计长度之差的相对误差大于 1/20 000，则以Ⅱ点为准，按设计长度调整Ⅰ、Ⅲ两点。

此项工作应反复进行，直至误差在允许范围之内为止。

11.2.5　建筑方格网

1. 建筑方格网的布设

在大中型的建筑场地，由正方形或矩形格网组成的施工控制网，称为建筑方格网，如图 11.6 所示。布设建筑方格网时应考虑以下几点：

①方格网的主轴线应位于建筑场地的中央，并与主要建筑物的轴线平行或垂直。

②根据实地的地形布设的控制点，应便于测角和测距。标桩高程与场地的设计高程不能相差太大。

③方格网的边长一般为 100~200 m，也可根据测设对象而定；点的密度应根据实际需要来定。方格网各交角应严格呈 90°。

④场地面积较大时，应分成两级布网。

⑤同一块标石最好是平面和高程控制点。

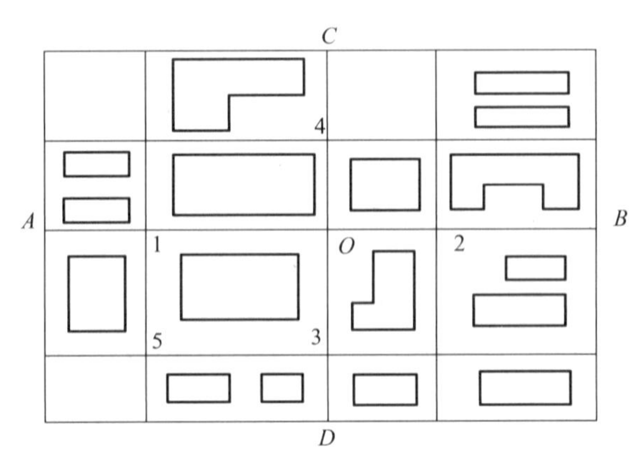

图 11.6　建筑方格网

2. 建筑方格网的测设

(1) 主轴线的测设

建筑方格网的主轴线是建筑方格网扩展的基础，如图 11.7 所示。当建筑工程区域很大、主轴线很长时，一般只测设其中的一段，如图中的 AOB 段。该段上 A、B、O 点是主轴线上的主点。其施工坐标一般由设计单位给出，当施工坐标系和国家测量坐标系不一致时，在施工方格网测设之前，应把主点的施工坐标换算成测量坐标，以便求得测设数据。

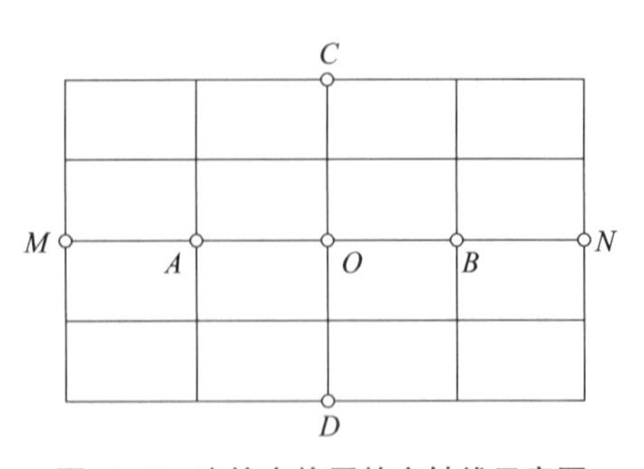

图 11.7　建筑方格网的主轴线示意图

测设主轴线 AOB 的方法与建筑基线测设方法相同，但 $\angle AOB$ 与 180°的差应在±5″之内。

如图 11.8 所示，A、O、B 三个主点测设好后，将经纬仪安置在 O 点，瞄准 A 点，分别向左、向右转 90°，测设另一主轴线 COD，并在地上定出其概略位置 C' 和 D'，然后精确测出 $\angle AOC'$ 和 $\angle AOD'$，分别算出它们与 90°之差 ε_1 和 ε_2，并计算出调整值 l_1 和 l_2，其公式为

$$l=L\frac{\varepsilon}{\rho''} \tag{11.4}$$

式中：L 为 OC' 或 OD' 的长度。

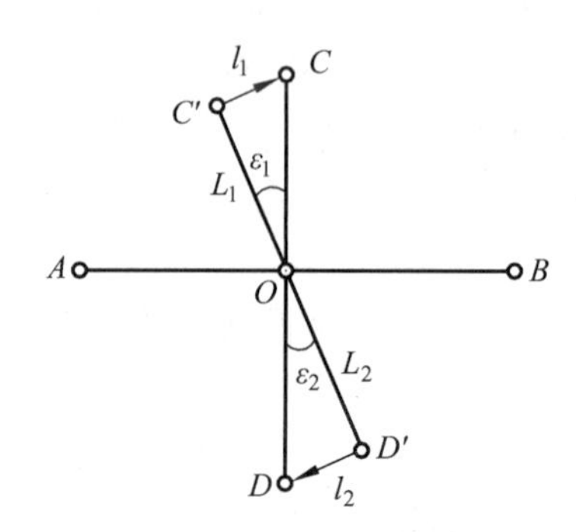

图 11.8　建筑方格网的主轴线的测设

将 C' 垂直于 OC' 方向移动 l_1 距离得 C 点；将 D' 点沿垂直于 OD' 方向移动 l_2 距离得 D 点。点位改正后，应检查两主轴线的交点及主点间的距离，要求均应在规定限差之内。

(2)方格网点的测设

主轴线测设好后，分别在主轴线端点安置经纬仪，均以 O 点为起始方向，分别向左右精密地测设出 90°，这样就形成“田”形方格网点。为了校核，还应在方格网点上安置经纬仪，测量其角值是否为 90°，并测量各相邻点间的距离，检验其是否与设计边长相等，要求误差均应在允许的范围之内。此后，再以基本方格网点为基础，加密方格网中其余各点。

11.2.6　高程控制网

建筑场地的高程控制测量必须与国家水准点联测，以便建立统一的高程系统，并在整个施工区域内建成水准网。在建筑工程施工区域内最高的水准测量等级一般为三等，点位应单独埋设，点间距离通常以 600 m 为宜，其距厂房或高大建筑物一般不小于 25 m，在震动影响范围 5 m 以外，距回填土边线不小于 15 m。在使用最多的四等水准测量中，可利用平面控制点作水准点。有时普通水准测量也可满足要求，测量时应严格按国家水准测量规范执行。水准点应布设在土质坚实，不受震动影响，便于长期使用的地点，并埋设永久标志。其密度应满足测量放线要求，尽量做到设一个测站即可测设出待测高程。

根据施工中的不同精度要求，高程控制有以下特点：

①工业安装和施工精度要求在 1~3 mm，可设置三等水准点 2~3 个。

②建筑施工测量精度在 3~5 mm，可设置四等水准点。

③设计中各建(构)筑物的±0.00 的高程不一定相等。

11.3　工业与民用建筑的定位和放线

11.3.1　建筑物的定位

建筑物的定位，就是把建筑物外廓各轴线的交点测设在地面上以确定建筑物的位置，并以此为依据作基础放样和细部放样，如图 11.9 中 P、Q、R、S 点。

因定位条件不同，定位方法可选择用测量控制点、建筑基线、建筑方格网定位，还可以用已有建筑物进行定位。下面介绍根据已有建筑物进行定位的方法。

如图 11.9 所示，首先用钢尺沿 1 号楼的东西墙面各量出 4 000 mm 得 a、b 两点，用小木桩标定。在 a 点安置经纬仪照准 b 点，从 b 点起沿 ab 方向丈量 20.250 m 得到 c 点，再继续沿 ab 方向从 c 点起量 27.000 m 得到 d 点，则 cd 线就是一条建筑基线。然后把经纬仪安置在 c 点上，后视 a 点后并转 90°角沿视线方向由 c 点起量 4.250 m 定出 P 点，再继续量 14.1 m 定出 Q 点。同法，在 d 点安置经纬仪可定出 S、R 两点。P、Q、R、S 即为拟建房屋外墙轴线的交点。测设后，应对测量结果进行检查。用钢尺丈量 QR 的长度与设计长度的相对误差不应超过 1/5 000；用经纬仪检查∠Q、∠R 与 90°之差不应超过 40″。

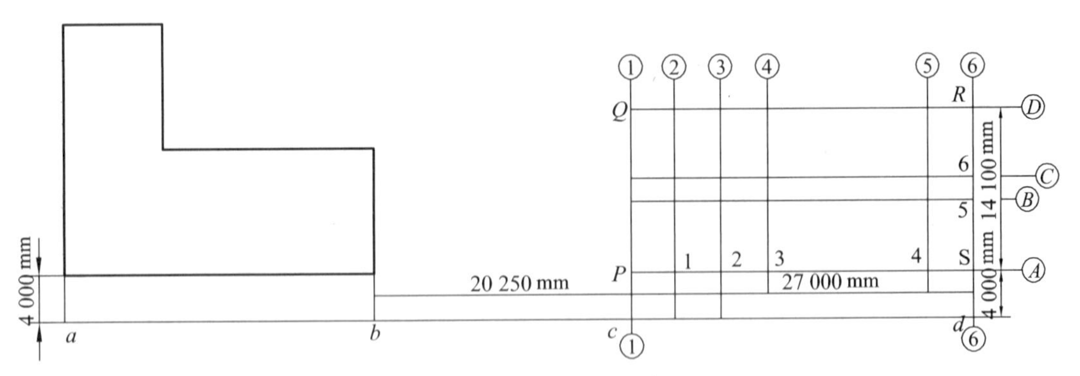

图 11.9　建筑物的定位

11.3.2　建筑物的放线

建筑物的放线是指根据已定位的外墙轴线交点桩详细测设出建筑物的交点桩(或称中心桩)，然后根据交点桩用白灰撒出基槽开挖边界线。放样方法如下：

首先在外墙周边轴线上测设定位轴线交点。如图 11.9 所示，将经纬仪安置在 P 点，瞄准 S 点，用钢尺沿 PS 方向量出相邻两轴线间的距离，定出点 1、2、3 各点(也可以每隔 1~2 轴线定一点)；同理可定出 5、6 两点。量距精度应达到(1∶2 000)~(1∶5 000)。丈量各轴线间距离时，钢尺零端要始终对在同一点上。

由于角桩和中心桩在开挖基槽时将被挖掉，为了在施工中恢复各轴线的位置，需要把各轴线适当延长到基槽开挖线以外，并做好标志。其方法有设置轴线控制桩和龙门板两种形式。

1. 设置轴线控制桩

轴线控制桩设置在基槽外基础轴线的延长线上，作为开槽后各阶段施工中恢复轴线的依据。如图 11.10 所示，控制桩一般钉在槽边外 2~4 m，不受施工干扰并便于引测和保存桩位的地方。若附近有建筑物，也可将轴线投测到建筑物的墙上。

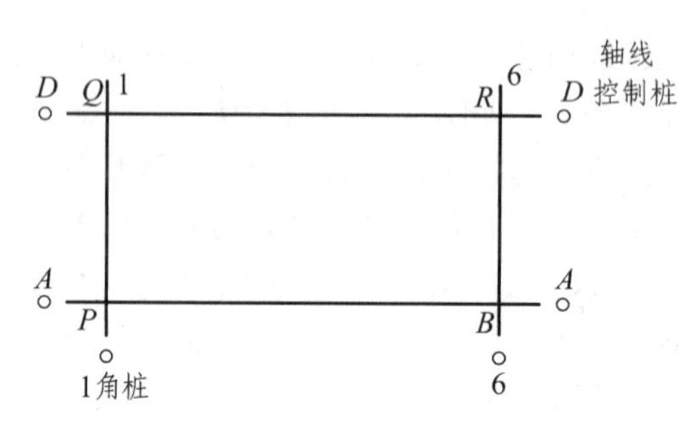

图 11.10 轴线控制桩的设置

2. 设置龙门板

如图 11.11 所示，在建筑物四角和中间隔墙的两端基槽之外 1~2 m 处，竖直钉设木桩，称为龙门桩。要求桩的外侧面应于基槽平行。根据附近的水准点，用水准仪将±0.00 m 的高程测设在龙门桩上，并画横线表示。若受地形条件限制，可测设比±0.00 m 高或低某一整数的高程线，然后把龙门板钉在龙门桩上。要求板的上边缘水平，并刚好对齐±0.00 m 的横线。最后，用经纬仪将轴线引测到龙门板上，并钉一小钉作标志，此小钉也称轴线钉。此外，还应用钢尺沿龙门板顶面检查轴线钉之间的距离。其精度应达到(1∶5 000)~(1∶2 000)，经检验合格以后，以轴线钉为准，将墙边线、基础边线、基槽开挖边线等标定在龙门板上。标定基槽上口开挖宽度时，应按有关规定考虑放坡尺寸。

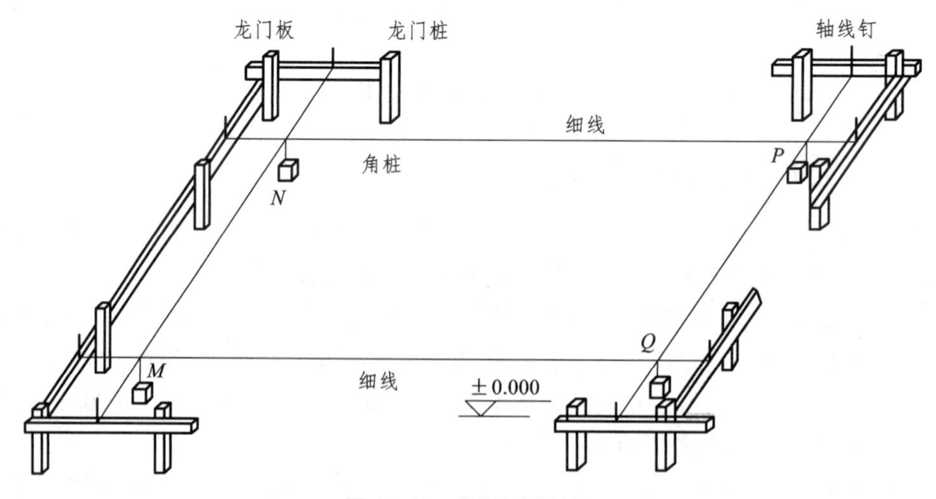

图 11.11 龙门板的设置

龙门板使用方便，但它需要木材较多，近年来有些施工单位已不设置龙门板而只设轴线控制桩。

11.3.3　民用建筑施工测量概述

民用建筑是指供人们居住、生活和进行社会活动用的建筑物，如住宅、办公楼、学校、商店、影剧院、车站等。施工测量就是按设计的要求把建筑物的位置测设到地面上，其工作主要包括建筑物的定位和放线、基础施工测量、墙体施工测量等。在进行施工测量之前，除了要做好测量仪器和工具的检校外，还要做好以下几项准备工作。

1. 熟悉设计图纸

设计图纸是施工测量的依据。在测设前应从设计图纸上了解工程全貌、施工建筑物与相邻地物的相互关系以及该工程对施工要求，核对有关尺寸，以免出现差错。

2. 现场踏勘

通过对现场进行查勘，了解建筑场地的地物、地貌和原有测量控制点的分布情况，并对建筑场地上的平面控制点、水准点进行检核，无误后方可使用。

3. 制订测设方案

根据设计要求、定位条件、现场地形和施工方案等因素制订施工放样方案。如图 11.12 所示，按设计要求，拟建 3 号建筑物与已建 1 号建筑物平行，两相邻墙面相距 20 m，南墙面在一条直线上。因此，可以根据已建的建筑物用直角坐标法进行放样。

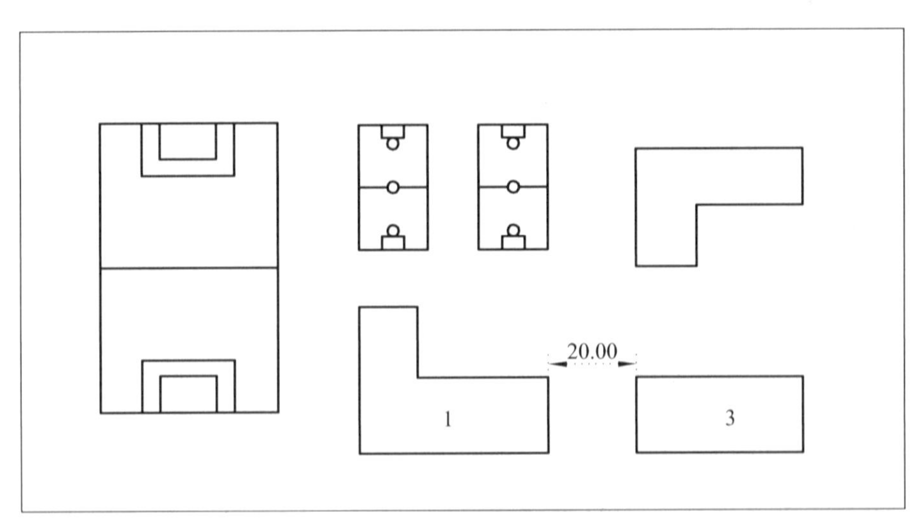

图 11.12　建筑总平面图

4. 准备放样数据

除了计算出必要的放样数据外，还需从下列图纸上查取房屋内部平面尺寸和高程数据。

①从建筑总平面图上(图 11.12)查出或计算拟建建筑物与原有建筑物或测量控制点之间

的平面尺寸和高差，作为测设建筑物总体位置的依据。

②从建筑平面图中(图 11.13)查取建筑物的总尺寸和内部各定位轴线之间的关系尺寸，作为施工放样的基础资料。

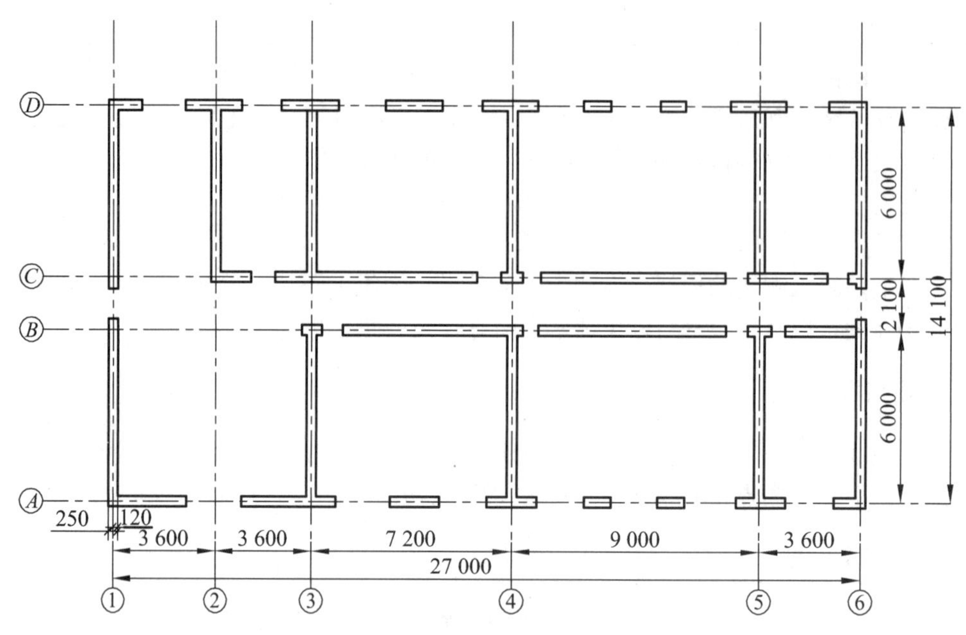

图 11.13　建筑平面图(单位：mm)

③从基础平面图上查取基础边线与定位轴线的平面尺寸以及基础布置与基础剖面位置的关系。

④从基础详图中查取基础立面尺寸、设计高程以及基础边线与定位轴线的尺寸关系，作为基础高程放样的依据。

⑤从建筑物的立面图和剖面图上，查取基础地坪、楼板、门窗、屋面等设计高程，作为高程放样的主要依据。

5. 绘制放样略图

图 11.9 是根据设计总平面图和基础平面图绘制的放样略图，图上标有已建房屋和拟建房屋之间的平面尺寸，定位轴线间平面尺寸和定位轴线控制桩等。从图 11.13 中可以看出，外墙面线与其定位轴线相距 0.25 m。故图 11.12 中，3 号楼的定位尺寸应由 20.00 m 和 4.00 m 分别增加到 20.25 m 和 4.25 m，以保证砌筑的墙体符合齐平和净距要求。

11.3.4　工业建筑施工测量概述

工业建筑中的厂房分为单层和多层、装配式和现浇整体式。单层工业厂房以装配式为主，采用预制的钢筋混凝土柱、吊车梁、屋架、大型屋面板等构件，在施工现场进行安装。为保证厂房构件就位的正确性，施工中应进行以下几个方面的测量工作：厂房矩形控制网的测设、厂房柱列轴线放样、杯形基础施工测量、厂房构件及设备安装测量。工业建筑施工测量除了与民用建筑相同的准备工作外，还需做好下列工作。

1. 制订厂房矩形控制网的测设方案及计算测设数据

工业建筑厂房测设的精度要高于民用建筑，而厂区原有的控制点的密度和精度又不能满足厂房测设的需要，因此，对于每个厂房还应在原有控制网的基础上，根据厂房的规模大小，建立满足精度要求的独立矩形控制网，作为厂房施工测量的基本控制。

对于一般中、小型厂房，可测设一个单一的厂房矩形控制网，即在基础的开挖边线以外 4 m 左右，测设一个与厂房轴线平行的矩形控制网 *RSPQ*(图 11.14)，即可满足测设的需要。对于大型厂房或设备基础复杂的厂房，为保证厂房各部分精度一致，需先测设一条主轴线，然后以此主轴线测设出矩形控制网。

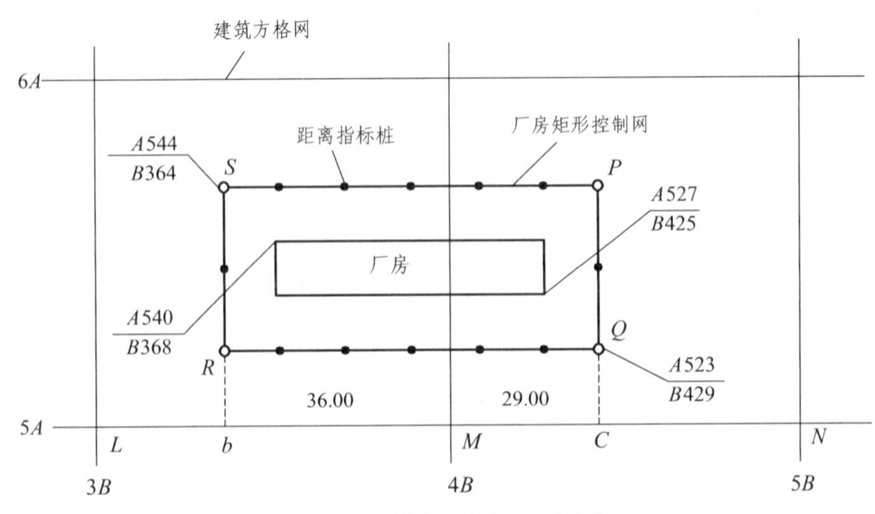

图 11.14　厂房矩形控制网测设略图

厂房矩形控制网的测设方案，通常是根据厂区的总平面图、厂区控制网、厂房施工图和现场地形情况等资料来制订的。其主要内容包括确定主轴线位置、矩形控制网位置、距离指标桩的点位、测设方法和精度要求。在确定主轴线点及矩形控制网位置时，考虑到控制点能长期保存，应避开地上和地下管线，距厂房基础开挖边线以外 1.5~4 m。距离指标桩的间距一般为厂房柱距的倍数，但不要超过所用钢尺的整尺长。

2. 绘制测设略图

图 11.14 是依据厂区的总平面图、厂区控制网、厂房施工图等资料，按一定比例绘制的测设略图。

11.3.5　厂房矩形控制网的测设

单层工业厂房构件安装及生产设备安装要求测设的厂房柱列轴线有较高的精度，因此厂房放样时应先建立厂房矩形施工控制网，以此作为轴线测设的基本控制。

1. 中小型工业厂房控制网的建立

对于单一的中小型工业厂房而言，测设一个简单矩形控制网即可满足放样的要求。简单矩形控制网的测设可以采用直角坐标法、极坐标法和角度交会法等，现以直角坐标法为例，介绍依据建筑方格网建立厂房控制网的方法。

如图 11.15 所示，*M*、*N*、*O*、*P* 为厂房边轴线的交点，*M*、*O* 两点的坐标在总平面图上已标出。*E*、*F*、*G*、*H* 是布设在厂房基坑开挖线以外的厂房控制网的 4 个角桩，称为厂房控制桩。控制网的边与厂房轴线相互平行。

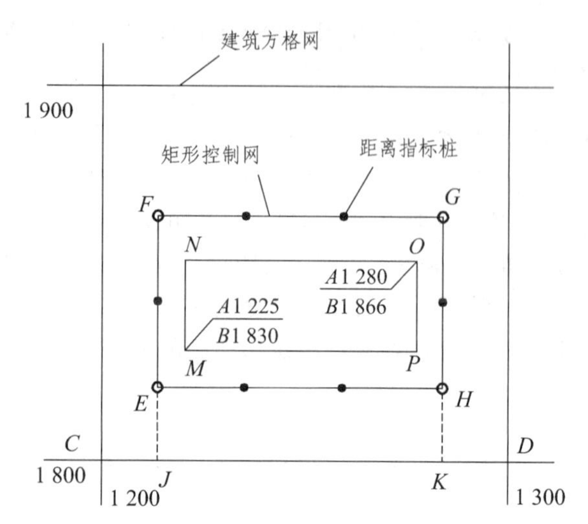

图 11.15　中小型工业厂房简单矩形控制网

测设前，先由 *M*、*O* 点的坐标推算出控制点 *E*、*F*、*G*、*H* 的坐标，然后以建筑方格网点 *C*、*D* 坐标值为依据，计算测设数据 *CJ*、*CK*、*JE*、*JF*、*KH*、*KG*。测设时，根据放样数据，从建筑方格网点 *C* 开始在 *CD* 方向上定出 *J*、*K* 点；然后，将经纬仪分别安置在 *J*、*K* 点上，采用直角坐标法测设 *JEF*、*KHG* 方向，由测设数据定出厂房控制点 *E*、*F*、*G*、*H*，并用大木桩标定，同时测出距离指标桩。最后，应复核∠*F*、∠*G* 是否为 90°，要求其误差不应超过±10″；精密丈量 *EH*、*FG* 的距离，与设计长度进行比较，其相对误差不应超过 1/10 000～1/25 000。

2. 大型工业厂房控制网的建立

对大型工业厂房、机械化程度较高或有连续生产设备的工业厂房，需要建立有主轴线的较为复杂的矩形控制网。主轴线一般应与厂房某轴线方向平行或重合，如图 11.16 所示，主轴线 *AOB* 和 *COD* 分别选定在厂房柱列轴线 *C* 轴和⑨轴上，*P*、*Q*、*R*、*S* 为控制网的 4 个控制点。

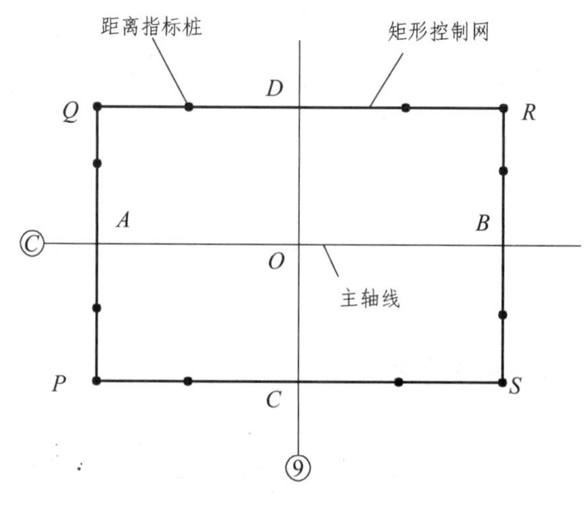

图 11.16　控制点的布置

测设时，首先按主轴线测设方法将 AOB 测定于地面上，再以 AOB 轴为依据测设短轴 COD，并对短轴方向进行方向改正，使轴线 AOB 与轴线 OOD 正交，限差为±5″。主轴线方向确定后，以 O 点为中心，用精密丈量的方法测定纵、横轴端点 A、B、C、D 位置，主轴线长度相对精度为 1/5 000。主轴线测设后，可测设矩形控制网，测设时分别将经纬仪安置在 A、B、C、D 点，瞄准 O 点测设 90°方向，交会定出 P、Q、R、S 4 个角点，然后精密丈量 AP、AQ、BR、BS、CP、CS、DO、DR 长度，精度要求同主轴线，不满足时应进行调整。

为了便于厂房细部施工放样，在测定矩形控制网各边时按一定间距测设出距离指标桩。

11.4　施工过程中的测量工作

11.4.1　建筑物基础施工测量

建筑物轴线测设完成后，再根据基础详图的尺寸和高程要求，并考虑防止基槽坍塌而增加的放坡尺寸，在地面上用白灰撒出开挖边线，即可进行基础施工。

1. 基槽开挖的深度控制

如图 11.17 所示，开挖基槽时，应密切关注挖土的深度，接近槽底时，用水准仪在槽壁上测设一些水平的小木桩，使桩的上表面距槽底设计高程为一固定值(如 0.500 m)，用以控制挖槽深度。为施工时使用方便，一般在槽壁各拐角处、深度有变化处和基槽壁上每隔 3～4 m 处测设一个水平桩，并沿桩顶面拉直线绳，作为修平槽底和基础垫施工的高程依据。水平桩高程测设的允许误差为±10 mm。

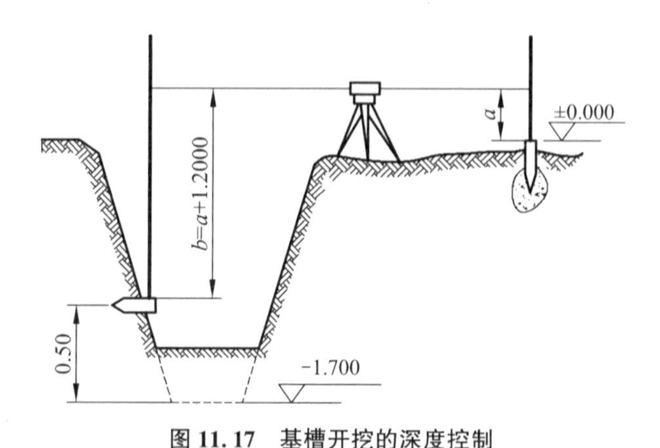

图 11.17　基槽开挖的深度控制

2. 基槽底面和垫层轴线投测

如图 11.18 所示，基槽挖至规定高程并清底后，将经纬仪安置在轴线控制桩上，瞄准轴线另一端的控制桩，即可把轴线投测到槽底，作为确定槽底边线的基准线。垫层打好后，用经纬仪或用拉绳挂垂球的方法把轴线投测到垫层上，并用墨线弹出墙中心线和基础边线，作为砌筑基础或支槽板的依据。由于整个墙身砌筑均以此线为准，这是确定建筑物位置的关键环节，所以经严格校核后，才可进行砌筑施工。

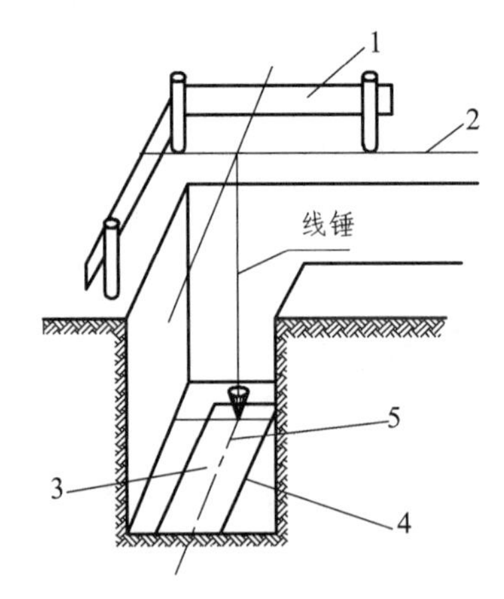

1—龙门板；2—细线；3—垫层；4—基础边线；5—墙中线。

图 11.18　基槽底面和垫层轴线投测

3. 基础高程的控制

如图 11.19 所示，房屋基础墙(±0. 00 m 以下的砖墙)的高度是利用基础皮数杆来控制的。基础皮数杆是一根木制的杆子，在杆子上事先按设计尺寸，按砖、灰缝厚度画出线条，并标出±0. 00 m 及防潮层的高程位置。

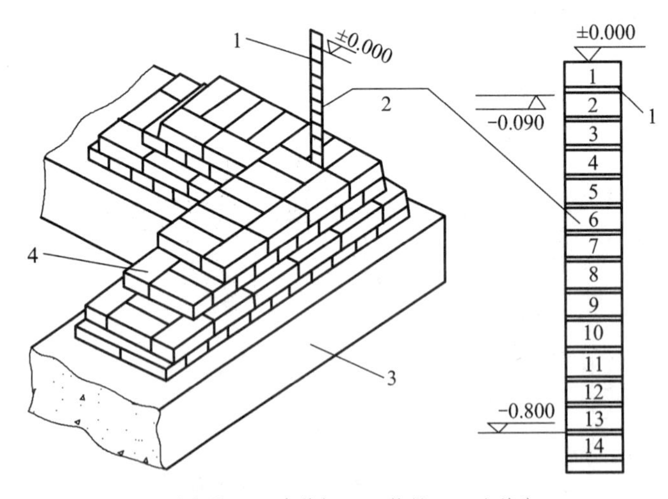

1—防潮层；2—皮数杆；3—垫层；4—大放脚。

图 11.19　基础高程的控制

立皮数杆时，可先在立杆处打一个木桩，用水准仪在该木桩侧面定出一条高于垫层高程某一数值(如 10 cm)的水平线，然后将皮数杆上高程相同的一条线与木桩上的水平线对齐，并用大铁钉把皮数杆与木桩钉在一起，作为基础墙的高程依据。

基础施工结束后，应检查基础面的高程是否满足设计要求(也可以检查防潮层)。可用水准仪测出基础面上若干的高程和设计高程相比较，允许误差为±10 mm。

11.4.2　墙体施工测量

1. 墙体定位

如图 11.20 所示，利用轴线控制桩或龙门板上的轴线和墙边线标志，用经纬仪或拉细线绳挂垂球的方法将轴线投测到基础面上或防潮层上，然后用墨线弹出墙中线和墙边线。检查外墙轴线交角是否符合要求(等于 90°)，然后把墙轴线延伸并画在外墙基础上，作为向上投测轴线的依据。同时，把门窗和其他洞口的边线在外墙基础立面上画出。

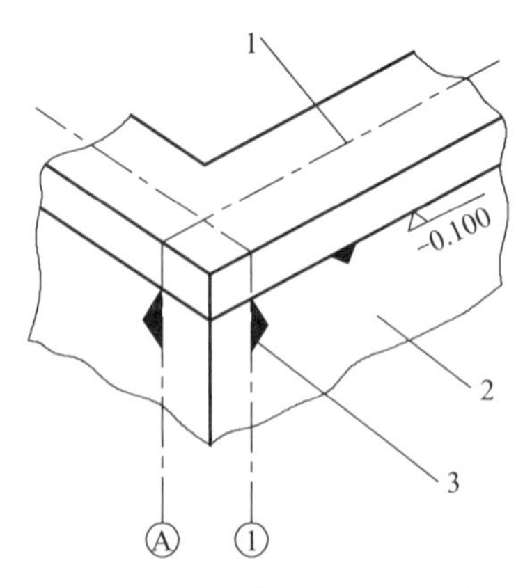

1—墙中线；2—外墙基础；3—轴线标志

图 11.20　墙体定位

2. 墙体各部位高程的控制

在墙体施工中，墙身各部位高程通常也用皮数杆控制。在内墙的转角处竖立皮数杆，每隔 10~15 m 立 1 根。墙身皮数杆上根据设计尺寸，按砖、灰缝厚度画出线条，标明±0.00 m、门、窗、楼板等高程位置，如图 11.21 所示。立杆时要用水准仪测定皮数杆的高程，使皮数杆上±0.00 m 高程与房屋的室内地坪高程相吻合，然后就可以根据墙的边线和皮数杆来砌墙。一般在墙身砌起 1 m 以后，就在室内墙身上定出+0.50 m 的高程线，作为该层地面施工和室内装修用。

当墙体砌至窗台时，要在外墙面上根据房屋的轴线量出窗的位置，以便砌墙时预留窗洞的位置；然后，按设计图上的窗洞尺寸砌墙即可。墙的竖直用托线板(图 11.22)进行校正，使用方法是把托线板的侧面紧靠墙面，看托线板上的垂球是否与板的墨线对准，如果有偏差，可以校正砖的位置。

在第二层及以上墙体的施工中，墙体的轴线根据底层的轴线，用垂球先引测到底层的墙面上，然后再用垂球引测到第二层楼层上。在砌第二层墙体时，要重新在第二层楼的墙角处立皮数杆。为了使皮数杆立在同一水平面上，要用水准仪测出楼板面四角的高程，求其平均值作为地坪高程，并以此作为立杆标志。

框架结构的民用建筑，墙体砌筑是在框架施工后进行，故可在柱面上画线，代替皮数杆。

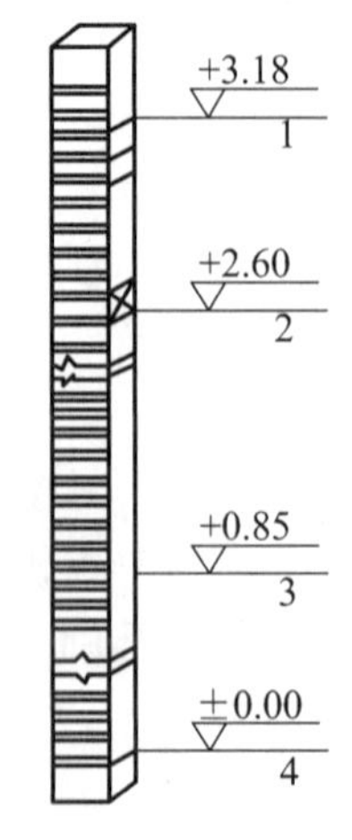

1—楼板；2—底层窗过梁；
3—窗台面；4—室内地坪

图 11.21　墙体高程的控制

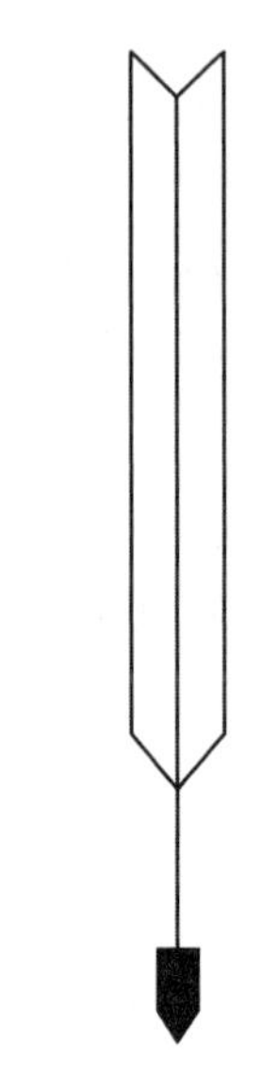
图 11.22　托线板示意

11.4.3　厂房柱列轴线与柱基的测设

图 11.23 为某厂房的平面示意图，A、B、C 轴线及 1、2、3…轴线分别是厂房的纵、横柱列轴线，又称为定位轴线。纵向轴线的距离表示厂房的跨度，横向轴线的距离表示厂房的柱距。由于厂房构件制作及构件安装时相互之间尺寸要满足一定的协调关系，故在柱基测设时要特别注意柱列轴线不一定是柱的中心线。

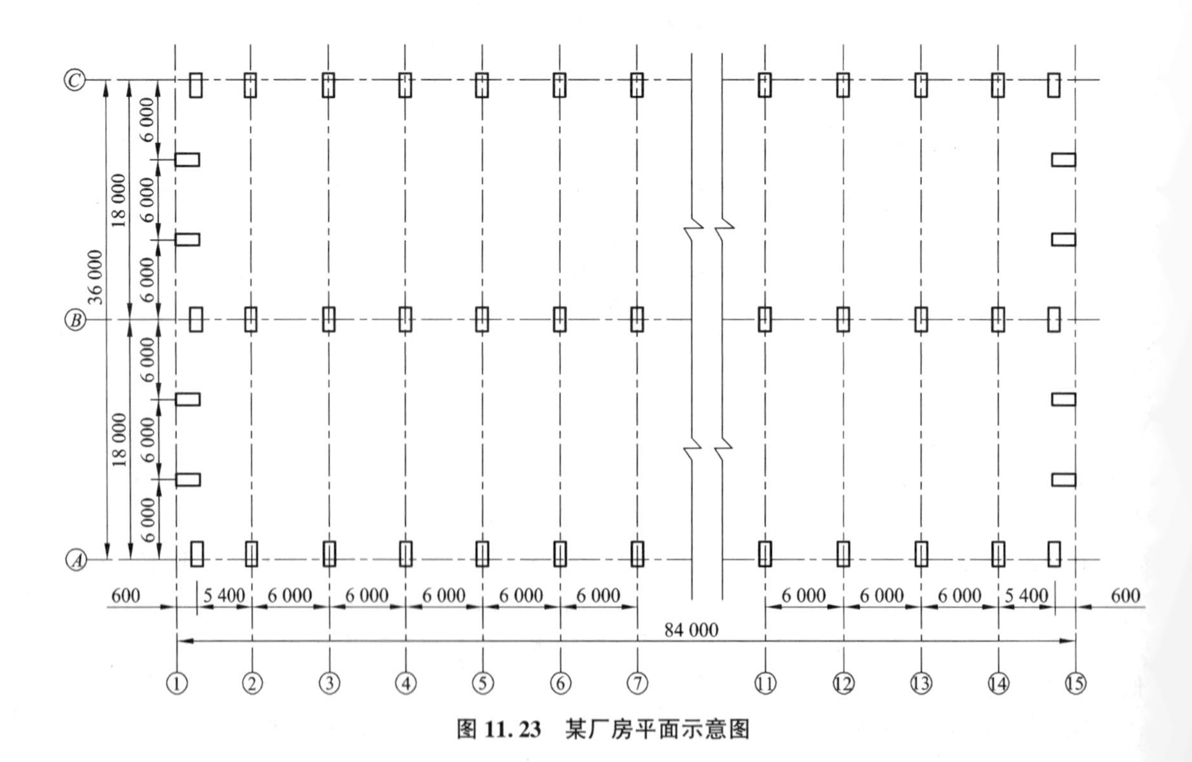

图 11.23　某厂房平面示意图

1. 厂房柱列轴线的测设

厂房矩形控制网建立后，根据厂房控制桩和距离控制桩，按照厂房的跨度和柱距用钢尺沿矩形控制网各边逐段量出各柱列轴线端点的位置，并设轴线控制木桩，作为柱基测设和施工的依据，如图 11.24 所示。

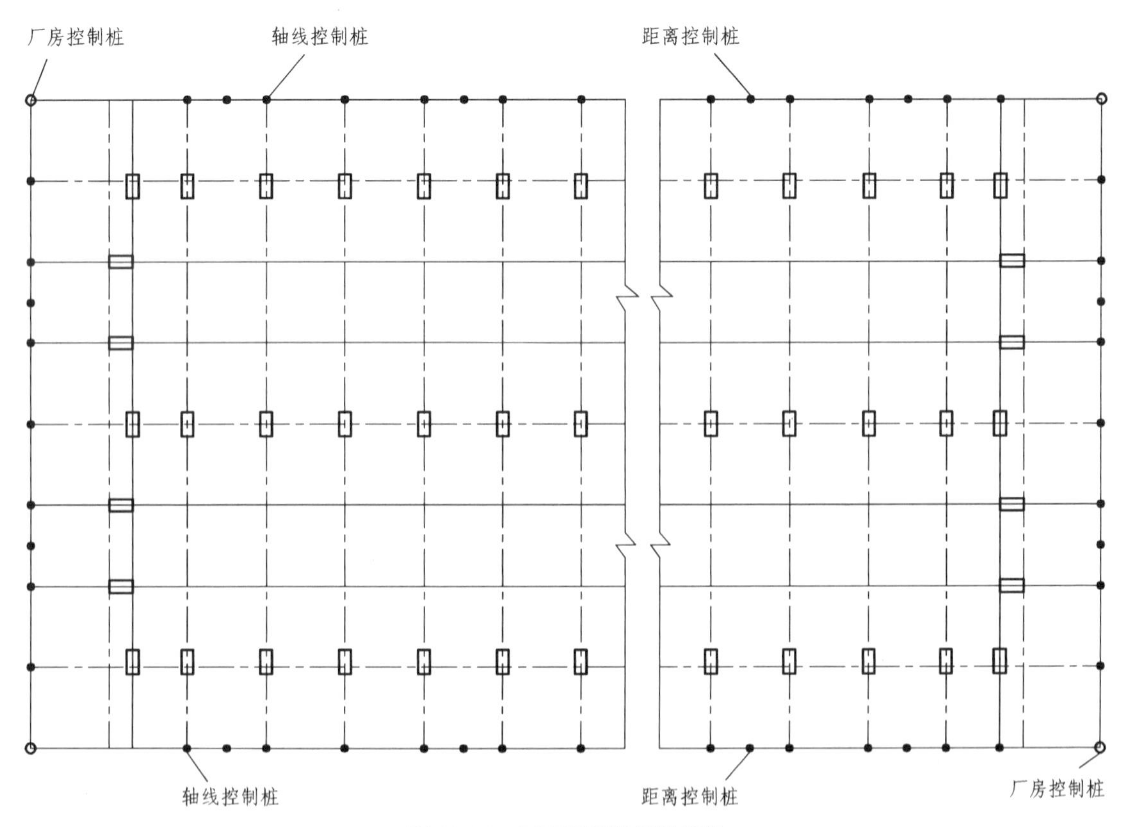

图 11.24　厂房柱列轴线的测设

2. 柱基测设

柱基的测设应以柱列轴线为基线，按基础施工图中基础与柱列轴线的关系尺寸进行。

现以图 11.25 所示 *C* 轴与⑤轴交点处的基础详图为例，说明柱基的测设方法。首先将两台经纬仪分别安置在 *C* 轴与⑤轴一端的轴线控制桩上，瞄准各自轴线另一端的轴线控制桩，交会定出轴线交点作为该基础的定位点(该点不一定是基础中心点)。沿轴线在基础开挖边线以外 1~2 m 处的轴线上打入 4 个基础定位小木桩 1、2、3、4，并在桩上用小钉标明位置，作为基坑开挖后恢复轴线和立模的依据，然后按柱基施工图的尺寸用白灰标出基础开挖边线。

3. 柱基施工测量

当基坑开挖至接近基坑设计坑底高程时，在基坑壁的四周测设高程相同的水平桩，水平桩位置距设计坑底高程相差 0.5 m，以此作为修正基坑底位置和控制垫层位置的依据。

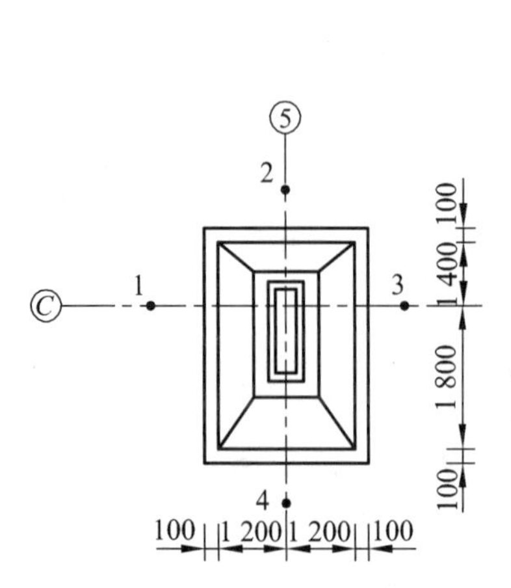

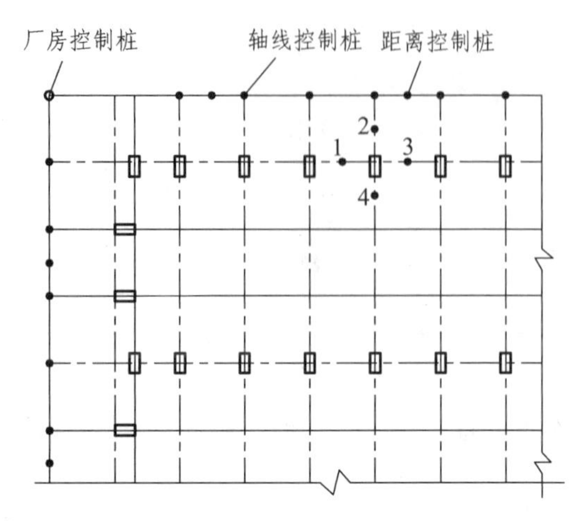

图 11.25　柱基测设

基础垫层做好后，根据基坑旁的基础定位小木桩，用拉线吊垂球法将基础轴线投测到垫层上，弹出墨线，作为柱基础立模的依据。

11.5　厂房预制构件安装测量

在单层工业厂房中，柱、吊车梁、屋架等构件是先进行预制，而后在施工现场吊装的。这些构件安装就位不准确将直接影响厂房的正常使用，严重时甚至导致厂房倒塌。其中带牛腿柱的安装就位的正确性对其他构件(吊车梁、屋架)的安装产生直接影响，因此，整个预制构件的安装过程中柱的安装就位是关键。柱子安装就位应满足下列限差要求：

①柱中心线与柱列轴线之间的平面关系尺寸容许偏差为±5 mm。

②牛腿顶面及柱顶面的实际高程与设计高程容许偏差：当柱高不大于 5 m 时，应不大于±5 mm；柱高大于 5 m 时，应不大于±8 mm。

③柱身的垂直度容许偏差：当柱高不大于 5 m 时，应不大于±5 mm；柱高在 5~10 m 时，应不大于±10 mm；当柱高超过 10 m 时，限差为柱高的 1/1 000，且不超过 20 mm。

11.5.1　柱的安装测量

1. 柱吊装前的准备工作

(1)基础杯口顶面弹线及柱身弹线

柱的平面就位及校正，是利用柱身的中心线和基础杯口顶面的中心定位线进行对位实现的。因此，柱子吊装前，应根据轴线控制桩用经纬仪将柱列轴线测设到基础杯口顶面上(图 11.26)，并弹出墨线，用红漆画上“▲”标志，作为柱子吊装时确定轴线的依托。当柱列轴线不通过柱子的中心线时，应在杯形基础顶面上加弹柱中心线。同时，还要在杯口的内壁测设出比杯形基础顶面低 10 cm 的一条 H_1 高程线，弹出墨线并用“▼”标志表示。

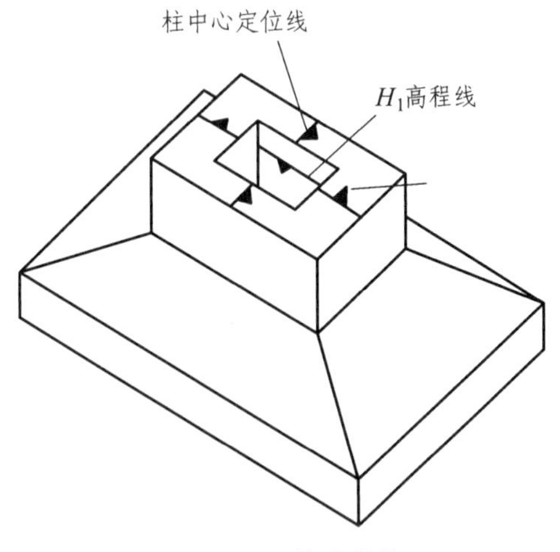

图 11.26　基础弹线

柱子吊装前，将柱子按轴线位置编号，并在柱子的 3 个侧面上弹出柱的中心线，在每条中心线的上端和靠近杯口处画上“▲”标志，供校正时用。

(2)柱身长度的检查及杯底找平

柱的牛腿顶面要放置吊车梁和钢轨，吊车运行时要求轨道有严格的水平度，因此牛腿顶面高程应符合设计高程要求。如图 11.27 所示，检查时沿柱子中心线根据牛腿顶面高程 H_2 用钢尺量出 H_1(图 11.26)高程位置，并量出 H_1 处到柱最下端的距离，使之与杯口内壁 H_1 高程线到杯底的距离相比较，从而确定杯底找平厚度。同时，根据牛腿顶面高程在柱下端量出±0.000 m 位置，并画出标志线。

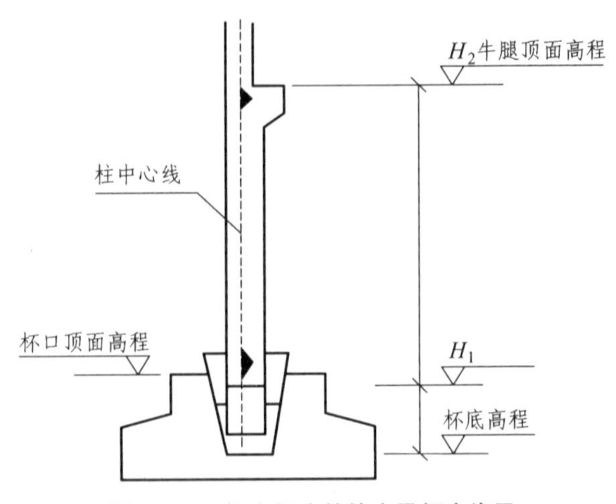

图 11.27　柱身长度的检查及杯底找平

2. 柱安装时的测量工作

当柱子被吊入基础杯口里时，使柱子中心线与杯口顶面柱中心定位线相吻合，并使柱身概略垂直后，将钢楔或硬木楔插入杯口，用水准仪检测柱身已标定的±0.000 m 位置线，并复查中心线对位情况，符合精度要求后将楔块打紧，使柱临时固定，然后进行竖直校正。

如图 11.28 所示，同时在纵、横柱列轴线上与柱子的距离不小于 1.5 倍柱高的位置处各分别安置一台经纬仪，先瞄准柱下部的中心线，固定照准部，再仰视柱上部中心线，此时柱子中心线应一直在竖向视线上。若有偏差，说明柱子不垂直，应同时在纵、横两个方向上进行垂直度校正，直到都满足为止。

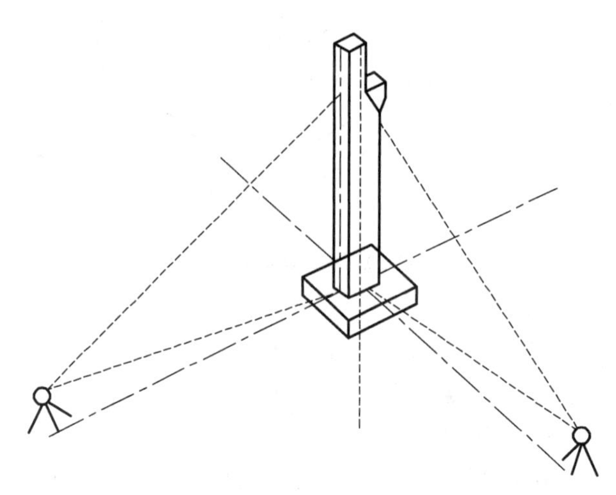

图 11.28　柱安装时的校准测量

在实际吊装工作中，一般是先将成排的柱子吊入杯口并临时固定，然后再逐根进行竖直校正。如图 11.29 所示，先在柱列轴线的一侧与轴线成不大于 90°的方向上安置经纬仪，且在一个位置可先后进行多个柱子校正。校正时应注意经纬仪瞄准的是柱子中心线，而不是基础杯口顶面的柱子定位线。对于变截面柱子，校正时经纬仪必须安置在相应的柱子轴线上。

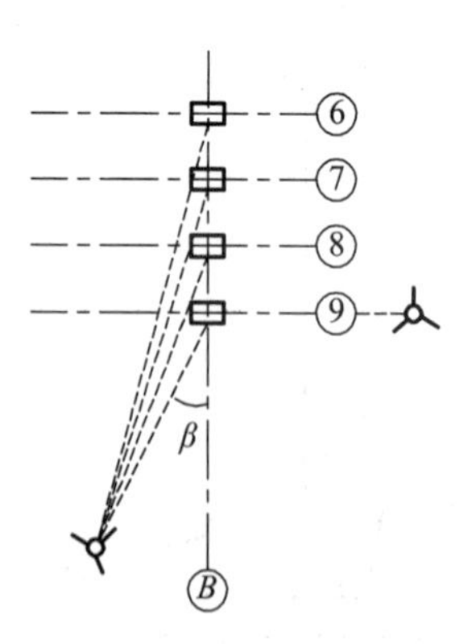

图 11.29　柱吊装校正测量

柱子校正后，应在柱子纵、横两个方向检测柱身的垂直度偏差，满足限差要求后要立即灌浆固定柱子。

考虑到过强的日照将使柱子产生弯曲，当对柱子垂直度要求较高时，柱子的垂直度校正应尽量选择在早晨无阳光直射或阴天时进行。

11.5.2　吊车梁吊装测量

在安装吊车梁时，测量工作的任务是使柱子牛腿上的吊车梁的平面位置、顶面高程及梁端中心线的垂直度都符合要求。

吊装前，先在吊车梁两端面及顶面上弹出梁的中心线，然后将吊车轨道中心线投测到柱子的牛腿侧面上。投测方法如图 11.30 所示，先计算出轨道中心线到厂房纵向柱列轴线的距离 e，再分别根据纵向柱列轴线两端的控制桩，采用平移轴线的方法，在地面上测设出吊车轨道中心线 A_1A_1 和 B_1B_1。将经纬仪分别安置在 A_1A_1 和 B_1B_1 一端的控制点上，严格对中整平，照准另一端的控制点，仰视望远镜，将吊车轨道中心线测到柱子的牛腿侧面上，并弹出墨线。同时，根据柱子±0.000 m 位置线，用钢尺沿柱侧面向上量出吊车梁顶面设计高程线，画出标志线作为调整吊车梁顶面高程的依据。

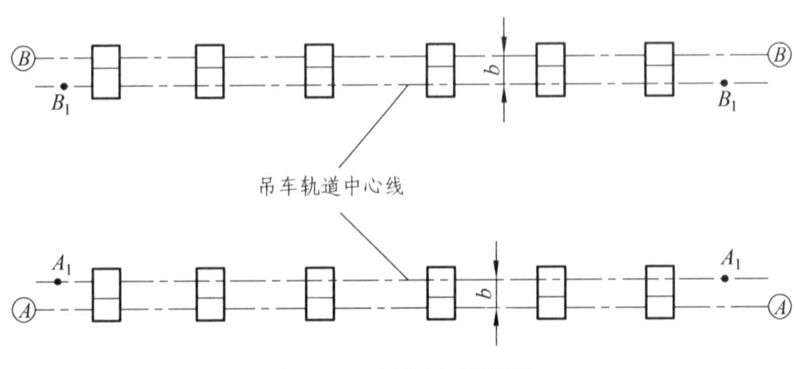

图 11.30　吊车梁吊装测量

吊车梁吊装时，将梁上的端面就位中心线与柱子牛腿侧面的吊车轨道中心线对齐，完成吊车梁平面就位。

平面就位后，应进行吊车梁顶面高程检查。将水准仪置于吊车梁面上，根据柱上吊车梁顶面设计高程线检查吊车梁顶高程，不满足要求时抹灰调整。

吊车梁位置校正时，应先检查校正厂房两端的吊车梁平面位置，然后在已校好的两端吊车梁之间拉上钢丝，以此来校正中间的吊车梁，使中间吊车梁顶面的就位中心线与钢丝线重合，两者的偏差应不大于±5 mm。在校正吊车梁平面位置的同时，用吊垂球方法检查吊车梁的垂直度，不满足要求时在吊车梁支座处加垫铁纠正。

11.6　烟囱、水塔的施工测量

烟囱、水塔是高耸构筑物，其特点为主体的筒身高度很大，而相对筒身而言的基础平面尺寸较小，整个主体垂直度又由通过基础圆心的中心铅垂线控制，筒身中心线的垂直偏差对其整体稳定性影响很大，因此，烟囱施工测量的主要工作是控制烟囱筒身中心线的垂直度。

当烟囱高度 H 大于 100 m 时，筒身中心线的垂直偏差不应大于 $0.000\,5H$，烟囱圆环的直径偏差值不得大于 30 mm。

11.6.1 烟囱基础施工测量

在烟囱基础施工前应先进行基础的定位。如图 11.31 所示，利用场地测图控制网先在地面上定出烟囱的中心位置 O 点上打上木桩，将经纬仪放置于 O 点，测设出正交的两条定位轴线 AB 和 CD。为便于校正桩位及施工中测设，在每个轴线的每一侧至少应设置两个轴线控制桩，桩点至中心位置 O 点的距离以不小于烟囱高度的 1.5 倍为宜，控制桩应牢固并妥善保管。

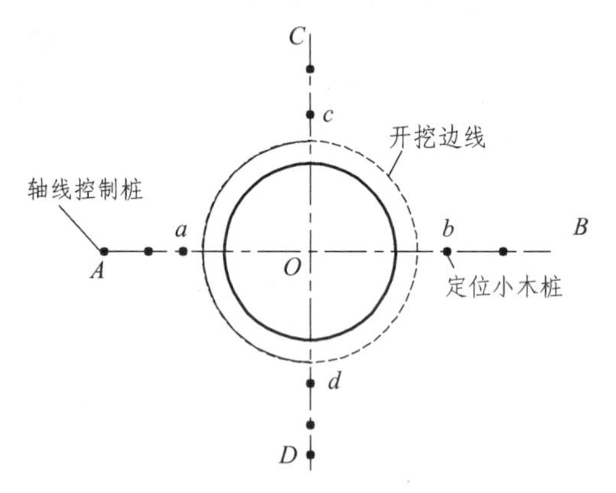

图 11.31 烟囱基础施工测量

为使基础开挖后能恢复基础中心点，还应在基础开挖边线外侧的轴线上测设出 4 个定位小木桩 a、b、c、d。

烟囱基础浇筑完毕后，在基础中心处埋设一块钢板，根据基础定位小木桩用经纬仪将中心点 O 引测到钢板上，并刻上“+”号，作为烟囱竖向投点和控制筒身半径的依据。

11.6.2 烟囱筒身施工测量

烟囱筒身施工时需要随时将中心点引测到施工作业面上，烟囱高度不大时采用垂球引测法。具体方法是在施工作业面上安置一根断面较大的木方，其上用钢丝悬吊一个质量为 8~12 kg 的大垂球，烟囱越高垂球质量应越大。投测时，首先调整钢丝长度使垂球接近基础面，调整木方位置使垂球尖对准标志“+”的交点，则木方钢丝悬吊点即为该工作面的筒身中心点，并以此点复核工作面的筒身半径长度。砖烟囱每砌一步架引测一次，混凝土烟囱每升一次模板引测一次；两类烟囱场每升高 10 m 要用经纬仪复核一次。复核时把经纬仪安置在各轴线控制桩上，瞄准各轴线相应一侧的定位小木桩 a、b、c、d，将轴线投测到施工面边上并做标记，然后将相对的两个标记拉线，两线交点都为烟囱中心点。将该点与垂球引测点比较，超过限差时以经纬仪投测点为准，作为继续向上施工的依据。垂球引测法简单，但易受风的影响，高度越高受到的影响越大。

对较高的混凝土烟囱，为保证精度要求，采用激光铅垂仪进行烟囱铅垂定位。定位时将激光铅垂仪安置在烟囱基础的“+”字交点上，在工作面中央处安放激光铅垂仪接收靶，每次提升工作平台前、后都应进行铅垂定位测量，并及时调整偏差。在筒身施工过程中激光铅垂仪要始终放置在基础的“+”字交点上，为防止高空坠物对观测人员及仪器的危害，在仪器上方应设置安全网及交叉设置数层跳板，仅在中心铅垂线位置上留 100 mm 见方的孔洞以使激光束透过。每次投测完毕应及时将小孔封闭。

烟囱筒身高程控制是先用水准仪在筒壁测设出+0.5 m 的高程线，以此位置用钢尺竖直量距，来控制烟囱施工的高度。

11.7　高层建筑施工测量

11.7.1　轴线投测

高层建筑由于高度大、层数多，如果出现较大的竖向倾斜，不仅影响建筑物的外观，而且会直接影响房屋结构的承载力。因此，规范对其竖向偏差作出了严格的规定，即层高偏差不得超过 5 mm，总高偏差不得超过 20 mm。如何减少竖向偏差，也就是如何精确地向上引测轴线，是高层建筑施工测量的主要内容。

轴线投测一般采用经纬仪投测法和激光铅垂仪投测法。

1. 经纬仪投测法

图 11.32 为某高层建筑基础平面的示意图。在各轴线中③轴和 C 轴处于中间位置，叫作中心轴线。建筑物定位后，分别在两中心轴线上选定点 3、3′、C、C'；并埋设半永久性轴线控制桩，称为引桩，用作经纬仪投点的观测站。引桩至建筑物的距离不应小于建筑物的高度，否则因经纬仪仰角过大，影响投测精度。基础完工时，用经纬仪将③轴和 C 轴引测到基础的侧面上，得到 p、q、m、n 四点，并做标记。

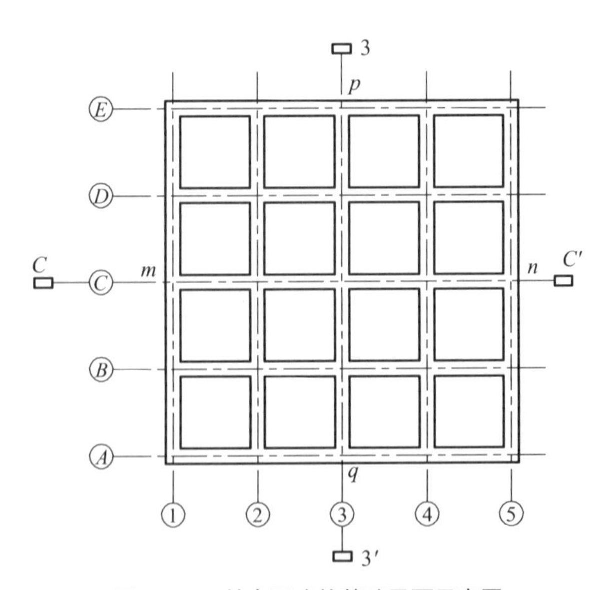

图 11.32　某高层建筑基础平面示意图

如图 11.33 所示，向上投测轴线时，将经纬仪安置在轴线引桩 3′上，瞄准 q，然后分别用盘左、盘右两个位置向上投测，在楼板或墙柱上做出标记，取其中点 q' 即为投测轴线的一个端点。把经纬仪安置在轴线的另一端引桩上，投测出另一端点 p'，边线 $p'q'$ 就是楼层上的中心轴线。同理，投测出另一中心轴线 $m'n'$。中心轴线投测完成后，用平行推移的方法确定出其他各轴线，弹出墨线；最后还需检查所投轴线的间距和交角，合格后方可进行该楼层的施工。

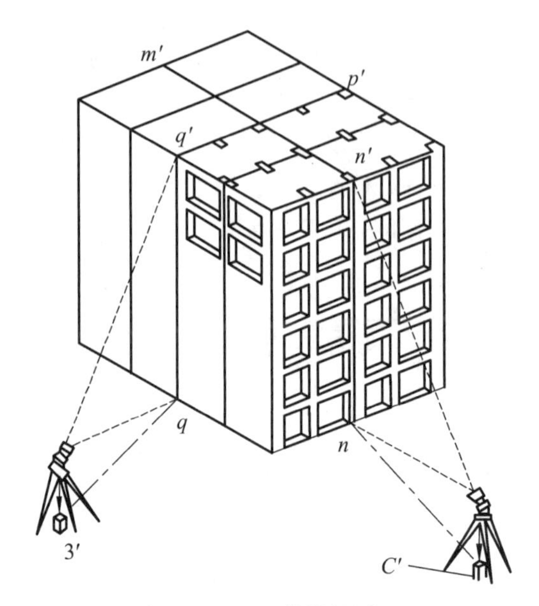

图 11.33　轴线投测

为了保证投测的质量，仪器必须经过严格的检验和校正，投测宜选在阴天、早晨及无风的时候进行，以尽量减少日照及风力带来的不利影响。

2. 激光铅垂仪投测法

高层建筑物轴线投测除按经纬仪引桩正倒镜分中投点法外，还可以利用天顶、天底准直法的原理进行竖向投测。

天顶准直法是使用能测设铅直向上方向的仪器，如激光铅直仪、激光经纬仪或配有 90°弯管目镜的经纬仪等。投测时将仪器安置在底层轴线控制点上，进行严格对中整平(用激光经纬仪需将望远镜指向天顶)。在施工层预留孔中央设置用透明聚酯膜片绘制的接收靶，启辉激光器，经过光斑聚焦，使在接收靶上形成一个最小直径的激光光斑；接着，水平旋转仪器，以保证激光束铅直；然后，移动靶心使其与光斑中心重合，将接受靶固定，则靶心即为欲铅直投测的轴线点。

天顶准直法是使用能测设铅直向下的垂准仪器进行竖向投测的。其具体做法是将垂准经纬仪安置在浇筑后的施工层上，通过在每层楼面相应于轴线点处的预留孔，将底层轴线点引测到施工层上。

11.7.2　高程传递

高层建筑物施工中，高程要由下层楼面向上层传递。传递高程的方法有以下三种。

1. 用钢尺直接丈量

先用水准仪在墙体上测设出+1 m 的高程线，然后从高程线起用钢尺沿墙身往上丈量将高程传递上去。

2. 利用皮数杆传递高程

在皮数杆上自±0.00 mn 高程线起，门窗洞口、过梁、楼板等构件的高程都已注明。一层楼砌好后，则从一层皮数杆起一层一层往上接。

3. 悬吊钢尺法

在楼梯间悬吊钢尺，钢尺下端挂一重锤，使钢尺处于铅垂状态，用水准仪在下面与上面楼层分别读数，然后按水准测量的原理把高程传递上去。

本章小结

施工测量，同样遵循“从整体到局部，先控制后碎部”的测量原则。首先是根据工程总平面图和地形条件建立施工控制网；然后进行场地整平，根据施工控制网点在实地定出各个建筑物的主轴线和辅助轴线；再根据主轴线和辅助轴线标定建筑物的各个细部点。在工程竣工后，还需进行竣工测量；施工期间和完工后还要定期进行变形观测。

施工控制网的建立也应遵循“先整体，后局部”的原则，由高精度到低精度进行。在设计的总平面图上，建筑物的平面位置一般采用施工坐标系的坐标来表示，故在施工过程中，经常需要进行施工坐标系与测图坐标系之间的转换。平面控制网一般分两级布设。对高程控制网，当场地面积不大时一般按四等或等外水准测量布设，场地面积较大时可分为两级布设。

民用建筑工程测量就是按照设计要求将民用建筑的平面位置和高程测设出来。其测设过程主要包括建筑物的定位、细部轴线放样、基础施工测量和墙体施工测量等。

工业建筑工程测量主要包括厂房矩形控制网的测设，厂房柱列轴线和柱基测设，厂房预制构件安装测量，烟囱、水塔施工测量等。

高层建筑工程施工测量中，施工测量精度要求很高。其主要工作内容有建筑物的定位、基础施工、轴线投测和高程传递等。

习　题

1. 简述施工测量的特点。
2. 施工控制网的特点是什么？
3. 建筑场地平面控制网有哪几种形式？它们各适用于哪些场合？
4. 简述厂房矩形控制网的测设方法。
5. 高层建筑轴线投测和高程传递的方法有哪些？
6. 在工业厂房施工测量中，为什么要专门建立独立的厂房控制网？为什么在控制网中要设立距离指标桩？
7. 用极坐标法如何测设主轴线上的 3 个定位点？试绘图说明。
8. 如何进行厂房柱子的垂直度校正？应注意哪些问题？
9. 高层建筑物垂直度控制测量有哪几种方法？各有何特点？
10. 民用建筑物有哪几种定位方法？

第 12 章　桥梁与隧道测量

学习目标

1. 了解桥梁、隧道施工过程中各工序的测量工作。
2. 熟悉桥梁、隧道施工测量的内容、方法，桥梁、隧道控制网的特点、布网形式和测量方法。
3. 掌握建立桥梁控制网，墩台中心、纵横轴线测设，以及细部放样的方法，隧道控制网布设、联系测量的方法。

12.1　概　述

新时期交通的发展要求，除了确保交通通行安全以外，快速、高效、舒适成为新的目标。同时，为了环保、少占耕地，以高速公路、高速铁路为代表的高等级交通线路建设日新月异。伴随科学技术的进步、新桥型的不断涌现，桥梁施工技术含量增加，桥梁建设在工程建设中占据越来越重要的地位。

桥梁测量主要研究的是桥梁施工前后的测量和放样工作。按工程进行的先后顺序，测量工作可以分为三个方面：一是施工前的勘测工作，以提供选址和方案设计所需要的地形图等测量资料为主；二是施工过程中的测设工作；三是运营期间的测量工作，以变形监测为主。

桥梁建设的施工测量工作，主要是从控制网建立、施工测量、竣工测量到变形监测。不同的桥梁类型、不同的施工方法，测量的工作内容和测量方法会有所区别。桥梁施工测量的方法及其精度要求根据桥轴线长度而定。为了保证桥梁施工质量达到设计要求，必须采用正确的测量方法和适宜的精度控制。

桥梁按其桥轴线长度一般分为特大桥(>500 m)、大桥(100~500 m)、中桥(30~100 m)、小桥(<30 m)四类。

桥梁施工测量的主要工作内容包括建立桥梁控制网、桥轴线测定、墩台中心测设、轴线控制桩设置、墩台基础及细部施工放样等。

12.2　桥梁的平面和高程控制测量

桥梁施工控制测量的目的，是测定桥梁轴线长度，并据此进行墩、台中心位置的施工放样；也可以用于施工过程中的变形监测工作。

桥梁施工阶段的平面和高程控制网不同于设计阶段建立的以测图为主要目的的控制网。如果需要对设计阶段的控制网加以利用，必须进行复测，检查其是否能保证桥轴线长度测定和墩台中心放样的必要精度。必要时还应加密控制点或重新布网。

12.2.1　桥梁平面控制网

桥梁平面控制网是确保桥梁上、下部结构按照设计图纸精确施工的控制依据。如图 12.1 所示，结合桥梁跨越的河流宽度及地形条件的具体情况，桥梁平面控制网一般布设成三角网。如图 12.1(a)所示为双三角形，适用于一般桥梁的施工放样；如图 12.1(b)所示为大地四边形，适用于中、大型桥梁的施工测量；如图 12.1(c)所示为桥轴线两侧各布设一个大地四边形，适用于特大桥的施工放样；大桥和特大桥也可以采用图 12.1(d)的布网形式。

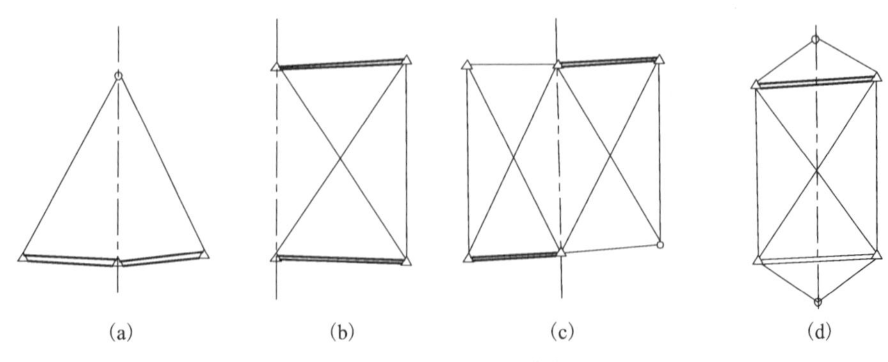

图 12.1　桥梁平面控制网的布网形式

（注：图中双线为基线，虚线为桥轴线）

所谓桥轴线，就是在选定的桥梁中线上，分别在两岸桥头两端埋设的两个控制桩之间的距离。它是桥梁墩、台定位时的主要依据，桥轴线的精度直接影响桥梁墩、台的定位精度。选择控制点时，应将桥轴线纳入控制网中，作为一条边，以提高桥轴线精度；如果布网困难，可以将桥轴线的两个端点纳入网中，间接求得桥轴线长度，如图 12.1(d)所示。引桥较长的，控制网应向两岸方向延伸。

控制点点位的选取，首先考虑图形强度，满足设计对桥轴线全长的精度要求；其次应考虑选在地质条件稳定、不易受施工干扰、通视条件良好、便于开展放样工作的地方。

平面控制网测量可以采用测角网、测边网或边角网，布设时应满足相关规范的规定。采用测角网时基线不应少于两条，河流两岸各设一条基线并分别布设在桥轴线两侧，基线尽量与桥轴线垂直，基线长度一般不短于桥轴线长的 0.7 倍。

目前，GNSS 测量技术以其精度高、快速定位、无须通视和全天候作业等优点，在桥梁平面控制中得到广泛应用。

桥梁控制网一般采用独立网，以桥轴线为 X 轴，以桥轴线始端控制点里程为该点的 X 坐标值。放样时，墩、台的设计里程就是该点的 X 坐标，便于放样数据计算。独立网没有坐标和方向的约束，可以按自由网进行平差处理。

由于施工影响，无法利用主网控制点进行施工放样时，可以采用三角形内插点或基线上设节点的方法进行控制网加密。

12.2.2 桥梁高程控制网

为了满足测图和水文测量、精确测定墩、台以及主要建筑物的高度和沉降监测的需要，需要建立高程控制网。高程控制应采用水准测量的方法建立，高程控制的基准点一般在线路基平测量时建立，两岸各设置若干个水准基点。当桥长在 200 m 以上时，由于两岸联测不便，每岸至少埋设两个水准基点，用于检查高程变化。

水准基点需要永久保存，应选择性地在施工范围之外布设水准基点，并根据地质条件选择合适的标石，以免其受到破坏。

为了方便施工，可以在墩、台附近设立施工水准点，以便将高程传递到桥台和桥墩上，满足各施工阶段测量的需要。

桥梁高程控制网一般用水准测量施测，采用与线路相同的高程系统。联测精度要求不高，桥长 500 m 以内(含引桥)时，可采用四等水准联测；大于 500 m 时，用三等水准进行测量。

为了保证桥梁各部的高程放样精度，桥梁高程控制网的测量精度必须符合相关规范的规定。不论是水准基点还是施工水准点，都应根据其稳定性和使用情况定期检测。

当跨河距离大于 200 m 时，可采用精密三角高程测量或跨河水准测量联测两岸的水准点，以保证高程系统的统一。

如图 12.2 所示，C_1、C_2 为立尺点，Y_1、Y_2 为测站点，要求 Y_1C_2 和 Y_2C_1 长度基本相等，即有 Y_1C_1 和 Y_2C_2 长度基本相等，构成对称图形。其目的是两岸远尺视距和近尺视距均对应相等，近尺视距一般在 10~25 m。

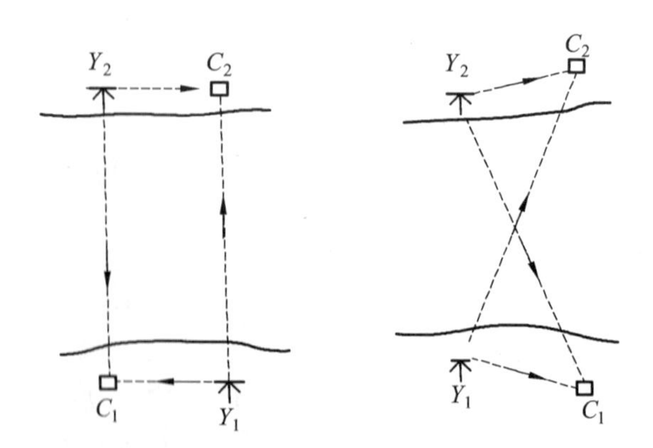

图 12.2 跨河水准的场地布置

用两台水准仪作对向观测，同时开始同时结束。跨河水准一般要进行多个测回观测，每个测回当中，先读近尺读数 1 次，再读远尺读数 2~3 次，取平均值，计算高差。两台仪器测得的两个高差再取平均作为一测回高差。

跨河水准测量应在上、下午各完成一般的工作量。使用一台水准仪进行测量时，仪器搬至对岸后，应不改变焦距，先测远尺，再测近尺。

由于河面宽、视线长，难以清晰、准确地直接读出河对岸尺上分划线读数时，可以在水准尺上安装特制觇牌，觇牌板面中央开一个窗孔，小窗中央安有一条水平指标线。如图 12.3 所示，觇牌能够沿水准尺面上下移动的，在观测人员的指挥下，由扶尺人员上下移动觇牌进行读数。读数时，要求觇牌上水平指标线与水准仪中丝重合。

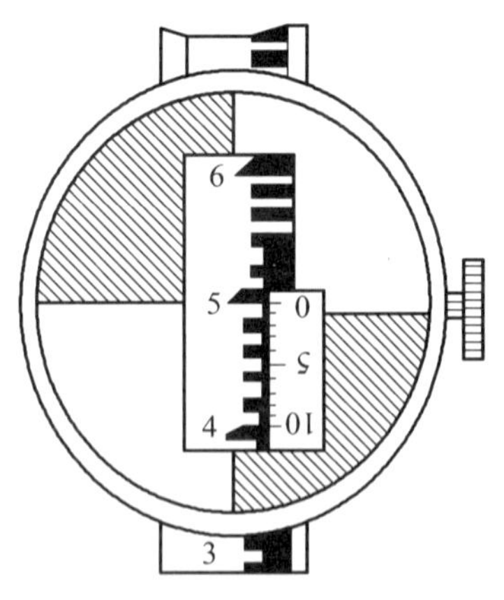

图 12.3　跨河水准的测量觇牌

12.3　桥梁墩、台中心的测设

桥梁墩、台施工中，首先要测设出其中心位置。桥梁墩、台的定位测量工作，是桥梁施工测量中关键性工作。其主要内容是根据桥轴线控制点的里程和墩、台中心的设计里程以及控制点坐标，计算测设数据；再以适当的方法进行出墩、台中心位置和纵横轴线的放样，以固定墩、台位置和方向。

12.3.1　直线桥墩、台中心测设

由于直线桥的墩、台中心都位于桥轴线上，可以根据设计里程很方便地计算出相邻两墩、台中心之间的间距，然后选择采用直接测距法、交会法、全站仪坐标法或 GNSS 法进行放样。

1. 直接测距法

直接测距法主要用于无水、浅水或水面较窄的河道。用钢尺可以跨越丈量时，可以直接丈量测设。如图 12.4 所示，根据计算出的距离，从桥轴线的一端起，采用精密测设已知水平距离的方法，使用检定过的钢尺逐段测设出各个墩、台中心，其间考虑尺长、温度、倾斜三项改正，最后与沿桥轴线另一端的控制点闭合。经检核，若在限差范围以内，可以按距离比例

调整测设的距离，用木桩加小钉标定于地上，即为墩、台中心的位置。也可以采用光电测距仪测设墩、台中心位置。仪器架设在桥轴线一端的控制点上，以另一端的控制点为零方向，进行距离测设。

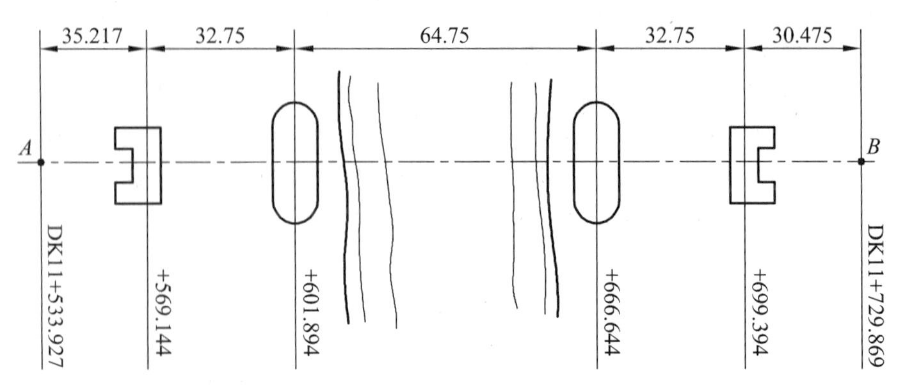

图 12.4　直接测距法

2. 角度交会法

当桥墩所在位置的河水较深，无法直接丈量距离及安置反光镜时，可采用角度交会法测设。

如图 12.5 所示，施工控制网的已知控制点 A、B、C、D，其中 A、B 是位于桥轴线上，E 为待测设的桥墩中心。根据已知控制点坐标和设计里程可以反算出测设数据：

$$\begin{cases} l_E = \text{里程}\ E - \text{里程}\ A \\ \alpha = \arctan\left(\dfrac{l_E \cdot \sin\varphi}{d_1 - l_E \cdot \cos\varphi}\right) \\ \beta = \arctan\left(\dfrac{l_E \cdot \sin\varphi'}{d_2 - l_E \cdot \cos\varphi'}\right) \end{cases} \tag{12.1}$$

测设步骤：在 A、C、D 点上架设经纬仪，C、D 点测设角度 α、β，则两方向的交点就是 E 点的位置。A 点仪器照准 B 点，确定出桥轴线 AB 方向，则 E 点应该在 AB 方向上。

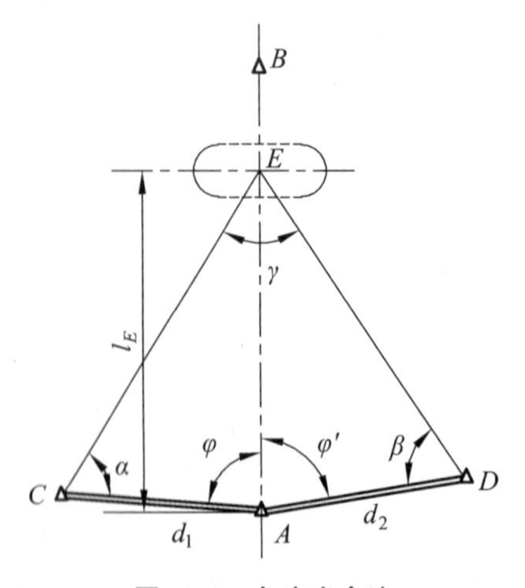

图 12.5　角度交会法

由于测量误差的影响，3 台仪器的方向线不会交于一点，而形成一个三角形，称为示误三角形，如图 12.6 所示。示误三角形的边长不超过相应限差要求时(墩台下部 25 mm，上部 15 mm)，将交会点 E' 投影到桥轴线上，E 点作为最后的墩中心的放样位置。

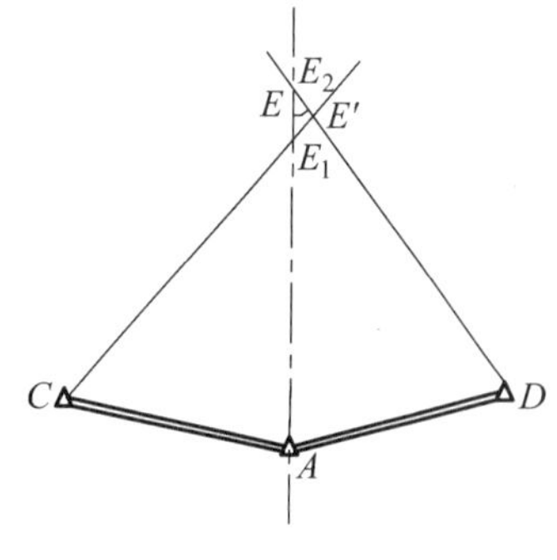

图 12.6　示误三角形

随着工程的进展，整体桥墩施工过程中，其中心位置的放样是要反复进行的，为了不影响施工进度，做到准确、快速地交会中心位置，可以在第一次测定 E 点后，将 CE、DE 方向线延长到对岸，并桩定设立瞄准标志，以便在以后的放样工作中，只要瞄准对岸的标志，就可以很方便地恢复交会点 E 了。

桥墩出水后也可以转用测距仪直接测距法或全站仪坐标法进行测设。

3. 全站仪坐标法

桥墩筑出水后，就可以在墩、台位置安置反射棱镜，采用坐标法测设墩、台的中心位置。由于墩、台中心坐标会在设计文件中给定，应用全站仪的坐标放样功能进行测设工作非常便捷。

在全站仪坐标放样模式下，输入测站点、后视点坐标，瞄准后视方向；进行相关建站工作以后，再输入放样点坐标，仪器可显示出后视方向至放样点的方向的角值，旋转照准部至该方向固定不动。照准该方向上的反光镜测量，仪器会显示该点至放样点的距离，按提示移动反光镜，直至该距离为 0，此时反光镜的位置就是测设的点位。

坐标法测设时要测定气温、气压进行气象改正。

4. GNSS 法

随着 GNSS 技术的普及，其在桥梁施工中也发挥着越来越重要的作用，具体的方法见第 2 章。

12.3.2　曲线桥墩、台中心测设

对于曲线桥梁，由于线路中线是曲线，而每跨的梁是直的，墩、台中心连线构成一条折线，称为桥梁工作线。相邻折线的偏角 α 称为桥梁偏角，每段折线的长度 L 就是桥墩中心距。考虑受力均匀的问题，桥梁工作线要尽量接近线路中线，墩、台中心一般不会位于线路中线上，其偏移的距离 E 称为桥墩偏距。

在曲线桥上测设墩位也要在桥轴线两端测设控制点，作为墩、台测设和检核的依据。对于曲线桥桥轴线的两个控制点，可能同时位于曲线上，也可能一个点位于曲线上。与直线桥不同的是，该控制点很难预先设置在线路中线上，而是要结合曲线要素，以一定的精度和方法进行测设。

测设出桥轴线控制点后，可根据具体条件采用直接测距法、角度交会法或全站仪坐标法进行墩、台中心放样。

曲线桥梁测设时，涉及曲线坐标系、墩位坐标系和控制网坐标系的问题，计算测设数据时应注意坐标系的统一问题，否则要先进行坐标转换。

对于曲线桥梁的墩、台中心采用角度交会法放样时，一般取示误三角形的重心作为墩中

心的测设位置。

12.4 桥梁墩、台纵横轴线测设

墩、台的纵、横轴线是墩、台细部放样的依据。直线桥墩、台的纵轴线是指过墩、台中心平行于线路方向的轴线；对于曲线桥，经过其墩、台中心位置曲线的切线方向的轴线就是墩、台的纵轴线。墩、台的横轴线是指过墩、台中心与其纵轴线垂直或斜交一定角度(斜交桥)的轴线。在墩、台中心定位后就可以进行墩台纵、横轴线的测设工作了。

直线桥上各墩、台的纵轴线与桥轴线重合，为同一个方向。

在测设墩、台的横轴线时，应在墩、台中心架设经纬仪，自桥轴线方向用正倒镜分中法测设90°角或一定的斜交角度，即为横轴线方向。

由于在施工过程中，测设的墩、台中心的桩点会被挖掉，随着工程进展，又需要经常恢复，所以需要在基坑开挖线以外设置墩、台纵、横轴线的护桩，如图12.7所示。作为恢复轴线的依据，护桩应妥善保存，轴线的护桩在墩台每侧应不少于两个，以便在墩台修筑到一定高度以后，在同一侧仍能用以恢复轴线。为防止破坏，可多设几个；如果施工期限较长，还应进行加固处理。位于水中的桥墩，如采用筑岛或围堰施工时，则可把轴线测设于岛上或围堰上。

如图12.8所示，在曲线桥上测设纵、横轴线时，在墩、台中心安置经纬仪。自相邻的墩、台中心方向测设1/2桥梁偏角，即得纵轴线方向，自纵轴线方向再测设90°角，即得横轴线方向。

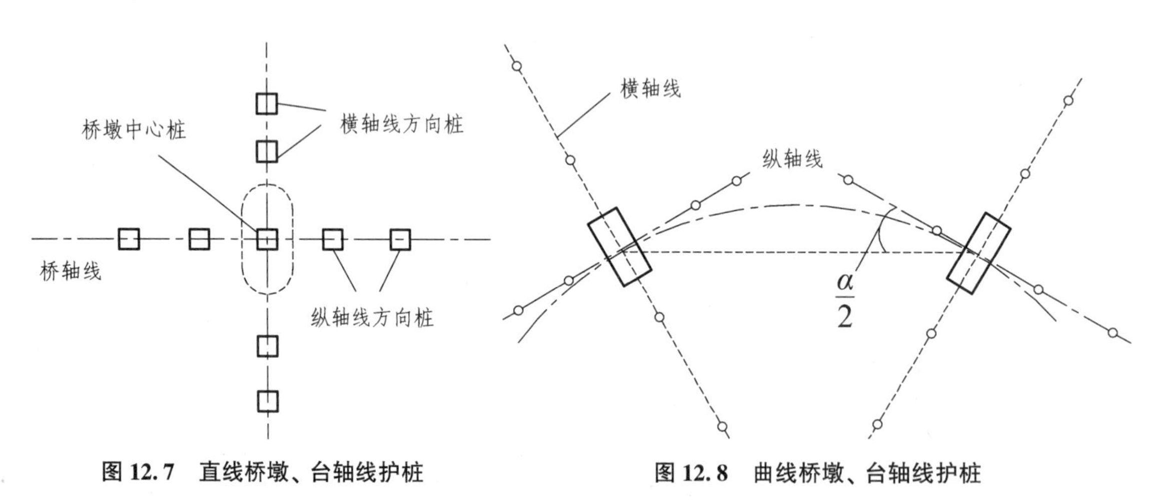

图12.7 直线桥墩、台轴线护桩

图12.8 曲线桥墩、台轴线护桩

12.5 墩、台的施工放样

桥梁墩、台的施工放样工作的方法和内容，随桥梁结构及施工方法的不同而改变。其主要工作有基础放样、墩、台放样以及架梁时的放样工作。在放样出墩、台中心和纵、横轴线的基础上，配合施工进度，按照施工图纸自下而上分阶段地将桥墩各部位尺寸放样到施工作业面上。

中小桥梁基础通常采用明挖基础和桩基础。如图 12.9 所示，明挖基础就是在墩、台所在位置开挖基坑。根据已测设的墩中心及纵、横轴线，结合基坑设计的相关资料，如基坑底部的长度和宽度及基坑深度、边坡等，测设出基坑的边界线。边坡桩至墩、台轴线的距离 D 按下式计算：

$$D=\frac{b}{2}+l+h\cdot m \tag{12.2}$$

式中：b 为基础宽度；l 为预留工作宽度；m 为坡度系数分母；h 为基坑底距地表的高差。

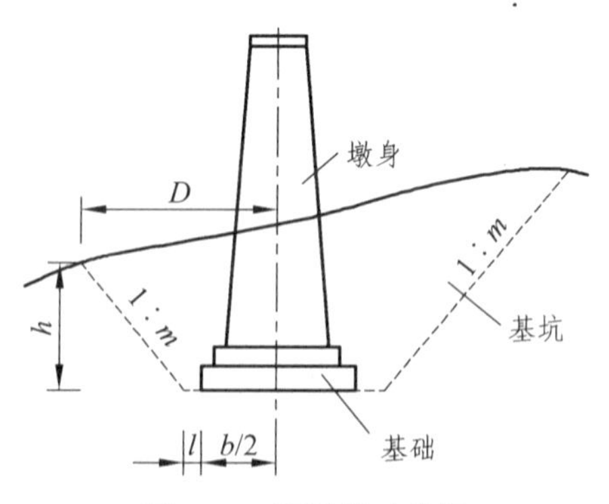

图 12.9　明挖基础放样

如图 12.10 所示，桩基础的构造为在基础下部打入一组基桩，在桩群上灌注钢筋混凝土承台，桩和承台连成一体，在承台以上浇筑墩身。

基桩位置的放样如图 12.11 所示，它以墩台纵、横轴线为坐标轴，根据基桩的设计资料，用直角坐标法进行逐桩桩位测设。

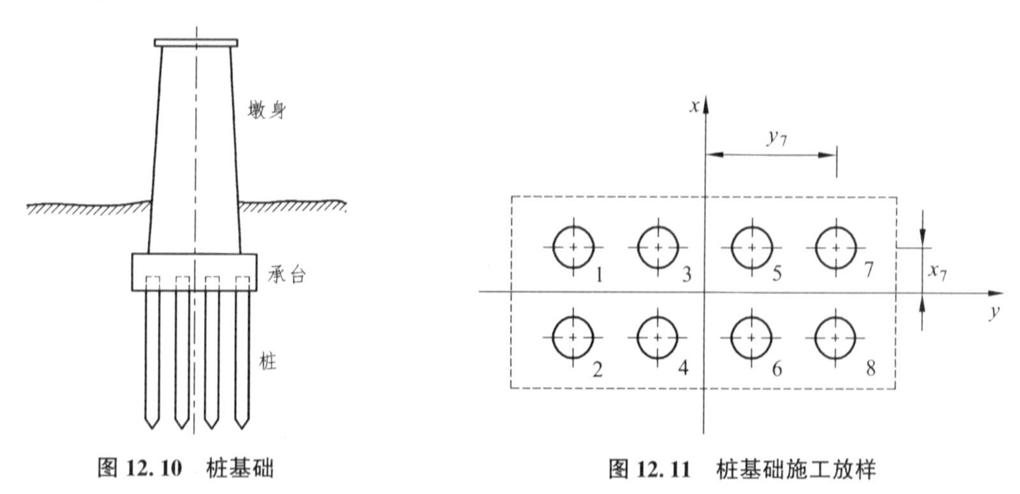

图 12.10　桩基础

图 12.11　桩基础施工放样

墩、台的施工放样工作中，无论是明挖基础的基础部分、桩基的承台，还是后期墩身的施工放样，都是根据护桩反复恢复墩、台纵横轴线，再根据轴线设立模板，进行浇筑的。

为了方便高程放样，通常在墩台附近设立施工水准点。基础完工后，应根据岸上水准基点检查基础顶面的高程。

桥梁工程的最后一项工作就是架梁。架梁的测量工作主要是结合设计图纸上给定的支座底板的纵、横轴线和墩、台纵横轴线的位置关系，在墩顶测设支座底板的纵横轴线，确定支座底板的位置。

12.6 地下工程测量概述

地下工程测量的主要任务有地面控制测量、联系测量、地下控制测量、地下工程施工测量、贯通测量等。随着社会的发展，地下工程日益增多，如输水隧道、地铁、矿山巷道等。由于工程性质和地质条件的不同，地下工程的施工方法也不相同。施工方法不同，测量的要求也会有所不同。本章以隧道的施工测量为主加以介绍。

按平面形状和长度，隧道可分为特长隧道、长隧道和短隧道。隧道施工测量的主要工作包括在地面上建立平面和高程控制网、将地面坐标系和高程系传到地下的联系测量、地下平面和高程控制测量、施工测量。测量的主要目的是保证在各开挖面的掘进中，施工中线在平面和高程上按设计的要求正确贯通，使开挖不超过规定的界线，从而保证所有建筑物能正确地修建和设备的正确安装，为设计和管理部门提供竣工测量资料等。

12.7 隧道地面控制测量

隧道施工至少要从两个相对的洞口同时开挖，为了加快施工进度，对于长大隧道的施工还需要通过竖井、斜井、平峒增加工作面。这就要求必须在隧道各开挖口之间建立统一的精密控制网，以便指挥隧道内的施工工作。地面控制测量的作用就是提供洞口控制点的三维坐标和进洞开挖方向，保证隧道按设计规定的精度正确贯通。

地面控制测量包括平面和高程两个方面。一般要求在每个洞口应测设不少于 3 个平面控制点和 2 个高程控制点。对于直线隧道，一般要求两端洞口各设 1 个中线控制桩，以两桩连线作为隧道洞内的中线。隧道位于曲线上时，两端洞口的切线上各设立两个控制桩。中线控制点应纳入平面控制网中，以利于提高隧道贯通精度。

在进行高程控制测量时，必须联测各洞口的水准点，以保证隧道在高程方向正确贯通。

12.7.1 地面平面控制测量

地面平面控制测量的主要任务是测定各洞口控制点的相对位置，以便根据洞口控制点按设计方向进行开挖。地面平面控制网的布设方案可以根据隧道的大小、长度、形状和施工方法进行选择，常用的方法有中线法、三角测量、精密导线测量和 GNSS 测量。

1. 中线法

所谓中线法，就是将隧道线路中线的平面位置按定测的方法测设到地表面上，经检核，满足要求后，在线路中线上把控制点确定下来，据此将隧道中线测设进洞。该方法适用于

1 000 m 以内的直线隧道和 500 m 以内的短曲线隧道，优点是中线长度误差对贯通影响甚小。

如图 12.12 所示，按定测法标定出线路中线点 A、B、C、D，其中 A、B 为两洞口中线控制点。由于定测精度偏低，施工前需要按照下面方法进行复测。

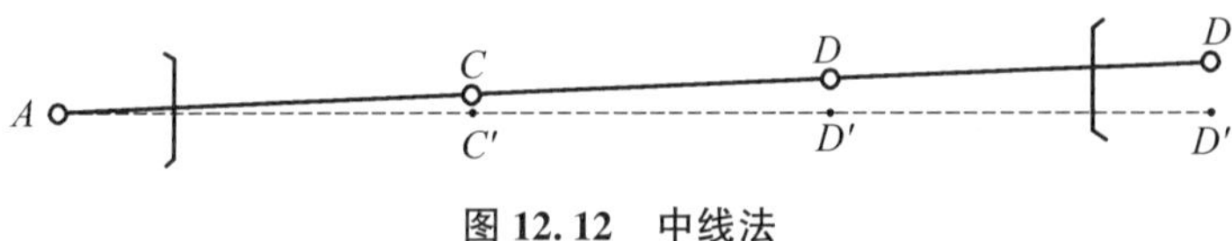

图 12.12　中线法

在 C'点安置经纬仪，后视 A 点，倒转望远镜，以正倒镜分中法延长直线定出 D'；以同样方法延长直线至 B'点。在延长直线的同时测定 AC'、$C'D'$、$D'B'$的距离。如果 B'点和 B 点不重合，量出 $B'B$ 的长度。可按下式求得 D'点的偏距：

$$D'D=\frac{AD'}{AB'}\cdot B'B \tag{12.3}$$

从 D'点沿垂直 AB 方向量取 $D'D$ 定出 D 点。按照相同的方法可以定出 C 点。再将经纬仪安置在 C、D 点上进行检核，直到 A、B、C、D 位于同一直线上为止。

中线法简单，但精度不高；受地形条件限制，有时测量困难。

2. 三角测量

三角测量是传统的隧道地面平面控制测量方法，适用于隧洞较长且地形复杂的山岭地区。采用的方法除常用的三角锁以外，还有三边网和边角网等。如图 12.13 所示，三角锁的布设一般沿隧道中线方向延伸，尽量沿洞口连线方向布设成直伸型三角锁，以减小边长误差对横向贯通的影响。在三角锁两端应各布设一条高精度的基线作为起算和检核数据的依据。隧道的洞口控制点应纳入三角锁中。

三角测量的方法定向精度高，但外业工作量大。

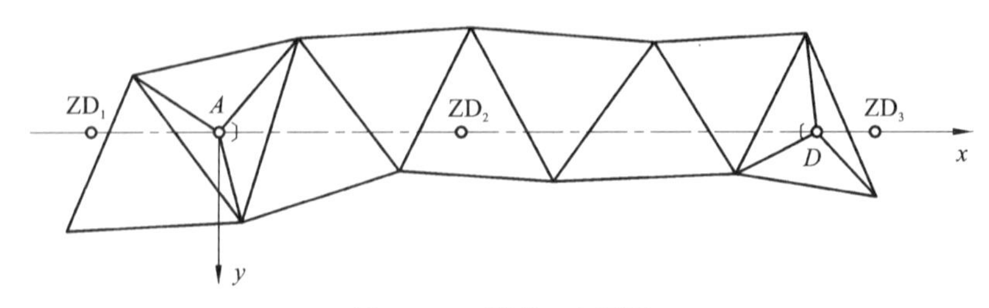

图 12.13　隧道三角测量

3. 精密导线测量

目前，高精度全站仪的应用已经普及，精密导线测量既方便又灵活，对地形的适应性强，应用很广泛，是一种主要布网形式。导线既可单独作为地面控制，也可以用来作为 GNSS 网的加密。

如图 12.14 所示，精密导线一般采用附合导线、闭合导线、直伸形多环导线索、环形导线网和主副导线环的形式布设；既可以是独立导线，也可以与国家控制点联测。为减少导线测距误差对隧道横向贯通的影响，应尽量将导线沿隧道中线方向延伸布设。尽可能加大导线边长，减少转折角，以减少导线测角误差对横向贯通误差的影响。对于曲线隧道，应使主导线沿两端洞口连线方向布设成直伸型，并将曲线的起点、终点以及切线方向上的定向点包含在导线中。为了增加校核条件、提高导线测量的精度，应适当增加闭合环个数以减少闭合环中的导线点数。

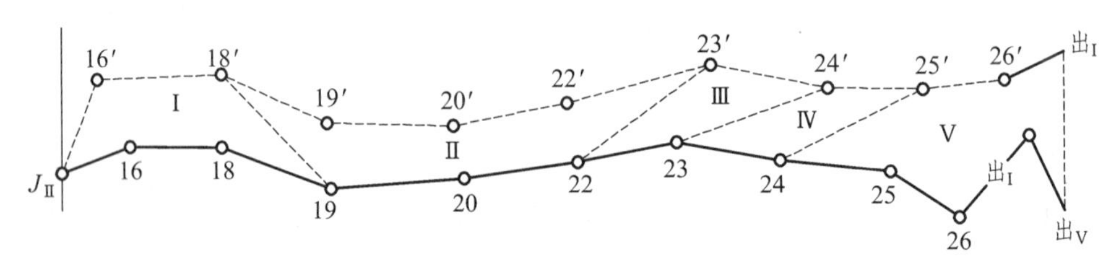

图 12.14　隧道精密导线控制

《工程测量通用规范》(GB 55018—2021)中对地面精密导线测量的技术要求做了相应规定，如表 12.1 所示。

表 12.1　导线测量的主要技术要求

等级	导线长度/km	平均连长/km	测角中误差/(″)	测距中误差/mm	测距相对中误差	测回数			方位角闭合差/(″)	相对闭合差
						DJ_1	DJ_2	DJ_6		
三等	14	3	1.8	20	≤1/150 000	6	10	—	$3.6\sqrt{n}$	≤1/55 000
四等	9	1.5	2.5	18	≤1/80 000	4	6	—	$5\sqrt{n}$	≤1/35 000
一级	4	0.5	5	15	≤1/30 000	—	2	4	$10\sqrt{n}$	≤1/15 000
二级	2.4	0.25	8	15	≤1/14 000	—	1	3	$16\sqrt{n}$	≤1/10 000
三级	1.2	0.1	12	15	≤1/7 000	—	1	2	$24\sqrt{n}$	≤1/5 000

注：①表中 n 为测站数。②当测区测图的最大比例尺为 1∶1 000 时，一、二、三级导线的平均边长及总长可适当放长，但最大长度不尖大于表中规定的 2 倍。

3. GNSS 测量

隧道工程所处的地理环境对测量外业工作影响很大。前述各种方法都存在工作量大、作业时间长等问题；传递式的测量方式，误差积累大。应用 GNSS 定位技术建立隧道地面测量控制网，无须通视，不需要中间的连接传递点，所以不受地形限制，布网灵活、工作量小、精度高，可以全天候观测，降低了工程费用，尤其适用于建立大、中型隧道地面控制网。布设 GNSS 网时，一般只需在洞口处布点，没有误差积累，如图 12.15 所示。

采用 GNSS 测量法进行隧道地面控制时，只需要考虑选点环境满足 GNSS 观测，对洞口控制点的要求与其他方法相同。

当采用 GNSS 控制网作为隧道的首级控制网、采用其他方法进行加密时，一般每隔 5 km 设置一对相互通视的 GNSS 点；如 GNSS 网直接作为施工控制网，考虑隧道施工时需要用常

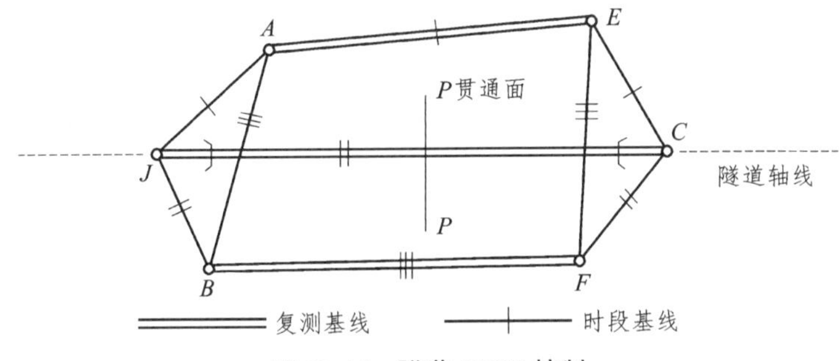

图 12.15　隧道 GNSS 控制

规仪器进行进洞的测设工作，需要另外再布设两个定向点与 GNSS 点通视，但定向点之间不要求通视。对于曲线隧道，还应把曲线上的主要控制点包括在网中。

建设部颁发的《卫星定位城市测量技术标准》(GJJ/T 73—2019)中对 GNSS 测量作业的基本技术要求见表 12.2，它适合工程 GNSS 测量。

目前 GNSS 测量已成为隧道地面平面控制网的主要形式。

表 12.2　GNSS 测量各等级作业基本技术要求

项目	等级 观测方法	二等	三等	四等	一级	二级
卫星高度角/(″)	静态 快速静态	≥15	≥15	≥15	≥15	≥15
有效观测卫星数/颗	静态 快速静态	≥4 —	≥4 ≥5	≥4 ≥5	≥4 ≥5	≥4 ≥5
平均重复设站数/个	静态 快速静态	≥2 —	≥2 ≥2	≥1.6 ≥1.6	≥1.6 ≥1.6	≥1.6 ≥1.6
时间长度/min	静态 快速静态	≥90 —	≥60 ≥20	≥45 ≥15	≥45 ≥15	≥45 ≥15
数据采样间隔/s	静态 快速静态	10~60	10~60	10~60	10~60	10~60

注：当采用双频机进行快速静态观测时，时间长度可缩短为 10 min。

12.7.2　地面高程控制测量

地面高程控制测量的任务是在隧道各洞口(包括隧道进口、出口、竖井口、斜井口、坑道口等)附近设置水准点，并按设计的精度测定各洞口点间的高差，作为向隧道内引测高程的依据，形成统一的地下高程系统，保证隧道在高程方面正确贯通。

每一洞口应埋设的水准点 2~3 个，两个水准点之间的高差以安置一次仪器即联测为宜。高程控制宜采用等级水准测量的方法进行，随着高精度全站仪应用的普及，在山势陡峻水准测量困难的地区，可以采用全站仪三角高程测量替代三等以下的水准测量。

水准测量的等级与隧道长度和地形情况有关，《铁路测量技术规则》规定见表 12.3。

表 12.3　地面水准测量等级及使用仪器要求

等级	两洞口间水准路线长度/km	水准仪型号	标尺类型
二	>36	$DS_{0.5}$、DS_1	线条式铟瓦水准尺
三	13~36	DS_1	线条式铟瓦水准尺
		DS_3	区格式木质水准尺
四	5~13	DS_3	区格式木质水准尺

12.8　竖井联系测量

在隧道施工中，可以采用开挖平洞、斜井、竖井的方式增加掘进作业面，以缩短贯通段的长度，加快工程进度。为了保证各相向开挖面能正确贯通，必须将地面控制网中的坐标、方向及高程，经由平洞、斜井、竖井传递到地下，作为地下控制的起算数据，保证地面、地下控制系统的统一。这些传递工作称为联系测量。通过平洞、斜井的联系测量可以采用常规方法从地面洞口直接测量到地下。本节着重介绍竖井联系测量。

竖井的联系测量分为平面和高程两部分。其中，坐标和方向的传递称为平面联系测量，也称为竖井定向测量；高程的传递称为高程联系测量，简称导入高程。

定向测量的主要方法有一井定向、两井定向和陀螺经纬仪定向。这里主要介绍一井定向。

12.8.1　竖井定向测量

如图 12.16 所示，一井定向是在竖井内悬挂两根吊垂线，在地面根据近井控制点测定两吊垂线的坐标 x、y 及其连线的方位角。在井下，根据投影点的坐标及其连线的方位角，确定地下导线点的起算坐标及方位角。一井定向的工作分为投点和连接测量两部分。

1. 投点

通常采用单重稳定投点法。吊垂线下端挂上重锤，其质量与吊垂线直径随井深而变化。将重锤放入盛有油类液体的桶中，使其稳定。应检查吊垂线是否处于自由悬挂状态，确保不与任何物体接触。

2. 连接测量

如图 12.16 所示，O_1、O_2 为竖井中悬挂的两根吊锤线，A、A_1 为井上、井下定向连接点，从而形成了以 O_1O_2 为公共边的两个联系三角形 AO_1O_2 与 $A_1O_1O_2$。经纬仪安置 A 点和 A_1 点，精确观测连接角 ω 和 ω'、三角形内角 α 和 α'；用钢尺精确丈量井上、井下两个三角形的六条边 a、b、c 和 a'、b'、c'。用正弦定律计算 β、γ 和 β'、γ'。根据 A 点坐标和 TA 方位角，可以推算出 O_1、O_2 的坐标和 O_1O_2 的方位角。在井下，利用 O_1、O_2 的坐标和 O_1O_2 的方位角便可推

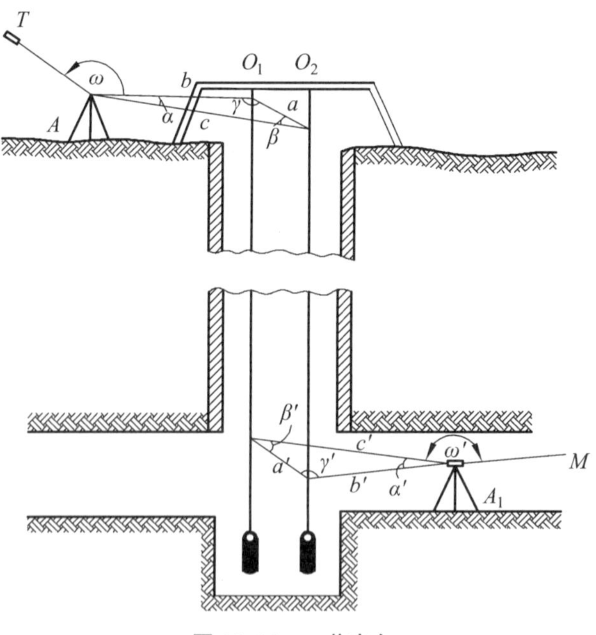

图 12.16　一井定向

算出 A_1 点的坐标及 A_1M 的方位角，将坐标和方位角传递到地下。

为了提高定向精度，投点时，两重锤之间距离尽可能大；两重锤连线所对的角度 α 和 α′ 应尽可能小，一般不超过 3°。丈量边长时使用的钢尺，必须经过检定，并施以标准拉力，一般丈量 6 次，读数估读 0.5 mm，每次较差不应大于 2 mm，取平均值作为最后结果。水平角用 DJ_2 级经纬仪观测 3~4 个测回。

12.8.2　高程联系测量

高程联系测量的目的是将地面上水准点的高程传递到井下水准点上，以此建立井下高程控制。常用的导入高程的方法有长钢尺法和光电测距仪法。

1. 长钢尺法

如图 12.17 所示，A、B 分别是地面和地下的水准点。

传递高程时，将钢尺悬挂在架子上，其零端放入竖井中，通过悬挂重锤将钢尺拉直。用两台水准仪同时进行观测，观测时应测定地面及地下的温度。

地下水准点 B 的高程可用下列公式计算

$$H_B = H_A - [(m-n) + (b-a) + \Sigma\Delta l] \tag{12.4}$$

计算时，要加入钢尺改正数总和 $\Sigma\Delta l$，包括尺长、拉力、温度和钢尺自重伸长改正。温度改正时取井上井下温度的平均值，自重伸长改正数计算公式为

$$\Delta l_C = \frac{\gamma}{E} l\left(L - \frac{l}{2}\right) \tag{12.5}$$

式中：γ 为钢尺单位体积的质量（一般取值为 7.85 g/cm^3）；E 为钢尺的弹性模量（一般取 2×

$10^6\ kg/cm^2$)；L 为钢尺悬挂点至地下挂垂球处的自由悬挂长度；l 为井上、井下水准仪视线间长度。

2. 光电测距仪法

如图 12.18 所示，在井口上方与测距仪等高处安置直角棱镜，将光线转折 90°，发射到井下平放的反射镜，用光电测距仪分别测出仪器至井口棱镜和井底反射镜两段距离（至井底为折线），再分别测出井口和井底的反射镜与水准点 A、B 的高差，即可求得 B 点的高程。计算公式为

$$H_B = H_A + (a_1 - b_1) - L_1 + (a_2 - b_2) \tag{12.6}$$

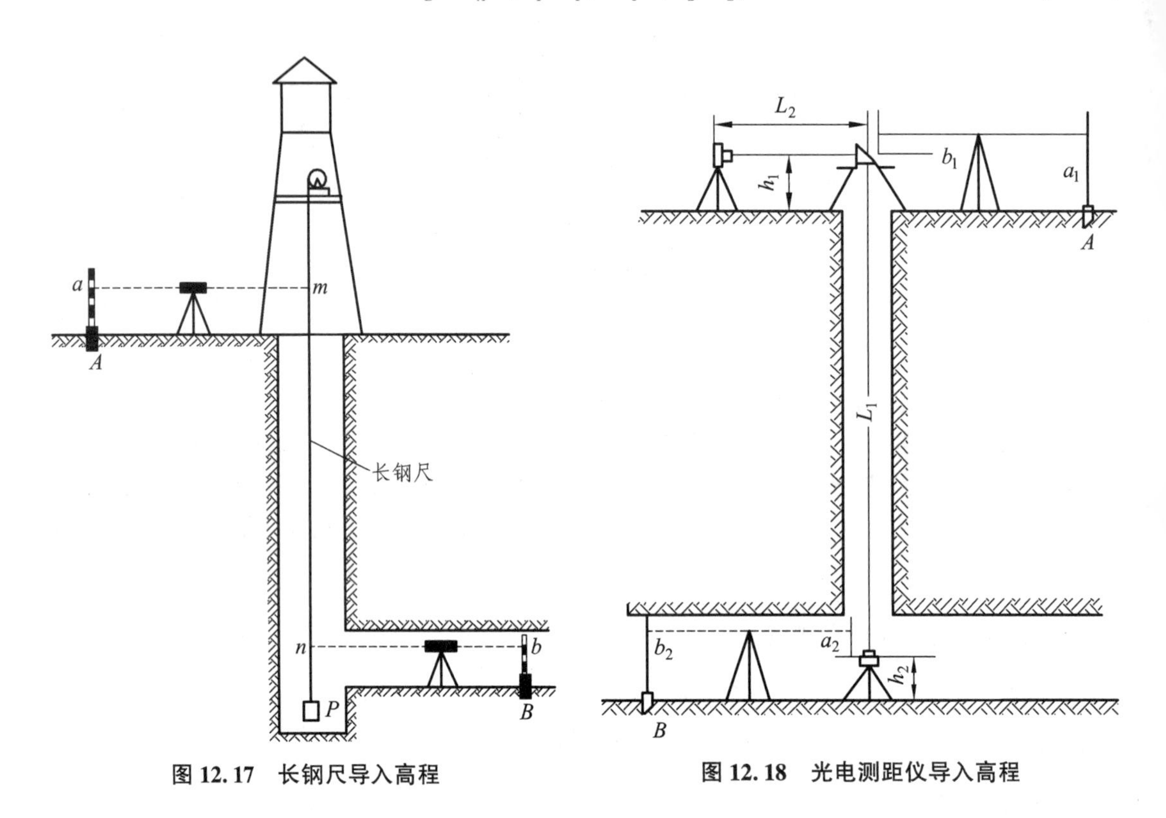

图 12.17　长钢尺导入高程

图 12.18　光电测距仪导入高程

12.9　隧道地下控制测量

地下控制测量包括平面控制测量和高程控制测量。受场地条件限制，地下平面控制一般采用导线测量的方法，随着隧道开挖掘进逐步布设。高程测量方法有水准测量和三角高程测量。

12.9.1　地下导线测量

地下导线与地面导线相比，不能一次布设完成，只能布设成支导线或狭长的导线环。起

始点设在由地面控制测量测定的隧道洞口的控制点上。地下导线布设的等级和测量精度要求取决于设计的限差要求和工程的具体情况。《铁路测量技术规则》的规定见表 12.4。

表 12.4　铁路测量对地下导线测量的规定

测量部位	测量方法	测量等级	测角精度/(″)	适用长度/km	边长相对中误差
洞内	导线测量	二等	±1.0	直线：7~20 曲线：3.5~20	1/5 000 1/10 000
		三等	±1.8	直线：3.5~7 曲线：2.5~3.5	1/5 000 1/10 000
		四等	±2.5	直线：2.5~3.5 曲线：1.5~2.5	1/5 000 1/10 000
		五等	±4.0	直线：<2.5 曲线：<1.5	1/5 000 1/10 000

地下导线采用分级布设的方法。为了很好地控制贯通误差，先敷设精度较低的施工导线(边长 20~50 m)，然后再敷设精度较高的基本导线(边长 50~100 m)，也可以在施工导线的基础上直接布设长边导线(主要导线，边长 150~800 m)；不具备长边通视条件时，也可以只布设基本导线。施工导线随开挖面推进布设，用以放样，指导开挖。当隧道掘进一段后，选择部分施工导线点布设精度较高的基本导线，以检查开挖方向的精度。对于特长隧道掘进大于 2 km 时，可选部分基本导线点敷设主要导线。

地下导线的水平角测量采用测回法，由于边长较短，应尽量减少仪器对中和目标偏心误差。

地下导线的特点：随隧道开挖进程向前延伸，沿坑道内敷设的导线点位选择余地小。容易受到破坏，每次延伸都应该从起点开始全面复测。直线隧道一般只复测水平角。

为增强定向精度，可以对地下导线的某个导线边采用陀螺经纬仪进行方位角测量。

12.9.2　地下高程控制测量

地下高程控制测量具有以下特点：

①高程线路与导线线路相同，可以利用导线点作为高程控制点。点位可以选在隧道顶板、底板或拱部边墙上。

②贯通前只能布设支水准路线，且必须进行往返观测，以防止错误的发生。

③随着工程的进展，要建立高等级永久水准点，用以高程方面的检核。

④水准测量采用中间法施测时，视距不宜超过 50 m。

⑤如图 12.19 所示，当水准点设在顶板上时，水准测量计算高差的读数前应加“-”号。如：

$$h_{AB}=(-b_1)-a_1$$
$$h_{BC}=b_2-a_2$$
$$h_{CD}=b_3-(-a_3)$$
$$h_{DE}=(-b_4)-(-a_4)$$

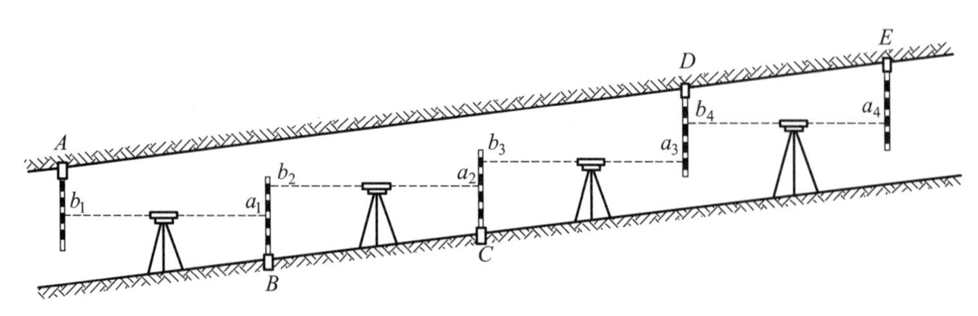

图 12.19　地下高程测设

⑥当隧道坡度较大时可采用三角高程测量。若高程点设在顶板，仪器高和目高程应用负号代入计算。

12.10　隧道施工测量

12.10.1　平面掘进方向的标定

根据地面控制点坐标和洞口开挖点坐标，利用坐标反算公式计算出测设数据，即可进行洞口点位置和进洞方向测设。

如图 12.20 所示，全断面开挖的隧道施工过程中常采用中线法进行掘进方向的标定。

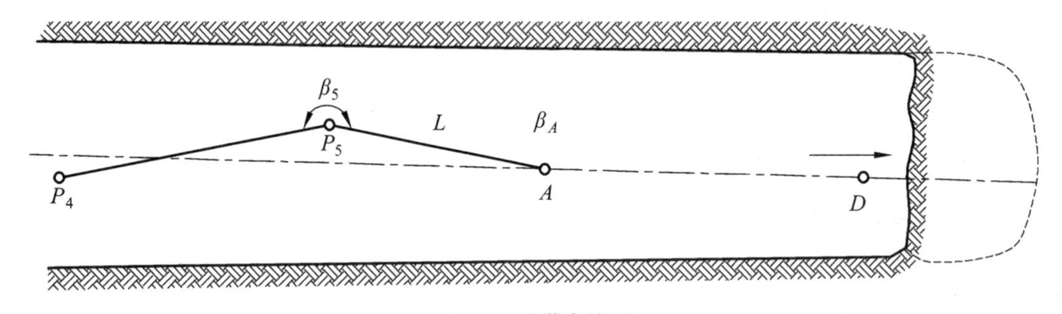

图 12.20　隧道中线测设

A 为隧道中线点，设计坐标已知；P_4、P_5 为导线点，有实测坐标，中线设计方位角 α_{AD} 已知，可以推算出放样数据 β_5、β_A 和 L，进而放样出 A 点。

用经纬仪重新测量 A 点坐标进行检核，确认无误。

置经纬仪于 A 点，后视 P_5 点拨角度 β_A 就是掘进的中线方向。一般在中线上埋设 3 个中线点作为一组，一组中线点可以指示直线隧道掘进 30~40 m；然后再设一组中线点。

一组中线点到另一组中线点中间，可以采用瞄线法指示掘进方向。先用正倒镜分中法延长直线在洞顶设置 3 个临时中线点，点间距不宜小于 5 m，如图 12.21 所示。定向时，一人指挥另一人在作业面上标出中线位置。因用肉眼定向，标定距离在直线段不宜超过 30 m。

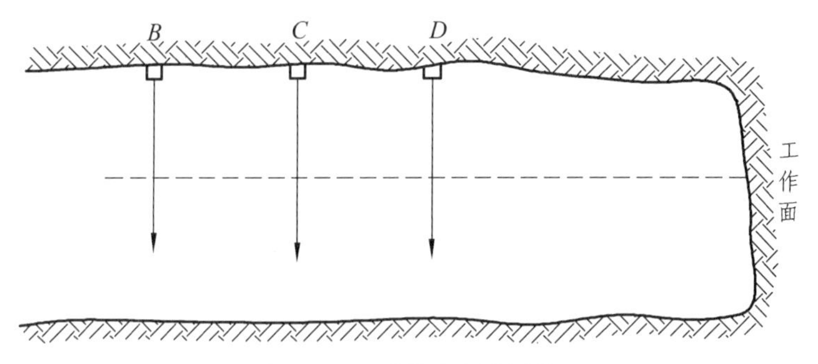

图 12.21　瞄线法中线测设

激光导向仪可以用来指示开挖方向，特别是对于直线隧道，可以定出 100 m 以外的中线点。使用时挂在隧道顶部的中线位置上，既精确又快捷。

12.10.2　竖直面掘进方向的标定

为指示隧道竖直面内的掘进坡度，可在隧道壁上定出一条基准线(腰线)。腰线距底板或轨面为一固定值。腰线点成组设置，每组 3 个以上，相邻点间距应大于 2 m，也可以每隔 30~40 m 设置一个。腰线点一般用水准仪设置。

如图 12.22 所示，根据已知腰线点 A 和设计坡度，可以计算腰线点 B 与 A 的高差 h_{AB}：

$$h_{AB}=L\cdot i \tag{12.7}$$

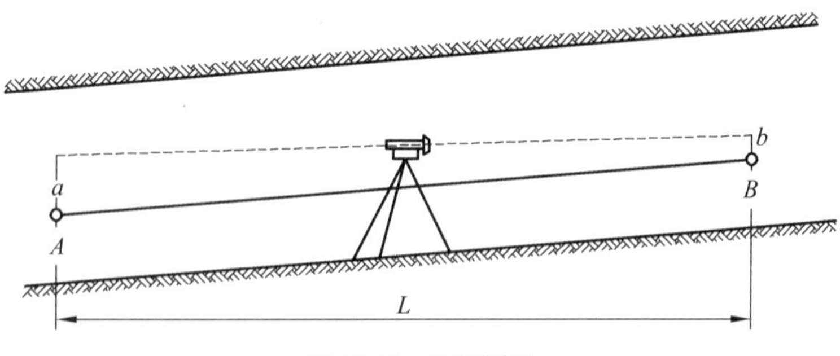

图 12.22　腰线测设

在 AB 之间架设水准仪，丈量距离 L，读取 A 点水准尺读数 a 和 B 点水准尺读数 b，计算 Δ：

$$\Delta=h_{AB}-(a-b) \tag{12.8}$$

从读数 b 的零点向上(Δ 为正)或向下(Δ 为负)量取就可以在边墙上定出 B 点，A、B 两点的连线即为腰线。

12.10.3　开挖断面的测量

隧道断面测设的目的在于使开挖断面较好地符合设计要求。每次掘进之前根据中线和轨顶高程在开挖工作面上标出设计断面尺寸。

隧洞断面的形式如图 12.23 所示，根据设计图纸上给出的断面宽度 B、拱高、拱弧半径 R 以及设计起拱线的高度 H 等数据，结合测设出的工作面上的断面中垂线，根据腰线定出起拱线位置。然后根据设计图纸，采用支距法就可以测设断面轮廓了。

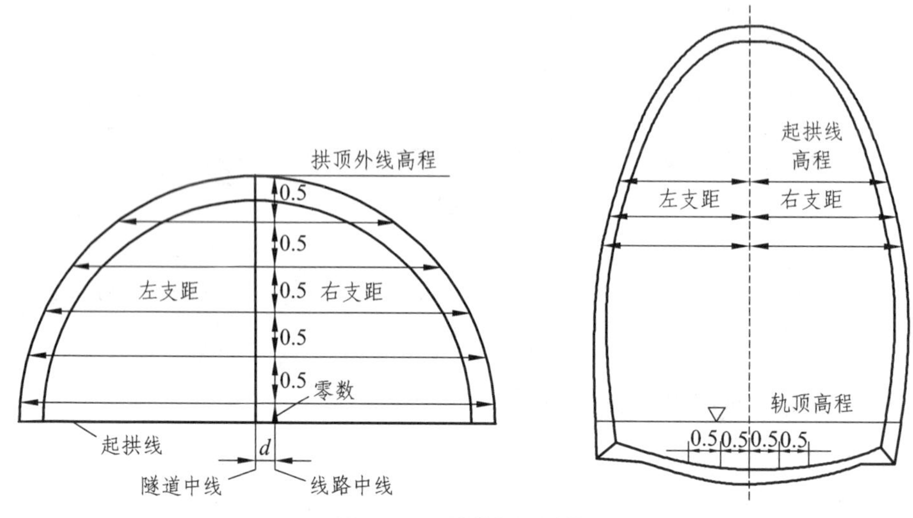

图 12.23 隧道断面测量

隧道全断面开挖成形后，采用断面支距法测定断面，用以检查是否满足设计要求，确定工作量。按照中线和外拱顶高程，自上而下每 0.5 m(拱部和曲墙)和 1.0 m(直墙)分别向左、右量测支距；遇曲线隧道时还应考虑线路中线与隧道中线偏移值和施工预留宽度。

对于仰拱断面，可以由设计轨顶高程线每隔 0.5 m(自中线分别向两侧)向下量取开挖深度。

目前，隧道断面仪在隧道施工中有了大量应用。在施工监测、竣工验收、质量控制等工作中可以快速、便捷地获得断面数据，精度高，不受外界环境影响。

12.10.4 贯通测量

隧道施工是沿线路中线向洞内延伸的，中线测设误差会不断积累；当两个相向开挖的施工中线在贯通时势必会产生错位，这就是贯通误差。贯通误差包括纵向(中线方向)、横向(与线路中线方向垂直)和高程三个方向。一般情况下纵向贯通误差对隧道质量没有影响，没有实际意义；一般的水准测量方法能够满足高程精度的要求；横向贯通误差会直接影响工程质量，必须严格控制。《铁路测量技术规则》对隧道贯通误差的规定见表 12.5。

表 12.5 贯通误差限差

两开挖洞口间的长度/km	<4	4~8	8~10	10~13	13~17	17~20
横向贯通允许偏差/mm	100	150	200	300	400	500
高程贯通允许误差/mm	50					

1. 横向贯通误差的测定

(1)中线法

如图 12.24(a)所示，用经纬仪将贯通面两侧的中线延伸至贯通面，量取贯通面上两中线间的距离，即为横向贯通误差的大小。

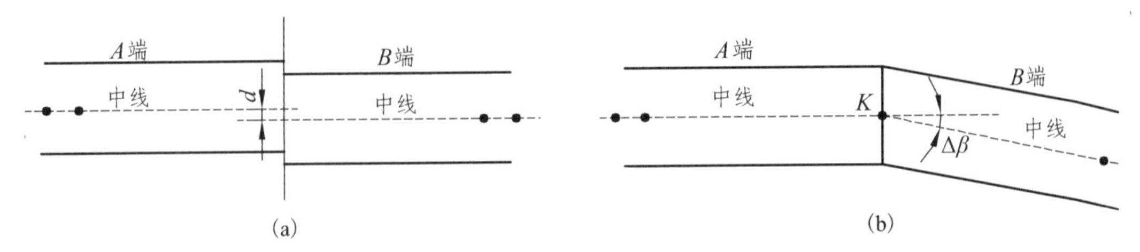

图 12.24　中线法测定横向贯通误差

如图 12.24(b)所示，若两条中线不平行，中线法不能确定横向贯通误差的大小。

(2)联测法

如图 12.25 所示，用经纬仪联测贯通面两侧的中线点，得到两条中线的夹角 $\Delta\beta$，丈量一端中线点至贯通相遇点的距离 l，则横向贯通误差为

$$d=l\cdot\frac{\Delta\beta}{\rho} \tag{12.9}$$

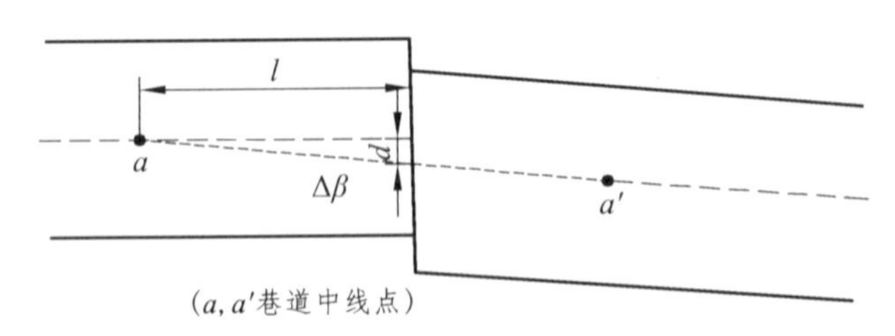

图 12.25　联测法测定横向贯通误差

本章小结

桥梁测量的主要工作包括控制网的建立、墩台中心及其纵横轴线测设、高程测量。

桥梁平面控制网可以采用三角网和 GNSS 技术建立；为保证桥梁两侧高程精度统一，需要进行水准联测，必要时可以采用跨河水准方法测量。墩、台中心测设可以采用直接测距法、交会法、全站仪坐标法和 GNSS 法，结合实际情况在施工不同阶段选择使用。墩、台中心及其纵横轴线是桥梁施工的依据，施工中可以通过设置护桩加强保护。

隧道测量的主要工作有地面控制测量、联系测量、地下控制测量和施工测量等。

地面控制测量根据地形和隧道的实际情况，可以采用中线法、三角测量、精密导线测量和 GNSS 测量等方法进行。联系测量的目的是将地面控制网的坐标、方向和高程传递到地下，指导隧道开挖。一井定向是常用的联系测量方法，其主要工作为投点和连接测量。受隧

道施工场地的限制，地下控制测量采用导线形式，施工中应加强检核；导入高程可以采用长钢尺法或光电测距法。

隧道贯通精度是衡量隧道施工质量的重要指标，特别要加强横向贯通误差的控制。

习　题

1. 什么是桥轴线？其精度如何确定？
2. 桥梁控制网的坐标系是如何建立的？为什么要这样建立坐标系？
3. 怎样测设曲线桥的纵横轴线？为什么在设置护桩时每侧不少于两个？
4. 什么是示误三角形？直线桥如何在示误三角形中确定墩台中心？
5. 如图 12.26 所示，桥梁控制网的观测数据如下。

$$a_1=45°39'32'',\ a_2=34°39'37'',$$
$$b_1=38°16'28'',\ b_2=68°32'55'',$$
$$c_1=96°04'13'',\ c_2=76°47'17'',$$
$$s_1=63.786\ \text{m},\ s_2=43.238\ \text{m}$$

试求：

①进行角度平差，计算桥轴线 AB 的长度。

②AP_1 的距离为 27 m，计算交会法测设 P_1 点的数据？

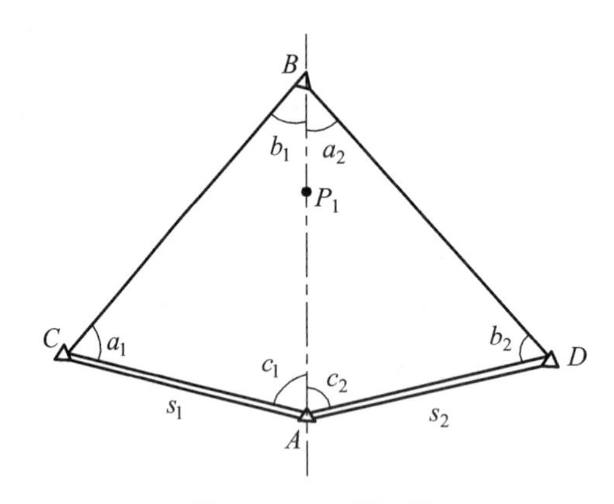

图 12.26　习题 5 图

6. 隧道地面控制测量有哪些方法？各自的优缺点是什么？
7. 地下高程测量有哪些注意事项？
8. 一井定向的方法和步骤？
9. 贯通误差包括哪些误差？对隧道各有什么影响？
10. GNSS 在隧道测量中有什么作用？

参考文献

[1] 陈永奇. 工程测量学[M].4版. 北京：测绘出版社，2016.
[2] 程效军，鲍峰，顾孝烈. 测量学[M].上海：同济大学出版社，2016.
[3] 高井祥，付培义，余学祥，等. 数字地形测量学[M].徐州：中国矿业大学出版社，2018.
[4] 胡伍生，潘庆林. 土木工程测量[M].6版. 南京：东南大学出版社，2022.
[5] 黄丁发，张勤，张小红，等. 卫星导航定位原理[M].武汉：武汉大学出版社，2015.
[6] 孔祥元，郭际明，刘宗泉. 大地测量学基础[M].2版. 武汉：武汉大学出版社，2010.
[7] 李少元，梁建昌. 工程测量[M].北京：机械工业出版社，2021.
[8] 刘耀林. 土地信息系统[M].2版. 北京：中国农业出版社，2011.
[9] 宁津生，陈俊勇，刘经南，等. 测绘学概论[M].3版. 武汉：武汉大学出版社，2016.
[10] 潘正风，程效军，成枢，等. 数字地形测量学[M].2版. 武汉：武汉大学出版社，2019.
[11] 邱卫宁，陶本藻，姚宜斌，等. 测量数据处理理论与方法[M].武汉：武汉大学出版社，2010.
[12] 覃辉. 土木工程测量[M]. 重庆：重庆大学出版社，2011.
[13] 汤国安，李发源，刘学军. 数字高程模型教程[M].3版. 北京：科学出版社，2019.
[14] 王国辉. 土木工程测量[M].北京：中国建筑工业出版社，2011.
[15] 武汉大学测绘学院测量平差学科组. 误差理论与测量平差基础[M].武汉：武汉大学出版社，2014.
[16] 徐绍铨，张华海，杨志强，等. GPS测量原理及应用[M].4版. 武汉：武汉大学出版社，2017.
[17] 张燕茹，蔡庆空，汤俊，等. 测量学[M].成都：西南交通大学出版社，2019.
[18] 国家测绘地理信息局. 国家基本比例尺地图测绘基本技术规定：GB 35650—2017[S]. 北京：中国标准出版社，2017.
[19] 中国卫星导航系统管理办公室. 北斗/全球卫星导航系统(GNSS)RTK接收机通用规范：BD 420023—2019[S]. 北京：中国标准出版社，2012.
[20] 中华人民共和国住房和城乡建设部. 卫星定位城市测量技术标准：CJJ/T 73—2019[S]. 北京：中国建筑工业出版社，2019.

图书在版编目(CIP)数据

工程测量 / 汤俊, 吴学群主编. —长沙: 中南大学出版社, 2023.7

ISBN 978-7-5487-5472-5

Ⅰ. ①工… Ⅱ. ①汤… ②吴… Ⅲ. ①工程测量 Ⅳ. ①TB22

中国国家版本馆 CIP 数据核字(2023)第 133986 号

工程测量

GONGCHENG CELIANG

汤俊 吴学群 主编

□出 版 人 吴湘华
□责任编辑 刘颖维
□封面设计 李芳丽
□责任印制 唐 曦
□出版发行 中南大学出版社
社址: 长沙市麓山南路 邮编: 410083
发行科电话: 0731-88876770 传真: 0731-88710482
□印 装 长沙印通印刷有限公司

□开 本 787 mm×1092 mm 1/16 □印张 16.25 □字数 413 千字
□版 次 2023 年 7 月第 1 版 □印次 2023 年 7 月第 1 次印刷
□书 号 ISBN 978-7-5487-5472-5
□定 价 68.00 元